21世纪高等院校规划教材

SQL Server数据库及应用

（第二版）

主　编　贾振华

副主编　杨伟东　李　丹

中国水利水电出版社

www.waterpub.com.cn

内 容 提 要

本书在保留第一版特色的基础上进行了全新的修订和补充，同时参考了各学校使用后的反馈意见。书中使用的 SQL Server 版本从 2005 升级到 2008，增加了数据库原理基础知识和数据库应用开发实例。

本书共 12 章，主要内容有：数据库基础知识概述和 SQL Server 2008 的安装与配置、SQL Server 2008 的常用工具、T-SQL 基础、数据库的基本操作、数据表的基本操作、数据查询、SQL Server 安全管理、数据完整性、视图、索引、存储过程和触发器以及数据库的维护等，最后给出了一个具体数据库应用开发实例。

本书力求概念清楚、重点突出、章节安排合理、理论与实践结合紧密。在理论叙述中仅介绍必备的数据库理论基础知识，数据库管理系统以实用、够用为主，应用案例起到了穿针引线的作用，把理论、数据库系统与应用程序开发很好地融合在一起。本书各章均有学习目标和小结，便于读者掌握知识要点。各章后均有适量的各种类型习题，便于进一步理解和掌握各章所学到的知识和内容，同时也便于组织教学。

本书主要面向数据库初学者，适合作为各类院校专业、非专业数据库系统与应用教材，也可作为社会培训班的教材或计算机用户的工作参考书。

本书配有免费电子教案，读者可以从中国水利水电出版社网站以及万水书苑下载，网址为：http://www.waterpub.com.cn/softdown/或 http://www.wsbookshow.com。

图书在版编目（CIP）数据

SQL Server数据库及应用 / 贾振华主编. -- 2版
-- 北京 : 中国水利水电出版社, 2012.11
21世纪高等院校规划教材
ISBN 978-7-5170-0321-2

Ⅰ. ①S… Ⅱ. ①贾… Ⅲ. ①关系数据库系统－数据库管理系统－高等学校－教材 Ⅳ. ①TP311.138

中国版本图书馆CIP数据核字(2012)第263338号

策划编辑：雷顺加　　责任编辑：陈　洁　　封面设计：李　佳

书　名	21世纪高等院校规划教材 SQL Server 数据库及应用（第二版）
作　者	主　编　贾振华　副主编　杨伟东　李　丹
出版发行	中国水利水电出版社 （北京市海淀区玉渊潭南路 1 号 D 座　100038） 网址：www.waterpub.com.cn E-mail：mchannel@263.net（万水） sales@waterpub.com.cn 电话：（010）68367658（发行部）、82562819（万水）
经　售	北京科水图书销售中心（零售） 电话：（010）88383994、63202643、68545874 全国各地新华书店和相关出版物销售网点
排　版	北京万水电子信息有限公司
印　刷	三河市铭浩彩色印装有限公司
规　格	184mm×260mm　16 开本　19 印张　480 千字
版　次	2008 年 1 月第 1 版　2008 年 1 月第 1 次印刷 2012 年 11 月第 2 版　2012 年 11 月第 1 次印刷
印　数	0001—4000 册
定　价	34.00 元

再版前言

本书第一版是普通高等教育“十一五”国家级规划教材。第二版对第一版进行了全新的修订和补充，参考了各学校使用后的反馈意见，在保留第一版特色的基础上，升级了 SQL Server 版本 2005 到 2008，增加了数据库原理基础知识和数据库应用开发实例，使得本书既具有 SQL Server 数据库的管理与应用，也具有数据库理论的必备基础知识和数据库应用程序开发过程和技术内容。另外，每章后面给出了适量的选择题、填空题、简答题和应用题，便于读者对知识的理解与掌握，也便于教师组织教学。

本书是作者多年从事数据库教学和开发的积累与总结，结合数据库基础知识，涵盖了 SQL Server 2008 开发、分析和管理的各个方面。本书采取理论和实践相结合的方式，一方面详细阐述了数据库的基本原理，另一方面注重数据库的实际开发与应用。书中最后一章给出一个具体的图书管理系统开发实例，应用实例为读者提供了真实的数据库应用场景，有助于读者从实际应用的角度出发，使读者在学习了本书之后，能够快速掌握数据库的相关知识并能够使用 SQL Server 2008 进行数据库的开发。在每一章的开始概述了本章的作用和主要知识点。正文中结合所讲述的关键技术和难点，穿插了大量极富实用价值的示例，易于阅读和理解。书中出现的代码都通过了作者的调试。

本书共 12 章，各章具体内容简述如下：

第 1 章介绍数据库系统基本概念和关系数据库理论。

第 2 章介绍 SQL Server 2008 的安装和配置。

第 3 章介绍 SQL Server 2008 数据库的创建和管理，包括数据库的创建、修改、删除、分离/附加、备份、删除、增缩等操作。

第 4 章介绍数据表的创建、修改和删除以及约束的定义和删除。

第 5 章介绍表中数据操作，使用 INSERT 语句插入新数据、使用 UPDATE 语句更新数据、使用 DELETE 语句删除数据、使用 SELECT 语句从一个或多个表中获取数据。

第 6 章介绍视图的创建与使用。

第 7 章介绍索引的创建与使用。

第 8 章介绍 T-SQL 语言基础，包括变量、函数、批处理和流程控制。

第 9 章介绍存储过程、触发器的创建和使用。

第 10 章介绍游标和事务的创建与使用。

第 11 章介绍安全性管理与维护。

第 12 章介绍图书馆管理系统的开发过程，包括需求分析、系统设计、数据库设计、系统功能实现。

数据库及应用课程内容十分丰富，建议教学课时 64 学时，各章的建议学时列表如下：

理论与上机实验课时分配建议

章节	理论学时	实践学时	章节	理论学时	实践学时
第 1 章	8	0	第 7 章	2	1
第 2 章	2	1	第 8 章	4	4
第 3 章	2	1	第 9 章	4	2
第 4 章	2	2	第 10 章	2	2
第 5 章	6	4	第 11 章	4	2
第 6 章	2	1	第 12 章	2	4
合计			64	40	24

上表中的课时仅为计划内的授课学时，在具体教学实施过程中，根据教学要求与实际情况，自行调整各章的授课学时，另外可适当安排一定学时的课外上机练习或实训。

本书由北华航天工业学院贾振华任主编，河北工业大学杨伟东、东北林业大学李丹任副主编，负责制定教材大纲、规划各章节内容并完成全书的修改和统稿工作。本书第 1、2、8 章由贾振华编写，第 4～6 章由杨伟东编写，第 3、7 章由李丹编写，第 9～11 章由张春娥编写，第 12 章由杨丽娟、姚志强编写，此外，参与本书资料搜集、整理和编写工作的还有王欢、徐晶明、李杰、庄连英、赵辉、李瑛等人，在此，对他们表示衷心感谢。

为更好满足教学要求，教材中示例数据库、所有例题源码、案例源码、电子教案（PPT）都可以从中国水利水电出版社网站上下载，也可以与本书作者联系获取更多的教学资料。

本书在编写过程中，参考了大量的相关技术资料和程序开发源码资料，在此向资料的作者深表谢意。特别感谢李伟红老师在第一版中所做的工作，同时感谢关心和支持本书编写工作的学校领导、老师和同学。

最后感谢中国水利水电出版社的领导和相关同志对本书作者给予的帮助和支持。

尽管做了最大的努力，由于编者水平和时间有限，书中难免有错误和疏漏之处，敬请各位同行和读者不吝赐教，以便及时修订和补充。来信请至电子信箱 jiazhenhualf@126.com，我们将不胜感激。

编　者

2012 年 8 月

目　　录

第 1 章　数据库系统概论

本章学习目标

数据库技术作为数据管理的实现技术，已成为计算机应用技术的核心。随着计算机技术、通讯技术、网络技术的迅猛发展，人类社会进入了信息社会时代。建立一个行之有效的管理信息系统已成为每个企业或组织生存和发展的重要条件。从某种意义而言，数据库的建设规模、数据库信息量的大小和使用频度，已成为衡量一个国家信息化程度的重要标志。SQL Server 是目前广为使用的大型数据库管理系统，本书以 SQL Server 2008 为背景，介绍数据库的基本操作和数据库应用系统开发方法。

作为学习的理论前导，本章介绍一些数据库系统的基础知识。通过本章的学习，读者应该：

- 理解数据库的基本术语和概念
- 了解数据库管理技术的发展过程
- 掌握数据库系统的组成
- 掌握关系数据库
- 掌握关系数据库的规范化理论
- 掌握数据库设计过程

1.1　数据库基础知识

1.1.1　数据库基本概念

以下介绍数据库中常用的一些术语和基本概念。

1. 数据

数据（Data）是描述事物的符号记录，可以用数字、文字、声音、图形、图像等多种形式表示，它们都可以经过数字化后存入计算机中。

用数据描述现实世界中的对象可以是实在的事物，如描述一个学生的情况可用学号、姓名、性别、年龄、系别等，则可以这样描述：

（B1051211，丁小玲，女，20，计算机系）

这里的学生记录就是数据。对于这条记录，了解其含义的人将得到如下信息：丁小玲是计算机系学生，女，今年 20 岁；而不了解其含义的人则无法理解其包含的信息。也可以是抽象的事物，如学生选修课程可用学生姓名、课程名、成绩等描述：

（柳文艳，数据库原理与应用，95）

含义为：柳文艳同学选修了数据库原理与应用课程，考试成绩 95 分。

由上可见，数据的形式本身还不能完全表达其内容，需要经过语义解释。因此数据和关于数据的解释是不可分的，数据的解释是对数据含义的说明，数据的含义称为数据的语义，数据与其语义是不可分的。

2. 数据库

通俗地讲，数据库（DataBase）是存放数据的仓库，只不过数据是按一定的存储格式存放在计算机存储设备上。

严格地讲，数据库是长期存储在计算机内的、有组织的、可共享的大量数据的集合。数据库中的数据按一定的数据模型进行组织、描述和储存。它可为各种用户共享，具有尽可能小的冗余度和较高的数据独立性和易扩展性，使得数据存储性能最优、操作最容易，并且具有完善的自我保护和数据恢复能力。

3. 数据库管理系统

数据库管理系统（DataBase Management System，DBMS）是一种操纵和管理数据库的大型软件，位于计算机系统中用户与操作系统之间的一层数据管理软件，它是数据库系统的核心组成部分，用户在数据库系统中的一切操作，包括数据定义、查询、更新及各种控制，都是通过 DBMS 进行的。DBMS 把用户抽象的逻辑数据处理、转换成计算机中的具体的物理数据，这给用户带来很大的方便。DBMS 的主要功能有以下几个方面：

（1）数据定义功能。DBMS 提供数据定义语言（Data Define Language，DDL），用户通过它可以方便地对数据库中的数据对象进行定义。

（2）数据操纵功能。DBMS 提供数据操纵语言（Data Manipulation Language，DML），实现对数据库的基本操作，包括插入、删除、修改和查询等。

（3）数据库的事务管理和运行管理。数据库在建立、运行和维护时由数据库管理系统统一管理和统一控制。DBMS 通过对数据的安全性控制、数据的完整性控制、多用户环境下的并发控制以及数据库的恢复，来确保数据正确有效和数据库系统的正常运行。

（4）数据库的建立和维护功能。它包括数据库初始数据的装载、转换功能，数据库的转储、恢复、重组织，系统性能监视、分析等功能。这些功能通常是由一些实用程序和管理工具完成的。

（5）数据通信。DBMS 提供与其他软件系统进行通信的功能，实现用户程序与 DBMS 之间的通信，通常与操作系统协调完成。

4. 数据库系统

数据库系统（DataBase System，DBS）是指在计算机系统中引入数据库后的系统，一般由数据库、数据库管理系统（及其开发工具）、应用系统、数据库管理员和用户构成，如图 1-1 所示。数据库管理员（DataBase Administrator，DBA）是专门从事数据库的建立、使用和维护等工作的数据库专门人才，他们在数据库系统中起着非常重要的作用。在一般不引起混淆的情况下，常常把数据库系统简称为数据库。

1.1.2 数据管理技术发展

数据库技术即数据管理技术，是对数据的分类、组织、编码、存储、检索和维护的技术。数据库技术的发展是和计算机技术及其应用的发展联系在一起的。数据管理技术大致经历了如下三个阶段：人工管理阶段、文件系统阶段和数据库系统阶段。

1. 人工管理阶段

20 世纪 50 年代中期以前，计算机主要用于科学计算，其他工作还没有展开。当时的计算机硬件状况是：外部存储器只有磁带、卡片和纸带等，还没有磁盘等字节存取存储设备。软件状况是：只有汇编语言，没有操作系统和管理数据的软件。数据处理的方式基本上是批处理。

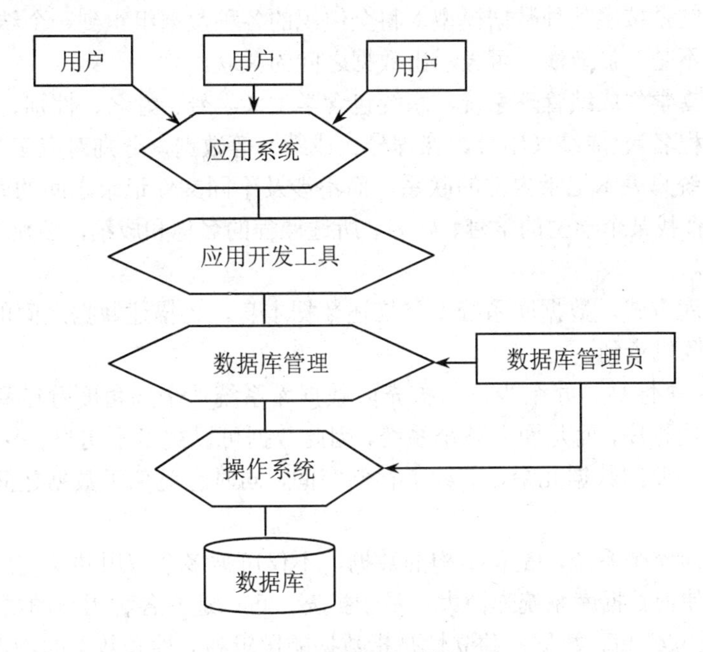

图 1-1　数据库系统

人工管理阶段的特点是：数据不保存、数据无专门软件进行管理、数据不共享（冗余度大）、数据不具有独立性（完全依赖于程序）、数据无结构。

2. 文件系统阶段

从 20 世纪 50 年代后期到 60 年代中期，计算机不仅用于科学计算，还大量应用于信息管理。大量的数据存储、检索和维护成为紧迫的需求。在硬件方面，有了磁盘、磁鼓等直接存储设备；在软件方面，出现了高级语言和操作系统，且操作系统中有了专门管理数据的软件，一般称之为文件系统；在处理方式方面，不仅有批处理，也有联机实时处理。

文件系统管理数据的特点：数据可以长期保存、由文件系统管理数据、程序与数据有一定的独立性、数据共享性差（冗余度大）、数据独立性差、记录内部有结构（但整体无结构）。

为了解决多用户、多应用共享数据，使数据为尽可能多的应用服务，文件系统已不能满足应用需求，一种新的数据管理技术——数据库技术应运而生。

3. 数据库系统阶段

20 世纪 60 年代后期，计算机硬件、软件有了进一步的发展。计算机应用于管理的规模更加庞大，数据量急剧增加。硬件方面出现了大容量磁盘，使计算机联机存取大量数据成为可能；硬件价格下降，而软件价格上升，使开发和维护系统软件的成本增加。文件系统的数据管理方法已无法适应开发应用系统的需要。为解决多用户、多个应用程序共享数据的需求，出现了统一管理数据的专门软件系统，即数据库管理系统。用数据库系统来管理数据比文件系统具有明显的优点，从文件系统到数据库系统，标志着数据管理技术的飞跃。

数据库系统管理数据的特点如下：

（1）数据结构化。数据库系统实现整体数据的结构化，这是数据库的主要特征之一，也是数据库系统与文件系统的根本区别。

有了数据库系统后，数据库中的任何数据都不属于任何具体应用。数据是公共的，结构是全面的。它是在对整个组织的各种应用（包括将来可能的应用）进行全局考虑后建立起来的总的数据结构。它是按照某种数据模型，将全组织的各种数据组织到一个结构化的数据库中，整个组织的数据不是一盘散沙，可表示出数据之间的关联。

例如，要建立学生成绩管理系统，系统包含学生（学号、姓名、性别、系别、年龄）、课程（课程号、课程名）、成绩（学号、课程号、成绩）等数据，分别对应三个文件。

因为文件系统只表示记录内部的联系，而不涉及不同文件记录之间的联系。若采用文件处理方式，要想查找某个学生的学号、姓名、所选课程的名称和成绩，必须编写一段不是很简单的程序来实现。

而采用数据库方式，数据库系统不仅描述数据本身，还描述数据之间的联系，上述查询可以非常容易地联机查到。

（2）数据共享性高、冗余少，易扩充。数据库系统从全局角度看待和描述数据。数据不再面向某个应用程序，而是面向整个系统，因此数据可以被多个用户、多个应用共享使用。这样便减少了不必要的数据冗余，节约了存储空间，同时也避免了数据之间的不相容性与不一致性。

由于数据面向整个系统，是有结构的数据，不仅可被多个应用共享使用，而且容易增加新的应用，这就使得数据库系统弹性大，易于扩充，可以适应各种用户的要求。

（3）数据独立性高。数据的独立性是指数据的逻辑独立性和数据的物理独立性。

数据的逻辑独立性是指用户的应用程序与数据库的逻辑结构是相互独立的，即当数据的总体逻辑结构改变时，数据的局部逻辑结构不变。由于应用程序是依据数据的局部逻辑结构编写的，所以应用程序不必修改，从而保证了数据与程序间的逻辑独立性。

例如，在原有的记录类型之间增加新的联系，或在某些记录类型中增加新的数据项，均可确保数据的逻辑独立性。

数据的物理独立性是指用户的应用程序与存储在磁盘上的数据库中数据是相互独立的，即当数据的存储结构改变时，数据的逻辑结构不变，从而应用程序也不必改变。

例如，改变存储设备和增加新的存储设备，或改变数据的存储组织方式，均可确保数据的物理独立性。

（4）有统一的数据控制功能。数据库为多个用户和应用程序所共享，对数据的存取往往是并发的，即多个用户可以同时存取数据库中的数据，甚至可以同时存取数据库中的同一个数据。为确保数据库中数据的正确有效和数据库系统的正常运行，数据库管理系统提供下述四方面的数据控制功能。

① 数据的安全性（Security）控制。数据的安全性是指保护数据以防止不合法使用，造成数据的泄露和破坏，保证数据的安全和机密，使每个用户只能按规定，对某些数据以某些方式进行使用和处理。

例如，系统提供口令检查或其他手段来验证用户身份，防止非法用户使用系统；也可以对数据的存取权限进行限制，只有通过检查后才能执行相应的操作。

② 数据的完整性（Integrity）控制。数据的完整性是指系统通过设置一些完整性规则，以确保数据的正确性、有效性和相容性。完整性控制将数据控制在有效的范围内，或保证数据之间满足一定的关系。

有效性是指数据是否在其定义的有效范围，如月份只能用 1-12 之间的正整数表示。

正确性是指数据的合法性，如年龄属于数值型数据，只能包含 0，1，…，9，不能包含字母或特殊符号。

相容性是指表示同一事实的两个数据应相同，否则就不相容，如一个人不能有两个性别。

③ 并发（Concurrency）控制。多用户同时存取或修改数据库时，可能会发生相互干扰而提供给用户不正确的数据，并使数据库的完整性受到破坏，因此必须对多用户的并发操作加以控制和协调。

④ 数据恢复（Recovery）。计算机系统出现各种故障是很正常的，数据库中的数据被破坏、被丢失也是可能的。当数据库被破坏或数据不可靠时，系统有能力将数据库从错误状态恢复到最近某一时刻的正确状态。

数据库系统阶段，程序与数据之间的关系可用图 1-2 表示。

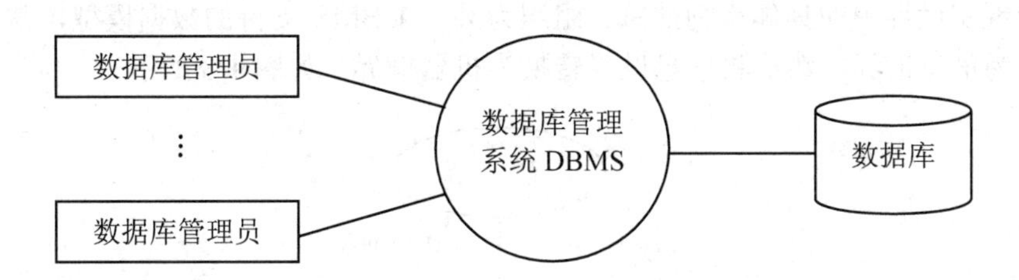

图 1-2 数据库系统阶段应用程序与数据之间的对应关系

从文件系统管理发展到数据库系统管理是信息处理领域的一个重大变化。

在文件系统阶段，人们关注的是系统功能的设计，因此程序设计处于主导地位，数据服从于程序设计；而在数据库系统阶段，数据的结构设计成为信息系统首先关心的问题。

数据库技术经历了以上三个阶段的发展，已有了比较成熟的数据库技术，但随着计算机软硬件的发展，数据库技术仍需不断向前发展。

1.1.3 数据模型

数据模型是对现实世界数据特征的抽象，是现实世界的模拟。现实生活中的模型，人们都很熟悉，如一组建筑设计沙盘、一艘精致的军舰模型等，看到模型就会想到生活中的具体事物。数据模型是现实世界中数据和信息在数据库中的抽象与表示。

数据模型应满足三方面要求：一是能比较真实的模拟现实世界；二是容易为人理解；三是便于计算机实现。在数据库系统中针对不同的使用对象和应用目的，采用不同的数据模型。

1. 两类数据模型

数据模型的种类很多，不同的数据模型提供的模型化数据和信息的方法不同。根据模型应用的目的不同，可以将这些模型分为两类，它们分别属于不同的层次。第一类是概念模型，第二类是逻辑模型和物理模型。

第一类概念模型（Conceptual Model），也称信息模型，是按用户的观点对数据和信息进行抽象，主要用于数据库设计。

第二类中的逻辑模型主要包括层次模型（Hierarchical Model）、网状模型（Network Model）、关系模型（Relational Model）、面向对象模型（Object Oriented Model）和对象关系模型（Object Relational Model）等。它是按照计算机系统的观点对数据建模，主要用于 DBMS 的实现。

第二类中的物理模型是对数据最低层的抽象，它描述数据在计算机系统内部的表示方式和存取方法，以及在存储设备上的存储方式和存取方法，是面向计算机系统的。物理模型由DBMS 实现。

从事物的客观特性到计算机里的具体表示经历了三个数据领域：现实世界、信息世界和机器世界。

（1）现实世界：现实世界的数据就是客观存在的各种报表、图表和查询格式等原始数据。

（2）信息世界：信息世界是现实世界在人们头脑中的反映，人们用符号、文字记录下来。在信息世界中，数据库常用的术语是实体、实体集、属性和码等。

（3）机器世界：机器世界是按计算机系统的观点对数据建模。换句话说，对于现实世界的问题如何表达为信息世界的问题，而信息世界的问题又如何在具体的机器世界表达。机器世界中数据描述的术语有字段、记录、文件和记录码等。

为了把现实世界中的具体事物抽象、组织为某一 DBMS 支持的数据模型，常常首先将现实世界抽象为信息世界，然后将信息世界转换为机器世界，如图 1-3 所示。

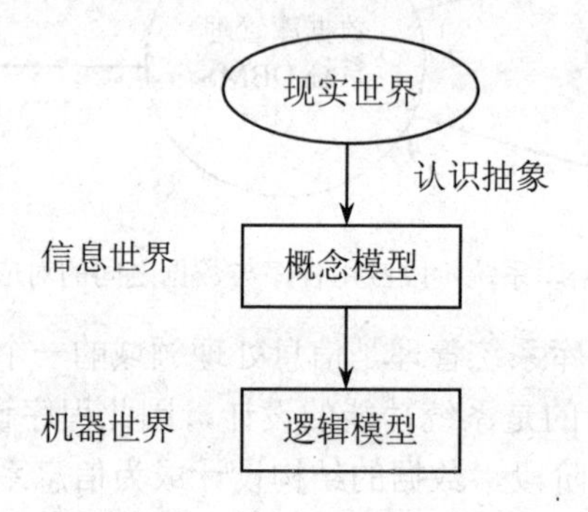

图 1-3　现实世界中客观对象的抽象过程

首先把现实世界中的客观对象抽象为某一种信息结构，这种信息结构不依赖于具体的计算机系统，不是某一个 DBMS 支持的数据模型，而是概念级的模型。然后再把概念模型转换为计算机上某一 DBMS 支持的数据模型。从现实世界到概念模型的转换是由数据库设计人员完成的；从概念模型到逻辑模型的转换可以由数据库设计人员完成，也可以用数据库设计工具辅助设计人员完成；从逻辑模型到物理模型的转换通常由 DBMS 完成的。

2. 数据模型的组成要素

数据模型由数据结构、数据操作、数据约束三部分组成。

（1）数据结构：数据模型中的数据结构主要描述数据的类型、内容、性质以及数据间的联系等。数据结构是数据模型的基础，数据操作和约束都建立在数据结构上。不同的数据结构具有不同的操作和约束。

（2）数据操作：数据模型中的数据操作主要描述在相应的数据结构上的操作类型和操作方式。

（3）数据约束：数据模型中的数据约束主要描述数据结构内数据间的语法、词义联系、它们之间的制约和依存关系，以及数据动态变化的规则，以保证数据的正确、有效和相容。

3. 概念模型

概念模型是按用户的观点对数据和信息进行抽象，主要用于数据库设计，它是对现实世界的第一层抽象，是用户和数据库设计人员进行交流的工具，也是数据库设计人员进行交流的语言。因此概念模型一方面具有较强的语义表达能力，能够方便、直接地表达应用中的各种语义知识；另一方面它还要简单、清晰、易于理解。“实体－联系方法”是表示概念模型最常用的方法。

在信息世界中涉及的概念主要有：

（1）实体（Entity）。也称为实例，对应现实世界中可区别于其他对象的事物。实体可以是具体的人、事、物，也可以是抽象的概念或联系。例如，学校中的每个学生、企业中的每个职工、医院中的每个手术、部门的一次会议等都是实体。

（2）属性（Attribute）。每个实体都有用来描述实体特征的一组性质或特征，称之为属性。一个实体由若干个属性来描述，如学生实体可由学号、姓名、性别、出生年月、所在系别、入学年份等属性组成。

（3）实体集（Entity Set）。实体集是具有相同类型及相同性质实体的集合。例如学校所有学生的集合可定义为“学生”实体集，“学生”实体集中的每个实体均具有学号、姓名、性别、出生年月、所在系别、入学年份等性质。

（4）实体型（Entity Type）。实体型是实体集中每个实体所具有的共同性质的集合，用实体名及其属性名集合来抽象和刻画同类实体型。例如“学生”实体型为：学生｛学号，姓名，性别，年龄，身份证号，所在院系，入学时间｝。实体是实体型的一个实例，在含义明确的情况下，实体、实体型通常互换使用。

（5）码（Key）。实体型中的每个实体包含唯一标识它的一个或一组属性，这些属性称为实体型的码，如“学号”是学生实体型的码。

有些实体型可以有几组属性充当码，选定其中一组属性作为实体型的主码，其他的作为候选码。

（6）域（Domain）。属性的取值范围称为该属性的域。例如，姓名的域为字符串集合，年龄的域为整数，性别的域为（男，女）。

（7）联系（Relationship）。在现实世界中，事物内部及事物之间是有联系的，这些联系在信息世界中反映为实体（型）内部的联系和实体（型）之间的联系。实体内部的联系通常是指组成实体的各属性之间的联系。实体之间的联系通常是指不同实体集之间的联系。

两个实体型之间的联系可以分为三类：一对一联系（1:1）、一对多联系（1:n），以及多对多联系（m:n）。

①一对一联系（1:1）：若对实体集A中的每一个实体，在实体集B中至多有一个实体与之联系，反之亦然，则称实体集A与实体集B具有一对一联系。例如，一个学校只有一个校长，一个校长只能属于一个学校，则学校和校长之间具有一对一联系，如图1-4（a）所示。

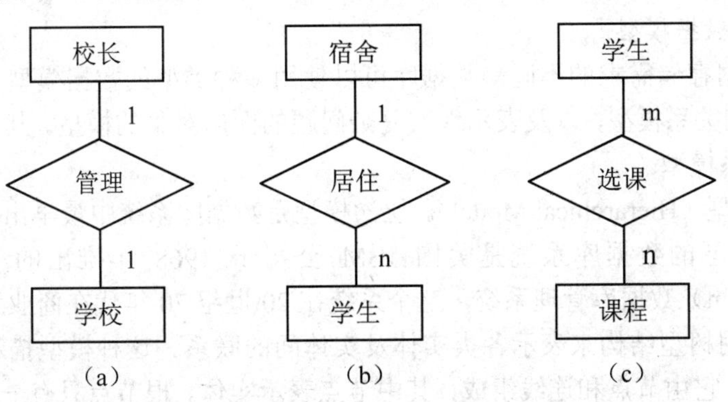

图1-4　实体型间的联系

②一对多联系（1:n）：若对实体集 A 中的每一个实体，在实体集 B 中有几个实体（n≥0）与之联系，反之，对于实体集 B 中的每一个实体，实体集 A 中至多有一个实体与之联系，则称实体集 A 与实体集 B 具有一对多联系。例如，一间宿舍由多名学生居住，一个学生只能住一间宿舍，则宿舍房间和学生之间是一对多联系，如图 1-4（b）所示。

③多对多联系（m:n）：若对实体集 A 中的每一个实体，在实体集 B 中有几个实体（n≥0）与之联系，反之，对于实体集 B 中的每一个实体，实体集 A 中有几个实体（m≥0）与之联系，则称实体集 A 与实体集 B 具有多对多联系。例如，一个学生可以选择多门课程，而一门课程可以被多名学生选修，则学生和课程之间具有多对多联系，如图 1-4（c）所示。

4. 概念模型的一种表示方法：实体－联系方法

概念模型的表示方法很多，其中最为著名的是 1976 年 P. P. S. Chen 提出的实体－联系方法（Entity-Relationship Approach）。该方法用 E-R 图来描述现实世界的概念模型，称为实体－联系模型，简称 E-R 模型。

E-R 图提供了表示实体型、属性和联系的方法。

实体型：用矩形表示，矩形框内写明实体名。

属性：用椭圆形表示，并用无向边将其与相应的实体连接起来。

例如，学生实体具有学号、姓名、性别、出生年月、所在系别、入学年份等属性组成，用 E-R 图表示如图 1-5 所示。

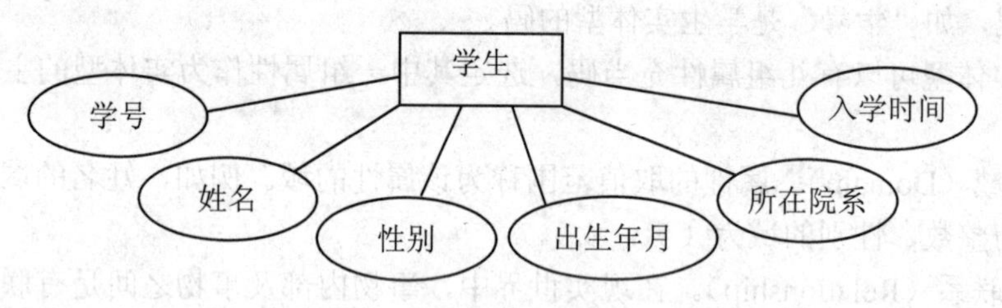

图 1-5 学生实体及属性

联系：用菱形表示，菱形框内写明联系名，并用无向边分别与有关实体连接起来，同时在无向边旁标上联系的类型（1:1，1:n 或 m:n）。如图 1-4 所示。如果一个联系也有属性，则这些属性也要用无向边与该联系连接起来。

例如，某工厂的物资管理的 E-R 图如图 1-6 所示，图中清楚地描述了物资管理所涉及的实体、属性及实体之间的联系。用“零件数量”来描述联系“组成”的属性，表示某产品由多少个零件组成。

5. 最常用的数据模型

根据具体数据存储需求的不同，数据库可以使用多种类型的数据模型。较常见的有层次模型、网状模型和关系模型，以及表示现实复杂问题的面向对象的模型。其中层次模型和网状模型统称为非关系模型。

（1）层次模型（Hierarchical Model）。层次模型是数据库系统中最早出现的数据模型，典型的采用层次模型的数据库系统是美国 IBM 公司于 1968 年推出的 IMS（Information Management System）数据库管理系统，这个系统在 20 世纪 70 年代在商业上得到广泛应用。

层次模型是用树型结构来表示各类实体及实体间的联系。这种模型描述数据的组织形式像一棵倒置的树，它由节点和连线组成，其中节点表示实体。根节点只有一个，向下分支，是一种一对多的关系。层次模型的查询效率很高，曾得到广泛应用，但它只能表示一对多联系，对数据进行查询和更新操作时则很复杂，所以编写应用程序也很复杂。如一个系由若干个专业和教研室，一个专业有若干个班级，一个班级有若干个学生，一个教研室有若干个教师。其数据模型如图 1-7 所示。

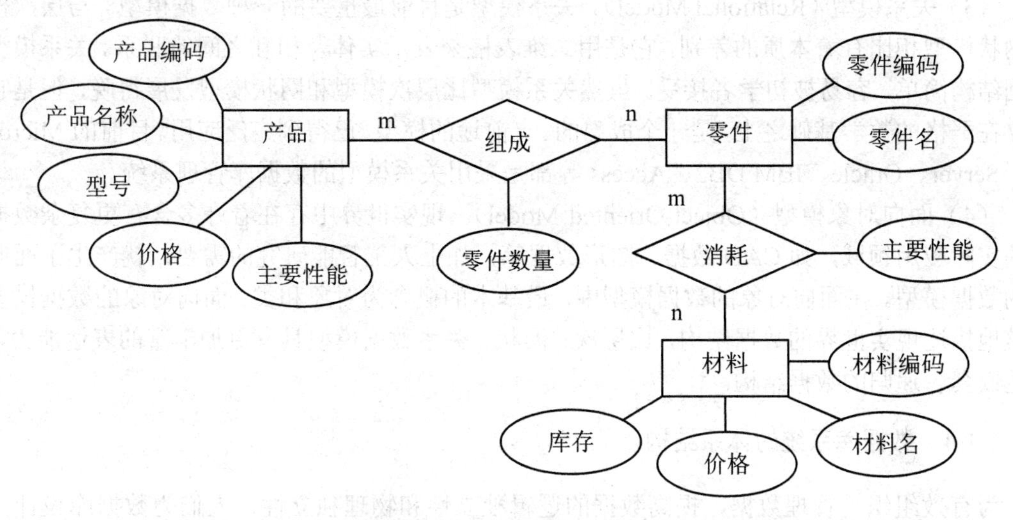

图 1-6　某工厂物资管理 E-R 图

此种类型数据模型的优点：层次分明、结构清晰、不同层次间的数据关联直接简单。它的缺点：数据将不得不纵向向外扩展，节点之间很难建立横向的关联。对插入和删除操作限制较多，查询非直系的节点非常麻烦。

（2）网状模型（Network Model）。用有向图结构表示实体类型及实体间联系的数据模型称为网状模型。用节点表示数据元素，节点间连线表示数据间的联系。它允许多个节点没有双亲节点，允许节点有多个双亲节点，还允许两个节点之间有多种联系。节点之间是平等的，无上下层关系。如学校中的“教师”、“学生”、“课程”、“教室”等事物之间有联系但无层次关系，可认为是一种网状结构模型，如图 1-8 所示。

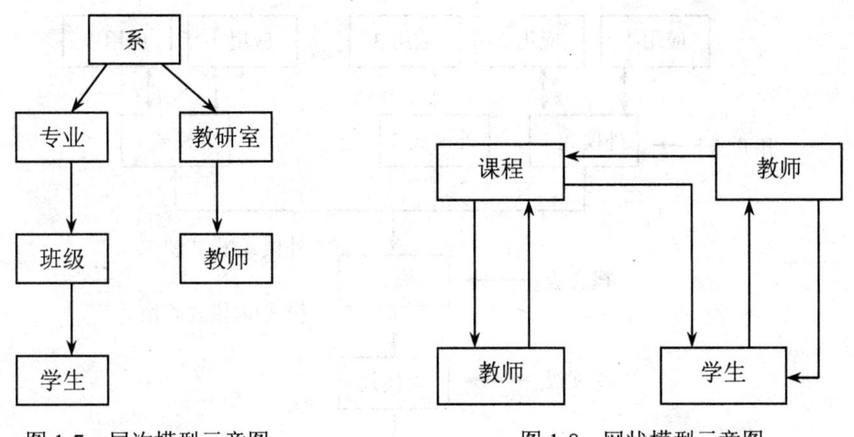

图 1-7　层次模型示意图　　　　图 1-8　网状模型示意图

网状数据模型的特点是记录之间的联系通过指针来实现，m:n 联系容易实现，查询效率较高，但是编写应用程序较复杂，程序员必须熟悉数据库的逻辑结构，而且其 DDL 和 DML 语言复杂，用户不容易使用。

这种类型数据模型的优点：能很容易地反映实体之间的关联，同时避免了数据的重复性。

它的缺点：结构比较复杂，路径太多，当加入或删除数据时，牵动的相关数据较多，不易维护和重建。

（3）关系模型（Relational Model）。关系模型是目前最重要的一种数据模型。与层次模型和网状模型相比有着本质的差别，它是用二维表格来表示实体及相互之间的联系。关系模型的数据结构简单，容易被初学者接受。虽然关系模型比层次模型和网状模型发展得晚，但是它是建立在严格的数学基础之上，是一个成熟的、有前途的模型，已得到广泛应用。目前的 Microsoft SQL Server、Oracle、IBM DB2、Access 等都是采用关系模型的数据库管理系统。

（4）面向对象模型（Object-Oriented Model）。现实世界中存在着许多含有更复杂数据结构的实际应用领域，如 CAD 数据、图形数据等，加上人工智能研究的需要，就产生了面向对象的数据模型。在面向对象的数据模型中，最基本的概念为对象和类。面向对象的数据模型可完整地描述现实世界的数据结构，比层次、网状、关系数据模型具有更加丰富的表达能力，能表达嵌套、递归的数据结构。

1.1.4 数据库系统的体系结构

为有效组织、管理数据，提高数据的逻辑独立性和物理独立性，人们为数据库设计了一个严谨的体系结构。虽然各企业的数据库管理系统不同，但它们在体系结构上都使用数据库领域内公认的标准结构——三级模式结构，它包括外模式、模式和内模式。

1. 数据库的三级模式结构

美国国家标准委员会（American National Standard Institute，ANSI）数据库系统研究小组于 1978 年提出了标准化的建议，将数据库结构分为三级：面向用户或应用程序员的用户级、面向建立和维护数据库人员的概念级、面向系统程序员的物理级。用户级对应外模式，概念级对应模式，物理级对应内模式，使不同级别的用户对数据库形成不同的视图。所谓视图，就是指观察、认识和理解数据的范围、角度和方法，是数据库在用户“眼中”的反映，很显然，不同层次（级别）用户所“看到”的数据库是不相同的。数据库的三级模式结构如图 1-9 所示。

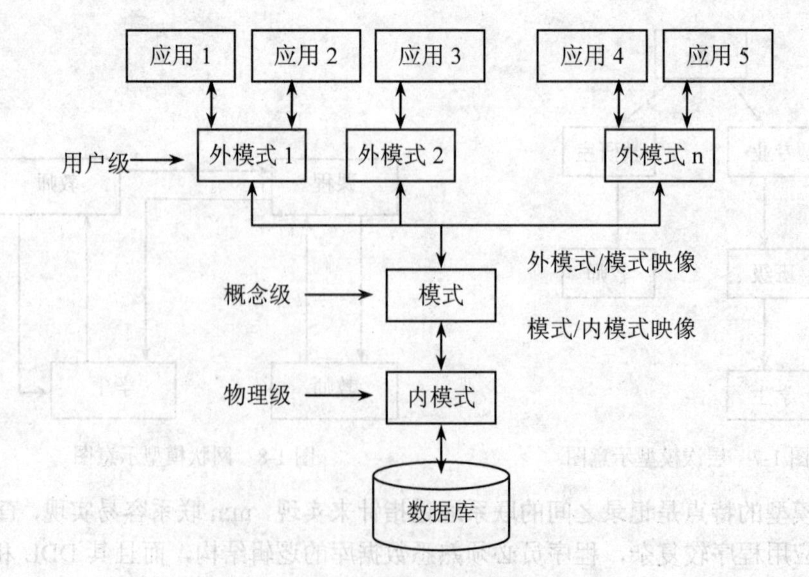

图 1-9 数据库的三级模式结构

（1）模式。模式又称概念模式或逻辑模式，对应于概念级。它是由数据库设计者综合所有用户的数据，按照统一的观点构造的全局逻辑结构，是对数据库中全部数据的逻辑结构和特征的总体描述，是所有用户的公共数据视图（全局视图）。它是由数据库管理系统提供的数据模式描述语言（Data Description Language，DDL）来描述、定义的，体现、反映了数据库系统的整体观。

（2）外模式。外模式又称子模式，对应于用户级。它是某个或某几个用户所看到的数据库的数据视图，是与某一应用有关的数据的逻辑表示。外模式是从模式导出的一个子集，包含模式中允许特定用户使用的那部分数据。用户可以通过外模式描述语言来描述、定义对应于用户的数据记录（外模式），也可以利用数据操纵语言对这些数据记录进行操作。外模式反映了数据库的用户观。

（3）内模式。内模式又称存储模式，对应于物理级，它是数据库中全体数据的内部表示或底层描述，是数据库最低一级的逻辑描述。它描述了数据在存储介质上的存储方式即物理结构，对应着实际存储在外存储介质上的数据库。内模式由内模式描述语言来描述、定义，它是数据库的存储观。

在一个数据库系统中，只有唯一的数据库，因而作为定义、描述数据库存储结构的内模式和定义、描述数据库逻辑结构的模式，也是唯一的；但建立在数据库系统之上的应用则是非常广泛、多样的，所以对应的外模式不是唯一的，也不可能是唯一的。

2. 三级模式间的映射

数据库系统的三级模式是数据库在三个级别（层次）上的抽象，它把数据的具体组织工作留给了 DBMS 管理，使用户能够逻辑地、抽象地处理数据而不必关心数据在计算机中的物理表示和存储。实际上，对于一个数据库系统而言：物理级数据库是客观存在的，它是进行数据库操作的基础；概念级数据库不过是物理级数据库的一种逻辑的、抽象的描述（即模式）；用户级数据库则是用户与数据库的接口，它是概念级数据库的一个子集（外模式）。为了能够在内部实现这三个抽象层次的联系和转换，DBMS 在这个三级模式之间提供了两级映像：

- 外模式/模式映像
- 模式/内模式映像

正是这两级映像保证了数据库系统中的数据能够具有较高的逻辑独立性和物理独立性。

（1）外模式/模式映像。模式描述的是数据的全局逻辑结构，外模式描述的是数据的局部逻辑结构，对应于同一个模式可以有任意多个外模式。对于每一个外模式，数据库系统都有一个外模式/模式的映像，它定义了该外模式与模式之间的对应关系。

当模式改变时，由数据库管理员对各个外模式/模式映像做相应的改变，就可以使外模式保持不变。应用程序是依据数据的外模式编写的，从而应用程序不必修改，保证了数据与程序的逻辑独立性，简称为数据的逻辑独立性。

（2）模式/内模式映像。数据库中只有一个模式，也只有一个内模式，所以模式/内模式的映像是唯一的。它定义了数据库全局逻辑结构与物理存储结构之间的对应关系。

当数据库的物理存储结构改变时，由数据库管理员对模式/内模式映像做相应的改变，就可以使模式保持不变，从而应用程序也不必改变。这样就保证了程序与数据的物理独立性，简称为数据的物理独立性。

在数据库的三级模式结构中，数据库模式，即全局逻辑模式是数据库的中心与关键，它独立于数据库的其他层次。因此，设计数据库模式结构时，应首先确定数据库的逻辑模式。

3．数据库的三级模式结构的好处

数据库的三级模式结构的好处有：

（1）保证了数据的独立性。概念模式和内模式分开，保证数据的物理独立性；外模式和概念模式分开，保证数据的逻辑独立性。

（2）简化用户接口。用户不需要了解数据库实际存储情况，也不需要对数据库存储结构了解，只要按照外模式编写应用程序就可以访问数据库。

（3）有利于数据共享。所有用户使用统一概念模式导出不同的外模式，减少数据冗余，有利于多种应用程序间共享数据。

（4）有利于数据安全保密。每个用户只能操作属于自己的外模式数据视图，不能对数据库其他部分进行修改，保证了数据安全性。

1.2 关系数据库

关系数据库是基于关系模型的数据库。关系模型是建立在集合论严格的数学基础之上，且能较方便地实现，因此受到人们的格外重视和青睐。目前流行的数据库产品几乎都是关系模型数据库，关系数据库也是最有效率的数据组织方式之一。

1.2.1 关系数据模型

在关系数据库里，所有的数据都按表（按关系理论的术语，表被称为“关系”）进行组织和管理。实体和联系均用二维表来表示的数据模型称为关系数据模型，二维表由行和列组成。现以职工表为例，如表 1-1 所示，介绍关系模型中的一些术语。

表 1-1 学生表

学号	姓名	年龄	性别	入学时间
B0951102	张东利	18	男	2009-8-28
B1051206	李文娟	17	女	2010-8-26
B0952107	刘剑峰	19	男	2009-8-28
B0851304	杨琼瑶	18	女	2008-8-24
B0951205	周平	19	男	2009-8-28

（1）关系（Relation）：一个关系可用一个二维表格来表示，常称为表，如表 1-1 中的这张学生表。每个关系（表）都有与其他关系（表）不同的名称。

（2）元组（Tuple）：表中的一行数据统称为一个元组。一个元组即为一个实体的所有属性值的总称。一个关系中不能有两个完全相同的元组。

（3）属性（Attribute）：表中的每一列即为一个属性。每个属性都有一个属性名，在每一列的首行显示。一个关系中不能有两个同名属性。如表 1-1 的表有 5 列，对应 5 个属性（学号，姓名，年龄，性别，地址）。具有 n 个属性的关系称为 n 元关系或 n 目关系。

（4）域（Domain）：一个属性的取值范围就是该属性的域。如职工的年龄属性域为 2 位整数（18-60），性别的域为（男，女）等。

（5）分量（Component）：一个元组在一个属性上的值称为该元组在此属性上的分量，一个 n 元组是由 n 个分量组成。

（6）候选键（Candidate Key）：如果一个属性集能唯一标识元组，且又不含有多余的属性，那么这个属性集称为关系的候选键或候选码。候选码中的所有属性都为主属性。

（7）主关键字（Primary Key）：如果一个关系中有多个候选键，则选择其中的一个键为关系的主关键字，简称主键或主码，如表 1-1 中的学号，可以唯一确定一个学生，是本关系的主键。

（8）外键（Foreign Key）：如果一个关系中某个属性或属性组合并非主关键字，但却是另外一个关系的主关键字，则称此属性或属性组合为本关系的外部关键字或外键。在关系数据库中，用外键表示两个关系间的联系。

（9）关系模式：一个关系的关系名及其全部属性的集合，简称为关系模式。一般表示为：

关系名（属性 1，属性 2，…，属性 n）

如上面的学生关系可描述为：

学生（学号，姓名，年龄，性别，入学时间）

关系模式是型，描述了一个关系的结构；关系则是值，是元组的集合，是某一时刻关系模式的状态或内容。因此，关系模式是稳定的、静态的，而关系则是随时间变化的、动态的。但在不引起混淆的场合，两者都称为关系。

关系是关系模型中最基本的数据结构。关系既用来表示实体，如上面的职工表，也用来表示实体间的关系，如学生与课程之间的联系可以描述为：

选修（学号，课程号，成绩）

关系模型要求关系必须是规范化的，即要求关系必须满足一定的规范条件，这些规范条件是：

（1）关系中的每一列都必须是不可分的基本数据项，即不允许表中还有表，表 1-2 的情况是不允许的。

表 1-2　表中有表

工资级别	工资		
	基本工资	工龄	职务
⋮	⋮	⋮	⋮

（2）一个关系中有唯一确定的属性名，不可重名。

（3）任何列中的值必须是同一类型的，各列被指定一个相异的名字。

（4）在一个关系中，属性间的顺序、元组间的顺序是无关紧要的。

在关系数据库中具有相同属性的记录的集合构成一个“数据表”；一个或多个数据表的集合组成一个“数据库”。隶属于某个数据库的数据表叫“相关表或数据表”；独立存在于任何数据库之外的表叫“自由表”。

1.2.2　关系的完整性约束

数据库完整性（DataBase Integrity）是指数据库中数据的正确性和相容性。数据库完整性由各种各样的完整性约束来保证，所以数据库完整性设计就是数据库完整性约束的设计。

数据库完整性约束可以通过 DBMS 或应用程序来实现，基于 DBMS 的完整性约束作为模式的一部分存入数据库中。在关系数据模型中一般将数据完整性分为三类：实体完整性、参照完整性和用户定义完整性。

1. 实体完整性

实体完整性规定表的每一行在表中是唯一的实体。实体完整性和参照完整性是关系模型必须满足的完整性约束条件，被称作是关系的两个不变特性。实体完整性规则如下：

- 实体完整性要保证关系中的每个元组都是可识别的和唯一的。
- 实体完整性规则内容：若属性 A 是关系 R 的主属性，则属性 A 不可以为空值。
- 实体完整性是关系模型必须满足的完整性约束条件。
- 关系数据库管理系统可用主关键字实现实体完整性，这是由关系数据库默认支持的。

实体完整性规则是针对关系而言的，而关系则对应一个现实世界中的实体集。现实世界中的实体是可区分的，它们具有某种标识特征；相应地，关系中的元组也是可区分的，在关系中用主关键字做唯一性标识。例如，在 AWLT 数据库中，“Product”表对应现实某企业产品信息的实体集，其中“ProductID”字段的值各不相同，每个产品都表示唯一的实体，如图 1-10 所示。

ProductID	Name	ProductNumber	Color	StandardCost	ListPrice	Size	Weight	ProductCategoryID
680	HL Road Frame - Black, 58	FR-R92B-58	Black	1059.31	1431.50	58	1016.04	18
706	HL Road Frame - Red, 58	FR-R92R-58	Red	1059.31	1431.50	58	1016.04	18
707	Sport-100 Helmet, Red	HL-U509-R	Red	13.0863	34.99	NULL	NULL	35
708	Sport-100 Helmet, Black	HL-U509	Black	13.0863	34.99	NULL	NULL	35
709	Mountain Bike Socks, M	SO-B909-M	White	3.3963	9.50	M	NULL	27
710	Mountain Bike Socks, L	SO-B909-L	White	3.3963	9.50	L	NULL	27
711	Sport-100 Helmet, Blue	HL-U509-B	Blue	13.0863	34.99	NULL	NULL	35
712	AWC Logo Cap	CA-1098	Multi	6.9223	8.99	NULL	NULL	23

图 1-10 实体的完整性

其中主关键字中的属性，即主属性不能取空值。如果主属性取空值，则意味着关系中的某个元组是不可标识的，即存在不可区分的实体，这与实体的定义也是矛盾的。

2. 参照完整性

参照完整性是指两个表的主关键字和外关键字的数据对应一致。它确保了有主关键字的表中对应其他表的外关键字的数据存在，即保证了表之间的数据的一致性，防止数据丢失或无意义的数据在数据库中扩散。参照完整性是建立在外关键字和主关键字之间或外关键字和唯一性关键字之间的关系上的。

例如，在“Product”表中，“ProductCategoryID”字段不是主关键字，而是外关键字。在“ProductCategory”表中的“ProductCategoryID”字段为主关键字，并且与“Product”表中“ProductCategoryID”字段中的实体相对应，所以“Product”表为参照关系，“ProductCategory”表为被参照关系，如图 1-11 所示。

3. 用户定义完整性

用户定义的完整性，通常是定义对关系中除主键与外键属性之外的其他属性取值的约束，即对其他属性的值域的约束。对属性的值域的约束也称为域完整性规则（Domain Integrity Rule），是指对关系中属性取值的正确性限制，包括数据类型、精度、取值范围、是否为空值等。

用户定义的完整性即是针对某个特定关系数据库的约束条件，它反映某一具体应用所涉及的数据必须满足的语义要求。

	ProductCategoryID	Name	ModifiedDate
16	16	Mountain Frames	1998-06-01 00:00:00.000
17	17	Pedals	1998-06-01 00:00:00.000
18	18	Road Frames	1998-06-01 00:00:00.000
19	19	Saddles	1998-06-01 00:00:00.000
20	20	Touring Frames	1998-06-01 00:00:00.000
21	21	Wheels	1998-06-01 00:00:00.000
22	22	Bib-Shorts	1998-06-01 00:00:00.000

	ProductID	Name	ProductNumber	Color	StandardCost	ListPrice	Size	Weight	ProductCategoryID
1	706	HL Road Frame - Red, 58	FR-R92R-58	Red	1059.31	1431.50	58	1016.04	18
2	707	Sport-100 Helmet, Red	HL-U509-R	Red	13.0863	34.99	NULL	NULL	35
3	708	Sport-100 Helmet, Black	HL-U509	Black	13.0863	34.99	NULL	NULL	35
4	709	Mountain Bike Socks, M	SO-B909-M	White	3.3963	9.50	M	NULL	27
5	710	Mountain Bike Socks, L	SO-B909-L	White	3.3963	9.50	L	NULL	27

图 1-11　实体的参照完整性

在用户定义完整性中最常见的是限定属性的取值范围，即对值域的约束，所以在用户定义完整性中最常见的是域完整性约束，如某个属性的值必须唯一；某个属性的值必须在某个范围内等。

1.2.3　关系运算

关系代数是一种抽象的查询语言，是关系数据操纵语言的一种传统表达方式。它用于关系运算及表达式查询。关系运算符有四类：集合运算符、专门的关系运算符、算术比较运算符和逻辑运算符，如表 1-3 所示。

表 1-3　数据操作

运算类型	含义
集合运算符	并、差、交、广义笛卡儿积
比较运算符	大于、大于等于、小于、小于等于、等于、不等于
逻辑运算符	非、与、或
专门运算符	选择、投影、连接、除

根据运算符的不同，在关系代数中，可以将运算分为传统的集合运算和专门运算。

1. 传统的集合运算

传统的集合运算是从关系的水平方向进行的，主要包括：并、交、差及广义笛卡儿积。

（1）并（Union）运算。关系 R、S 同为 n 元关系，则 R 与 S 的并记作：$R \cup S = \{t \in R \vee t \in S\}$。其结果仍是 n 元关系，由属于 R 或属于 S 的元组组成。

（2）交（Intersection）运算。关系 R、S 同为 n 元关系，则关系 R 与 S 的交记作：$R \cap S = \{t \in R \wedge t \in S\}$。其结果仍是 n 元关系，由属于 R 且属于 S 的元组组成。

（3）差（Difference）运算。关系 R、S 同为 n 元关系，则关系 R 与 S 的差记作：$R\text{-}S = \{t \in R \wedge t \notin S\}$。其结果仍是 n 元关系，由属于 R 且不属于 S 的元组组成。

（4）广义笛卡儿积（Extended Cartesian Product）。两个分别为 n 目和 m 目的关系 R 和 S，R 和 S 的广义笛卡儿积是一个（n+m）列元组的集合。元组的前 n 列是关系 R 的一个元组，后 m 列是关系 S 的一个元组。若 R 有 K_1 个元组，S 有 K_2 个元组，则 R 和 S 的广义笛卡儿积有 K_1

$\times K_2$ 个元组。记作：$R \times S=\{\widehat{t_r t_s} \mid t_r \in R \wedge t_s \in S\}$。$\widehat{t_r t_s}$ 表示由两个元组 t_r 和 t_s 前后有序连接而成的一个元组。任取元组 t_r 和 t_s，当且仅当 t_r 属于 R 中元组且 t_s 属于 S 中元组时，t_r 和 t_s 前后有序连接即为 R×S 的一个元组。

实际操作时，可从 R 的第一个元组开始，依次与 S 的每一个元组组合，然后对 R 的下一个元组进行相同的操作，直至 R 的最后一个元组也进行了相同的操作为止，即可得到 R×S 的所有元组。

由广义笛卡儿积可得关系的数学定义：设 A_1，A_2，…，A_n 为任意集合，$A_1 \times A_2 \times \ldots \times A_n$ 的任意一个子集称为 A_1，A_2，…，A_n 上的一个 n 元关系。

图 1-12（a）和图 1-12（b）分别是有 3 个属性的关系 R、S。图 1-12（c）为关系 R 与关系 S 的并。图 1-12（d）为关系 R 与关系 S 的交。图 1-12（e）为关系 R 与关系 S 的差。图 1-12（f）为关系 R 与关系 S 的广义笛卡儿积。

R

A	B	C
a_1	b_1	c_1
a_1	b_2	c_2
a_1	b_2	c_3

（a）关系 R

S

A	B	C
a_1	b_2	c_2
a_1	b_3	c_2
a_1	b_2	c_3

（b）关系 S

R∪S

A	B	C
a_1	b_1	c_1
a_1	b_2	c_2
a_1	b_2	c_3
a_1	b_3	c_2

（c）R∪S

R∩S

A	B	C
a_1	b_2	c_2
a_1	b_2	c_3

（d）R∩S

R-S

A	B	C
a1	b1	c1

（e）R-S

R×S

R.A	R.B	R.C	S.A	S.B	S.C
a_1	b_1	c_1	a_1	b_2	c_2
a_1	b_1	c_1	a_1	b_3	c_2
a_1	b_1	c_1	a_1	b_2	c_3
a_1	b_2	c_2	a_1	b_2	c_2
a_1	b_2	c_2	a_1	b_3	c_2
a_1	b_2	c_2	a_1	b_2	c_3
a_1	b_2	c_3	a_1	b_2	c_2
a_1	b_2	c_3	a_1	b_3	c_2
a_1	b_2	c_3	a_1	b_2	c_3

（f）R×S

图 1-12 传统集合运算举例

2. 专门的关系运算

专门的关系运算可以从关系的水平方向进行运算，也可以从关系的垂直方向运算。下面介绍常见的四种运算。

（1）选择运算（Selection）。选择运算又称为限制（Restriction）运算，它是从给定的关系 R 中选取满足条件的元组，即从数据表中进行选行操作，记作 $\sigma_F(R)=\{t|t\in R \wedge F(t)='真'\}$，其中 F 表示选择条件，它是一个逻辑表达式，取逻辑值“真”或“假”。公式 F 中的运算对象是常量（用引号括起来）或元组分量（属性名或列的序号），运算符有算术比较运算符（<、≤、>、≥、=、≠，这些符号统称为θ符）和逻辑运算符（∧、∨、¬）。

选择运算提供了一种“横向分割关系”的手段。以逻辑表达式为选择条件，筛选满足表达式的所有记录。选择操作的结果构成关系的一个子集，是关系中的部分行，其关系模式不变。选择操作是从二维表中选择若干行的操作。

例 1-1　在 AWLT 数据库中，查询颜色为红色的所有产品。

$$\sigma_{Color='Red'}(Product)$$

（2）投影运算（Projection）。这个操作是对一个关系进行垂直分割，消去某些列，并重新安排列的顺序，再删去重复元组。

设关系 R 是 k 元关系，R 在其分量 $A_{i_1},\cdots,A_{i_m}$（$m\leq k$，$i_1,\cdots,i_m$ 为 1 到 k 之间的整数）上的投影用 $\pi_{i_1,\cdots,i_m}(R)$ 表示，它是从 R 中选择若干属性列组成的一个 m 元元组的集合，形式定义如下：

$$\pi_{i_1,\cdots,i_m}(R)=\{t \mid t=<t_{i_1},\cdots,t_{i_m}> \wedge <t_1,\cdots,t_k>\in R\}$$

投影是从给定关系的所有字段中按某种顺序选取指定的属性组，即从数据表中进行选择列操作。投影运算提供了一种“纵向分割关系”手段。所选择的若干属性将形成一个新的关系数据表，其关系模式中属性的个数由用户来确定，或者排列顺序不同，同时也可能减少某些元组。因为排除了一些属性后，特别是排除了关系中关键字属性后，所选属性可能有相同值，出现了相同的元组，而关系中必须消除相同元组，从而有可能减少某些元组。

例 1-2　在 AWLT 数据库中，查询所有产品的产品编号、名称及其颜色。

$$\pi_{ProductNumber, Name, Color}(Product)$$

（3）连接运算（Join）。连接运算用来连接相互之间有联系的两个关系，从而形成一个新的关系。连接操作是广义笛卡儿积和选择操作的组合。一般情况下这个连接属性是出现在不同关系中的语义相同的属性，属性名称有可能不同。

连接运算也称θ连接。连接运算形式定义如下：

$$R \bowtie S=\sigma_{A\theta B}(R\times S)$$

其中，A 和 B 分别是关系 R 和 S 上语义相同的属性或属性组，θ是比较运算符。连接运算从关系 R 和 S 的笛卡儿积 R×S 中选取 R 关系在 A 属性组上的值与 S 关系在 B 属性组上值满足比较运算θ的元组。

连接运算中最重要也是最常用的两个连接：等值连接和自然连接。

如果θ为等号“=”，那么这个连接操作称为等值连接，它是从关系 R 与关系 S 的广义笛卡儿积中选取 A 与 B 属性值相等的元组。

自然连接是一种特殊的连接，它要求两个关系中进行比较的分量必须是相同的属性组，并且在结果中要去掉重复的属性列，即若关系 R 和 S 具有相同的属性组 B，则自然连接可形式定义为：

$$R \bowtie S=\{\widehat{t_r t_s} \mid t_r \in R \wedge t_s \in S \wedge t_r[B]=t_s[B]\}$$

根据给定的条件在两个或两个以上的关系中选取部分字段和部分记录合并生成一个新的关系模式的操作。对应的新关系中包含满足连接条件的所有行。连接过程是通过连接条件来控制的，连接条件中将出现两个关系数据表中的公共属性名，或者具有相同语义、可比的属性。一般的连接运算是从行的角度进行运算，但自然连接还需要去掉重复的列，所以是同时从行和列的角度进行运算。

例 1-3 设图 1-13 中（a）和（b）分别为关系 R 和 S，图 1-13（c）为一般 $R \underset{C<D}{\bowtie} S$ 连接的结果，图 1-13（d）为 $R \underset{R.B=S.B}{\bowtie} S$ 等值连接的结果，图 1-13（e）为自然连接的结果。

R

A	B	C
a1	b1	12
a2	b3	18
a3	b4	10
a1	b2	9
a4	b6	6
a1	b2	15

（a）关系 R

S

B	D
b1	5
b2	7
b2	12
b3	8
b5	2
b7	9

（b）关系 S

$R \underset{C<D}{\bowtie} S$

A	R.B	C	S.B	D
a3	b4	10	b2	12
a1	b2	9	b2	12
a4	b6	6	b2	7
a4	b6	6	b2	12
a4	b6	6	b3	8
a4	b6	6	b7	9

（c）一般连接

A	R.B	C	S.B	D
a1	b1	12	b1	5
a1	b2	9	b2	7
a1	b2	9	b2	12
a1	b2	15	b2	7
a1	b2	15	b2	12

（d）等值连接

A	B	C	D
a1	b1	12	5
a1	b2	9	7
a1	b2	9	12
a1	b2	15	7
a1	b2	15	12

（e）自然连接

图 1-13 连接运算举例

（4）除运算（Division）。给定关系 R（X，Y）和 S（Y，Z），其中 X，Y，Z 为属性组。R 中的 Y 与 S 中的 Y 可以有不同的属性名，但必须出自相同的域集。R 与 S 的除运算得到一个新的关系 P（X），P 是 R 中满足下列条件的元组在 X 属性列上的投影：元组在 X 上分量值 x 的象集 Y_x 包含 S 在 Y 上投影的集合。记作：

$$R \div S=\{t_r[X] \mid t_r \in R \wedge \pi_Y(S) \subseteq Y_x\}$$

其中 Y_x 为 x 在 R 中的象集，$x=t_r[X]$。

除操作是同时从行和列角度进行运算。

例 1-4 设关系 R，S 分别为图 1-14 中的（a）和（b），R÷S 的结果为 1-14（c）。

在关系 R 中，A 可以取四个值{a1，a2，a3，a4}。其中：

a1 的象集为{（b1，c2），（b2，c3），（b2，c1）}

a2 的象集为{（b3，c7），（b2，c3）}

a3 的象集为{（b4，c6）}

a4 的象集为{（b6，c6）}

S 在（B，C）上的投影为{（b1，c2），（b2，c1），（b2，c3）}

显然只有 a1 的象集包含了 S 在（B，C）属性组上的投影，所以 R÷S＝{a1}。

R

A	B	C
a1	b1	c2
a2	b3	c7
a3	b4	c6
a1	b2	c3
a4	b6	c6
a2	b2	c3
a1	b2	c1

（a）关系 R

S

B	C	D
b1	c2	d1
b2	c1	d1
b2	c3	d2

（b）关系 S

R÷S

A
a1

（c）R÷S

图 1-14　除运算举例

1.2.4　关系数据库的规范化

建立一个关系数据库系统，首先要考虑怎样建立数据模式，即应该构造几个关系模式，每个关系模式中需要包含哪些属性等，即如何构造适合它的数据模式，这是数据库设计的问题。关系数据库中的关系要满足一定的要求，关系规范化主要讨论的就是建立关系模式的指导原则，所以有人把关系数据库规范化理论称为设计关系数据库的规范化理论。

关系数据库理论主要包括三方面的内容：数据依赖、范式和模式设计方法，其中数据依赖起核心作用。

1. 数据依赖

数据依赖是通过一个关系中属性间值的相等与否体现出来的数据间的相互关系，是现实世界属性间相互联系的抽象，是数据内在的性质，是语义的体现。

人们已经提出了许多种类型的数据依赖，其中最重要的是：函数依赖（Functional Dependency，FD）和多值依赖（Multivalued Dependency，MVD），本书只简要介绍函数依赖。

2. 函数依赖

（1）函数依赖的定义。定义 1-1：设 R（U）是属性集 U 上的一个关系模式，X 和 Y 均为 U 上的子集，即 $X \subseteq U$，$Y \subseteq U$。若对于 R 的任意一个可能的关系 r，如果 r 中不存在两个元组，它们在 X 上的属性值相同，而在 Y 上的属性值不同（或说对于在 X 上的每一种取值，在 Y 上都只有唯一对应的取值），则称“X 函数确定 Y”或“Y 函数依赖于 X”。记作 $X \rightarrow Y$。

例 1-5　指出学生关系中的函数依赖：

U={sno，sname，sage，ssex，sclass}

现实语义：每个学生只能有唯一的一个学号；学生姓名可能重名；学号确定了，姓名等值都能唯一确定。

所以可以得到属性间的函数依赖：

F={sno→sname，sno→sage，sno→ssex，sno→sclass}

若 X→Y，并且 Y 是 X 的子集，则称为平凡的函数依赖；否则称为非平凡的函数依赖。

对任一关系模式，平凡函数依赖必然成立，这里只讨论非平凡函数依赖。

（2）完全函数依赖与部分函数依赖。定义 1-2：设 X→Y 是一个函数依赖，并且对于任何 X′属于 X，X′→Y 都不成立，则称 X→Y 是一个完全函数依赖，即 Y 完全函数依赖于 X。记作 $X \xrightarrow{f} Y$。

如：（sno，cno）$\xrightarrow{f}$ grade，因为每个学生可以选择多门课程，每门课程可由多名学生选修，因此学号和课程号唯一确定成绩。

设 X→Y 是一个函数依赖，但 Y 不是完全函数依赖于 X，则称 X→Y 是一个部分函数依赖或称 Y 函数依赖于 X 的某个真子集。记作 $X \xrightarrow{p} Y$。

如（sno，sage）$\xrightarrow{p}$ sname

（3）传递函数依赖。定义 1-3：设 R（U）是一个关系模式，X，Y，Z 属于 U（U 的子集），如果 X→Y（Y 不是 X 的子集），Y↛X，Y→Z（Z 不是 Y 的子集），则称 Z 传递依赖于 X。

如：student 关系模式：

U={sno，sname，ssex，sage，sdept，mname}

F={sno→sdept，sdept→mname，…}

可以推出 mname（系主任）传递依赖于 sno。

3. 关系的规范化和范式

规范化理论是 E.F.Codd 首先提出的。他认为，一个关系数据库中的关系，都应满足一定的规范，才能构造出好的数据模式，Codd 把应满足的规范分成几级，每一级称为一个范式（Normal Form）。例如满足最低要求为第一范式（1NF）；在 1NF 基础上又满足一些要求的为第二范式（2NF）；第二范式中，有些关系能满足更多的要求，属于第三范式（3NF）；后来 Codd 和 Boyce 又共同提出了一个新范式：BC 范式（BCNF）。以后又有人提出第四范式（4NF）和第五范式（5NF）等。范式的等级越高，应满足的条件也越严。一般说来，数据库只需满足第三范式（3NF）就行了。下面介绍第一范式（1NF）、第二范式（2NF）和第三范式（3NF）。虽然还有很多级别更高的规范形式，但它们在学术研究之外很少用到，因此本书不涉及。

（1）第一范式。关系 R 中的每个属性（列）都是不可再分的，或每个属性的域都只包含单纯值，而不是一些值的集合，则称关系 R 满足第一范式。记为 R∈1NF。

第一范式的判断方法：检查关系表中每个属性值是否都是不可再分解的最小数据单位。

将非第一范式规范为第一范式的方法：依次检查每个属性的取值，如果是组合情况，即不是最小单位，就进行属性值的最小化拆分。

在任何一个关系数据库中，第一范式（1NF）是对关系模式的基本要求，不满足第一范式（1NF）的数据库就不是关系数据库。

（2）第二范式。若 R∈1NF，并且每个非主属性都完全函数依赖于 R 的主码，则称为满足第二范式，记为 R∈2NF。

规范为第二范式的方法：将能完全依赖于主键的属性从关系中提取出来，同主键一起组成一个关系；将剩余的属性同能完全依赖于主键的一部分组成一个关系。

例 1-6 下面以一个学校的学生关系为例分析说明。首先考虑把所有这些信息放到一个关系中，SelectCourse（学号，学生姓名，年龄，性别，课程名称，学分，系别，成绩，系主任，系办地址，系办电话）。存在如下的依赖关系：

（学号）→（姓名，年龄，性别，系别，系主任，系办地址，系办电话）

（课程名称）→（学分）

（学号，课程名称）→（成绩）

主键为（学号，课程名称），学分等部分依赖于主键，因此不满足第二范式的要求。按照前面第二范式规范化方法，把选课关系 SelectCourse 分解为如下三个关系：

学生：Student（学号，姓名，年龄，性别，系别，系主任，系办地址，系办电话）；

课程：Course（课程名称，学分）；

选课关系：SC（学号，课程名称，成绩）。

每个关系都属于第二范式，即关系 SelectCourse∈2NF。

（3）第三范式。若 R∈2NF，并且没有一个非主属性传递函数依赖于候选码，则称 R 满足第三范式，记为 R∈3NF。

将关系模式分解为第三范式的方法：设关系模式 R 中，主键为 X，存在函数依赖 W→Z，W 不是候选码，Z 是非主属性且 Z 不包含于 X，因此 Z 传递函数依赖于 X，此时，应将 R 分解成两个关系模式：

R1（W，Z），其中 W 为主键。

R2（除 Z 外的所有属性），X 为主键，W 为外键。

即将传递依赖属性从关系中提取出来，同决定因素一起组成一个关系；将除传递依赖的剩余属性组成一个关系。若 R1 和 R2 还不是 3NF，则重复上面的方法，一直到数据库模式中的每一个关系模式都是 3NF 为止。

例 1-7 接着看上面的学生表 Student（学号，姓名，年龄，性别，系别，系主任，系办地址，系办电话），关键字为“学号”，因为存在如下函数依赖关系：

（学号）→（姓名，年龄，性别，系别，系主任，系办地址，系办电话）

但是，还存在下面的函数依赖关系：

（学号）→（系别）

（系别）→（系主任，系办地址，系办电话）

即存在非关键字段“系主任”、“系办地址”、“系办电话”对关键字“学号”存在传递函数依赖。会存在数据冗余、更新异常、插入异常和删除异常的情况。

根据第三范式要求把学生关系表分解为如下两个表，就可以满足第三范式了：

学生（学号，姓名，年龄，性别，系别）；

系别（系别，系主任、系办地址，系办电话）。

1.3 关系数据库的设计

1.3.1 数据库设计概述

数据库设计（DataBase Design）是指对于一个给定的应用环境，构造最优的数据库模式，建立数据库及其应用系统，使之能够有效地存储数据，满足各种用户的应用需求，包括信息要求和处理要求。

一般来说，好的数据库应该满足以下条件：

（1）便于检索所需要的数据。在大型的数据库中，由于表的增加，多表中的数据很难读取和理解，数据之间的关系无法在计算机屏幕或输出页中完整地显示，因此好的数据库应该便于用户检索所需要的数据。

（2）具有较高的完整性、数据更新的一致性。好的数据库应该能防止不一致信息的引入，避免因各种问题而出现的数据的不完整和数据之间的不一致。

（3）使系统具有尽可能好的性能。在设计数据库时应该平衡它们中的每一项，使之适合应用程序。当然，好的数据库最根本的就是能提供用户高满意度，而且能可靠地满足要求。

数据库设计过程可分为六个阶段：需求分析、概念结构设计、逻辑结构设计、物理结构设计、数据库实施、数据库运行和维护，如图 1-15 所示。下面将详细地介绍数据库的设计过程。

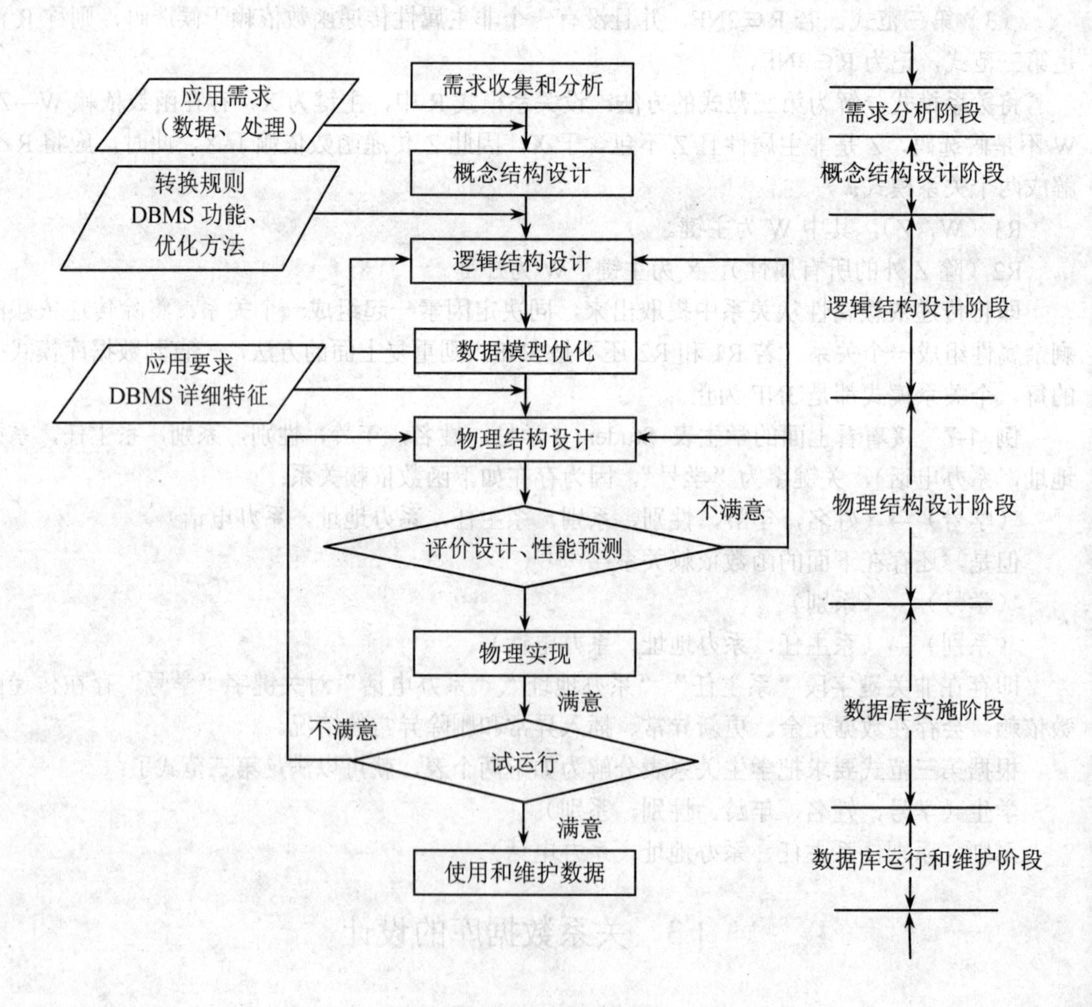

图 1-15　数据库设计过程

1.3.2　需求分析

1. 需求分析任务

需求分析的任务是调查和分析用户的业务活动和数据的使用情况，弄清所用数据的种类、范围、数量以及它们在业务活动中交流的情况，确定用户对数据库系统的使用要求和各种约束条件等，形成用户的各种需求。

在调查过程中着重“数据”和“处理”，通过调查、收集与分析，获得如下要求：

（1）信息要求。指用户从数据库中获得信息的内容和性质。由信息要求可以导出数据要求，即数据库中存储什么数据。

（2）处理要求。指用户要完成什么样的处理功能，对响应时间、处理方式有什么要求。

（3）安全性与完整性要求。

2. 需求分析基本步骤

（1）收集资料。了解现行业务处理流程、对新系统的要求、收集全部数据资料，如报表、合同、档案、单据、计划等。

（2）分析整理资料：对收集到的资料进行分析、抽象与概括，确定数据库信息内容与数据处理内容。

（3）绘制数据流图：使用数据流图描述系统的功能。

（4）编写数据字典：对数据流图中各类数据进行描述的集合。

3. 阶段成果

需求分析阶段成果是系统需求说明书，此说明书主要包括数据流图、数据字典、系统功能结构图等。系统需求说明书作为数据库设计的依据文件。

1.3.3　概念结构设计

将需求分析得到的用户要求抽象为信息世界的概念模型的过程就是概念结构设计。它是整个数据库设计的关键。概念结构设计不依赖具体的计算机系统和 DBMS。

1. 概念结构设计任务

在需求分析的基础上，确定系统中所包含的实体，分析每个实体所具有的属性，以及实体之间的关系。

2. 采用 E-R 方法的数据库概念设计步骤

采用 E-R 方法的数据库概念设计步骤分为三步：首先设计局部 E-R 模型；再进行局部视图设计即 E-R 图设计；最后对局部视图进行集成得到概念视图。

（1）设计局部 E-R 模型。根据系统的具体情况，在多层的数据流图中选择一个适当层次的数据流图，让这组图中每一部分对应一个局部应用，以这一层次的数据流图为出发点，设计局部 E-R 图。

（2）局部视图设计策略。局部视图设计一般有四种设计策略：自顶向下、由底向上、由内向外和混合策略。

- 自顶向下：先从抽象级别高且普遍性强的对象开始逐步细化、具体化与特殊化。
- 由底向上：先从具体的对象开始，逐步抽象、普遍化与一般化，最后形成一个完整的视图设计。
- 由内向外：先从最基本与最明显的对象着手，逐步扩充至非基本、不明显的其他对象。

- 混合策略：就是将自顶向下和由底向上结合起来，先用自顶向下方法确定框架，再用自底向上方法设计局部概念，然后再结合起来。

（3）视图集成。视图集成的实质是将所有的局部视图统一并合并成一个完整的数据模式。在进行视图集成时，最重要的工作便是解决局部设计中的属性冲突、命名冲突、概念冲突、结构冲突、约束冲突。

- 属性冲突：属性值的类型、取值单位、取值范围或取值集合不同。
- 命名冲突：同名异义和同义异名两种。
- 概念冲突：同一个对象在不同应用中具有不同的抽象。在一处为实体，而在另一处是属性或联系。
- 结构冲突：同一实体在不同的分 E-R 图中所包含的属性不同。
- 约束冲突：实体间的联系在不同的分 E-R 图中表现为不同的类型。

1.3.4 逻辑结构设计

逻辑结构设计的主要工作是将现实世界的概念数据模型设计成数据库的一种逻辑模式，即适应于某种特定数据库管理系统所支持的逻辑数据模式。

1．逻辑结构设计的步骤

数据库逻辑结构设计的步骤如下：

（1）将概念结构转化为一般的关系、网状、层次模型。

（2）将转换来的关系、网状、层次模型向特定 DBMS 支持下的数据模型转换。

（3）对数据模型进行优化。

2．E-R 模型向关系模型转换规则

E-R 模型向关系模型转换规则如下：

（1）一个实体转换为一个关系模式。实体属性就是关系的属性，实体的码就是关系的码。

（2）一个 1:1 联系可以转换为一个独立的关系模式，也可以与任意一端对应的关系模式合并。若转换为一个独立的关系模式，则相连的每个实体的码及该联系的属性是该关系的码，每个实体的码是该关系的候选码。

（3）一个 1:n 联系可以转换为一个独立的关系模式，也可以与 n 端对应的关系模式合并。若转换为一个独立的关系模式，与该联系相连的每个实体的码及该联系的属性是该关系的码，n 端实体的码是该关系的码。

（4）一个 m:n 联系转换为一个关系模式。与该联系相连的各个实体的码及联系的属性转换为关系的属性，而该关系的码为各实体码的组合。

（5）三个或三个以上实体间的一个多元联系转换为一个关系模式。与该联系相连的各个实体的码及联系的属性转换为关系的属性，而该关系的码为各实体码的组合。

（6）具有相同码的关系模式可合并。为减少系统中的关系个数，可以将其中一个关系模式的全部属性加入到另一个关系模式中，然后去掉其中的同义属性（可能同名也可能不同名），并适当调整属性的次序。

1.3.5 物理结构设计

根据特定数据库管理系统所提供的多种存储结构和存取方法等依赖于具体计算机结构的各项物理设计措施，对具体的应用任务选定最合适的物理存储结构（包括文件类型、索引结构和数据的存放次序与位逻辑等）、存取方法和存取路径等，以提高数据库访问速度及有效利用存储空间，一般由数据库系统自动完成。

1.3.6 数据库的实施与维护

1. 数据库实施

根据逻辑结构设计和物理结构设计的结果，在计算机系统上建立起实际数据库结构、装入数据、测试和试运行的过程称为数据库的实施阶段。实施阶段主要完成以下三项工作：

（1）建立实际数据库结构。对描述逻辑设计和物理设计结果的程序即“源模式”，经 DBMS 编译成目标模式并执行后，便建立了实际的数据库结构。

（2）装入测试数据对应用程序进行调试。测试数据可以是实际数据，也可由手工生成或用随机数发生器生成，应使测试数据尽可能覆盖现实世界的各种情况。

（3）装入实际数据，进入试运行状态。测量系统的性能指标，是否符合设计目标。如果不符，则返回到前面，修改数据库的物理结构设计甚至逻辑结构设计。

2. 数据库运行与维护

数据库系统正式运行，标志着数据库设计与应用开发工作的结束和维护阶段的开始。运行维护阶段的主要任务有四项：

（1）维护数据库的安全性与完整性：检查系统安全性是否受到侵犯，及时调整授权和密码，实施系统转储与备份，发生故障后及时恢复。

（2）监测并改善数据库运行性能：结合用户反应确定改进措施。DBA 需随时观察数据库的动态变化，并在发生错误、故障或产生不适应情况时随时采取措施，如数据库死锁、对数据库的误操作等。同时还需监视数据库的性能变化，如对数据库存储空间状况及响应时间进行分析评价，在必要时对数据库进行调整。

（3）根据用户要求对数据库现有功能进行扩充。

（4）及时改正运行中发现的系统错误。

1.4 T-SQL 语言简介

结构化查询语言 SQL（Structured Query Language）是一种用于数据库查询和编程的语言，SQL 语言是一种非过程化的语言，它与一般的高级语言不同，使用 SQL 时，只要说明做什么，不需要说明怎么做，具体的操作全部由 DBMS 自动完成。

最早的 SQL 语言是在 20 世纪 70 年代由 IBM 公司的 San Jose 研究室研制的，并在关系数据库管理系统 System R 中实现了这种语言。由于 SQL 语言具有功能丰富、操作灵活和简单易学的特点，深受用户和计算机工业界的欢迎，被众多的计算机公司所采用。经过不断的修改、扩充和完善，SQL 语言已经成为关系数据库的标准语言。在 1986 年，美国国家标准局（ANSI）和国际标准化组织（ISO）发布了 SQL 标准 SQL-86。1989 年，发布了扩充的 SQL 标准 SQL-89。1992 年，公布了新的 SQL 标准 SQL-92。在 1999 年又推出了 SQL 1999。目前，最新的 SQL 标准是在 2003 年制定的 SQL 2003。

微软公司在 SQL 标准的基础上做了大幅度扩充，作为 SQL Server 的结构化查询语言，并将 SQL Server 使用的 SQL 语言称为 Transact-SQL 语言，简称 T-SQL 语言。T-SQL 不但包含了标准的 SQL 语言部分，而且还发展了许多新的特性，增强了可编程性和灵活性。T-SQL

是使用 SQL Server 的核心。与 SQL Server 实例通信的所有应用程序都通过 T-SQL 语句发送到服务器。

在 T-SQL 语言中，可以利用标准的 SQL 语言来编写应用程序和脚本，另外，T-SQL 语言又根据需要增加了一些非标准的 SQL 语言。在有些情况下，使用非标准的 SQL 语言，可以非常简单地完成一些复杂操作。

T-SQL 语言也有类似于 SQL 语言的分类，不过做了许多的扩充。T-SQL 语言主要由以下几部分组成：

- 数据定义语言（DDL）：用于在数据库系统中对数据库、表、视图、索引等数据库对象进行创建和管理。
- 数据操纵语言（DML）：用于插入、修改、删除和查询数据库中的数据。
- 数据控制语言（DCL）：用于实现对数据库中的数据的完整性、安全性等的控制。
- 系统存储过程（System Stored Procedure）：由 SQL Server 系统自动创建，可以从系统表中获取信息，并高效地完成 SQL Server 中的许多管理性或信息性的活动。
- 一些附加的语言元素：包括注释、变量、运算符、函数和流程控制语句等。

数据是描述事物的符号记录，有数字、文字、声音、图形、图像等多种表示形式。数据的含义称为数据的语义，数据与其语义是不可分的。

数据库是长期存储在计算机内的、有组织的、可共享的大量数据的集合。数据库中的数据按一定的数据模型进行组织、描述和储存。它可为各种用户共享，具有尽可能小的冗余度和较高的数据独立性和易扩展性。

数据库管理系统是一种操纵和管理数据库的大型软件，位于计算机系统中用户与操作系统之间的一层数据管理软件，它是数据库系统的核心组成部分。主要功能：数据定义、数据操纵、数据库的事务管理和运行管理、数据库的建立和维护、数据通信等。

数据库系统（DataBase System，DBS）是指在计算机系统中引入数据库后的系统，一般由数据库、数据库管理系统（及其开发工具）、应用系统、数据库管理员和用户构成。

数据管理技术大致经历了人工管理、文件系统和数据库系统三个阶段。

数据模型是对现实世界数据特征的抽象，是现实世界的模拟。根据模型应用的目的不同，可以将这些模型分为两类，第一类是概念模型，第二类是逻辑模型和物理模型。

数据模型由数据结构、数据操作、数据约束三部分组成。

概念模型是按用户的观点对数据和信息进行抽象，主要用于数据库设计，它是对现实世界的第一层抽象，是用户和数据库设计人员进行交流的工具，也是数据库设计人员进行交流的语言。“实体联系方法”是表示概念模型最常用的方法。

常见的逻辑模型：层次模型、网状模型和关系模型。层次模型是用树型结构来表示各类实体及实体间的联系；网状模型用有向图结构表示实体类型及实体间联系；关系模型用二维表格来表示实体及相互之间的联系。

物理模型是对数据最低层的抽象，它描述数据在计算机系统内部的表示方式和存取方法，以及在存储设备上的存储方式和存取方法，是面向计算机系统的。物理模型由 DBMS 实现。

数据库系统的三级模式：模式、外模式和内模式。

模式又称概念模式或逻辑模式，对应概念级。它是由数据库设计者综合所有用户的数据，按照统一的观点构造的全局逻辑结构，是对数据库中全部数据的逻辑结构和特征的总体描述，是所有用户的公共数据视图。

外模式又称子模式，对应于用户级。它是某个或某几个用户所看到的数据库的数据视图，是与某一应用有关的数据的逻辑表示。外模式是从模式导出的一个子集，包含模式中允许特定用户使用的那部分数据。

内模式又称存储模式，对应于物理级，它是数据库中全体数据的内部表示或底层描述，是数据库最低一级的逻辑描述。它描述了数据在存储介质上的存储方式即物理结构，对应着实际存储在外存储介质上的数据库。

数据库系统三级模式之间的两级映像：外模式/模式映像、模式/内模式映像。

外模式/模式映像：它定义了该外模式与模式之间的对应关系。当模式改变时，由数据库管理员对各个外模式/模式映像做相应的改变，就可以使外模式保持不变。应用程序是依据数据的外模式编写的，从而应用程序不必修改，保证了数据与程序的逻辑独立性，简称为数据的逻辑独立性。

模式/内模式映像：它定义了数据库全局逻辑结构与物理存储结构之间的对应关系。当数据库的物理存储结构改变时，由数据库管理员对模式/内模式映像做相应的改变，就可以使模式保持不变，从而应用程序也不必改变。这样就保证了程序与数据的物理独立性，简称为数据的物理独立性。

在关系数据库里，所有的数据都按关系进行组织和管理。数据库系统是目前使用最为广泛的数据库系统。关系数据库系统与非关系数据库系统的区别是，关系系统只有“二维表”这一种数据结构，而非关系数据库系统还有其他数据结构。

数据库完整性（DataBase Integrity）是指数据库中数据的正确性和相容性。在关系数据模型中，一般将数据完整性分为三类：实体完整性、参照完整性和用户定义完整性。

实体完整性规定表的每一行在表中是唯一的实体。

参照完整性是指两个表的主关键字和外关键字的数据对应一致。

用户定义的完整性，通常是定义对关系中除主键与外键属性之外的其他属性取值的约束，即对其他属性的值域的约束。

根据运算符的不同，在关系代数中，可以将运算分为传统的集合运算和专门运算。

传统的集合运算是从关系的水平方向进行的，主要包括：并、交、差及广义笛卡儿积。

专门的关系运算可以从关系的水平方向进行运算，也可以从关系的垂直方向运算，主要包括：选择、投影、连接、除。

关系数据库中的关系要满足一定的要求，关系规范化主要讨论的就是建立关系模式的指导原则，关系数据库规范化理论称为设计关系数据库的规范化理论。

关系数据库理论主要包括三方面的内容：数据依赖、范式和模式设计方法，其中数据依赖起核心作用。

数据依赖是通过一个关系中属性间值的相等与否体现出来的数据间的相互关系，是现实世界属性间相互联系的抽象，是数据内在的性质，是语义的体现。数据依赖中最重要的是函数依赖。

设 R（U）是属性集 U 上的一个关系模式，X 和 Y 均为 U 上的子集，即 $X\subseteq U$，$Y\subseteq U$。若对于 R 的任意一个可能的关系 r，如果 r 中不存在两个元组，它们在 X 上的属性值相同，而在 Y 上的属性值不同（或说对于在 X 上的每一种取值，在 Y 上都只有唯一对应的取值），则称 “X 函数确定 Y” 或 “Y 函数依赖于 X”。记作 X→Y。

设 X→Y 是一个函数依赖，并且对于任何 X′属于 X，X′→Y 都不成立，则称 X→Y 是一个完全函数依赖，即 Y 完全函数依赖于 X。记作 X →Y。

设 R（U）是一个关系模式，X，Y，Z 属于 U（U 的子集），如果 X→Y（Y 不是 X 的子集），Y↛X，Y→Z（Z 不是 Y 的子集），则称 Z 传递依赖于 X。

关系 R 中的每个属性（列）都是不可再分的，或每个属性的域都只包含单纯值，而不是一些值的集合，则称关系 R 满足第一范式。记为 R∈1NF。将非第一范式规范为第一范式的方法：依次检查每个属性的取值，如果是组合情况，即不是最小单位，就进行属性值的最小化拆分。

若 R∈1NF，并且每个非主属性都完全函数依赖于 R 的主码，则称为满足第二范式，记为 R∈2NF。规范为第二范式的方法：将能完全依赖于主键的属性从关系中提取出来，同主键一起组成一个关系；将剩余的属性同能完全依赖于主键的一部分组成一个关系。

若 R∈2NF，并且没有一个非主属性传递函数依赖于候选码，则称 R 为满足第三范式，记为 R∈3NF。

将关系模式分解为第三范式的方法：设关系模式 R 中，主键为 X，存在函数依赖 W→Z，W 不是候选码，Z 是非主属性且 Z 不包含于 X，因此 Z 传递函数依赖于 X，此时，应将 R 分解成两个关系模式：

R1（W，Z），其中 W 为主键。

R2（除 Z 外的所有属性），X 为主键，W 为外键。

即将传递依赖属性从关系中提取出来，同决定因素一起组成一个关系；将除传递依赖的剩余属性组成一个关系。若 R1 和 R2 还不是 3NF，则重复上面的方法，一直到数据库模式中的每一个关系模式都是 3NF 为止。

数据库设计（DataBase Design）是指对于一个给定的应用环境，构造最优的数据库模式，建立数据库及其应用系统，使之能够有效地存储数据，满足各种用户的应用需求，包括信息要求和处理要求。

数据库设计过程可分为六个阶段：需求分析、概念结构设计、逻辑结构设计、物理结构设计、数据库实施、数据库运行和维护。

结构化查询语言 SQL 是一种用于数据库查询和编程的语言。微软公司在 SQL 标准的基础上做了大幅度扩充，作为 SQL Server 的结构化查询语言，并将 SQL Server 使用的 SQL 语言称为 T-SQL 语言，包括：数据定义、数据操纵、数据控制、系统存储过程和一些附加的语言元素，包括注释、变量、运算符、函数和流程控制语句等。

习题一

一、填空题

1．数据库是长期存储在计算机内的、________、________的大量数据的集合。

2．数据管理技术经历了________阶段、________阶段和数据库系统阶段。

3．数据的独立性是指数据的________和________。

4．数据模型由________、________、________三部分组成。

5．常用的逻辑模型（数据模型）主要有层次模型、________、________和对象模型等几种。

6．两个实体型之间的联系可以分为：________、________以及________。

7．在E-R图中，实体用________表示，属性用________表示，联系用________表示。

8．数据库的三级模式结构包括________、________和内模式。

9．在关系数据模型中，一般将数据完整性分为三类：________完整性、________完整性和用户定义完整性。

10．若对R，S两个关系进行关系代数运算，其结果为R1，若R1中的结果既属于R又属于S，是对关系进行了________运算；若R1中的结果既属于R或属于S，是对关系进行了________运算；若R1中的结果只属于R不属于S，是对关系进行了________运算。

11．选择运算是从关系的________方向进行运算；投影运算是从关系的________方向进行运算。

12．对于函数依赖X→Y，如果Y包含于X，则称X→Y是一个________。

13．如果一个关系不满足2NF，则该关系一定也不满足________（在1NF、2NF、3NF范围内）。

14．概念结构设计是将________得到的________抽象为信息世界的________的过程。

15．在数据库的概念结构设计阶段，当进行视图集成时要解决的冲突有________、________、________、________和________。

16．逻辑结构设计是将现实世界的概念模型设计成数据库的一种________。

二、选择题

1．下面列出的数据管理技术发展的三个阶段中，没有专门的软件对数据进行管理的是（　）。

I．人工管理阶段　II．文件系统阶段　III．数据库系统阶段

A．I 和 II　B．只有 II　C．II 和 III　D．只有 I

2．下列四项中，不属于数据库系统特点的是（　）。

A．数据共享　B．数据完整性

C．数据冗余度高　D．数据独立性高

3．数据库系统的数据独立性体现在（　）。

A．不会因为数据的变化而影响到应用程序

B．不会因为系统数据存储结构与数据逻辑结构的变化而影响应用程序

C．不会因为存储策略的变化而影响存储结构

D．不会因为某些存储结构的变化而影响其他的存储结构

4．描述数据库全体数据的全局逻辑结构和特性的是（　）。

A．模式　B．内模式　C．外模式　D．用户模式

5．要保证数据库的逻辑数据独立性，需要修改的是（　）。

A．模式与外模式的映射　B．模式与内模式之间的映射

C．模式　D．三级模式

6．现有如下关系：

患者（患者编号，患者姓名，性别，出生日期，所在单位）

医疗（患者编号，患者姓名，医生编号，医生姓名，诊断日期，诊断结果）

其中，医疗关系中的外码是（　）。

A．患者编号　B．患者姓名

C．患者编号和患者姓名　D．医生编号和患者编号

7．关系模型中实现实体间 m:n 联系是通过增加一个（　　）。

A．关系实现　　B．属性实现

C．关系或一个属性实现　　D．关系和一个属性实现

8．从一个数据库文件中取出满足某个条件的所有记录形成一个新的数据库文件的操作是（　　）操作。

A．投影　　B．联接　　C．选择　　D．复制

9．自然连接是构成新关系的有效方法。一般情况下，当对关系 R 和 S 使用自然连接时，要求 R 和 S 含有一个或者多个共有的（　　）。

A．记录　　B．行　　C．属性　　D．元组

10．假设有关系 R 和 S，关系代数表达式 R－（R－S）表示的是（　　）。

A．R∩S　　B．R∪S　　C．R－S　　D．R×S

11．关系模式 R 中的属性全是主属性，则 R 的最高范式必定是（　　）。

A．1NF　　B．2NF　　C．3NF　　D．BCNF

12．关系模式的候选码可以有 1 个或多个，而主码有（　　）。

A．多个　　B．0 个　　C．1 个　　D．1 个或多个

13．关系数据库规范化是为了解决关系数据库中（　　）的问题而引入的。

A．提高查询速度　　B．插入、删除异常和数据冗余

C．保证数据的安全性和完整性

14．关系的规范化中，各个范式之间的关系是（　　）。

A．1NF∈2NF∈3NF　　B．3NF∈2NF∈1NF

C．1NF=2NF=3NF　　D．1NF∈2NF∈BCNF∈3NF

15．数据库设计中，用 E-R 图来描述信息结构但不涉及信息在计算机中的表示，这是数据库设计的（　　）。

A．需求分析阶段　　B．逻辑设计阶段

C．概念设计阶段　　D．物理设计阶段

16．在数据库设计中，将 E-R 图转换成关系数据模型的过程属于（　　）。

A．需求分析阶段　　B．逻辑设计阶段

C．概念设计阶段　　D．物理设计阶段

17．数据库物理设计完成后，进入数据库实施阶段，下述工作中，（　　）一般不属于实施阶段的工作。

A．建立库结构　　B．系统调试

C．加载数据　　D．扩充功能

18．在 E-R 模型中，如果有 3 个不同的实体集，3 个 m:n 联系，根据 ER 模型转换为关系模型的规则，转换为关系的数目是（　　）。

A．4　　B．5　　C．6　　D．7

三、简答题

1．解释信息、数据、数据库、数据库管理系统、数据库系统概念。

2．数据库系统的主要功能有哪些？

3．试述层次模型、网状模型的概念。

4．试述数据库系统的三级模式结构，这种结构的优点是什么？

5．试述关系模型的概念，定义并解释以下术语：

（1）关系　（2）属性　（3）码　（4）关系模式

6．定义并解释以下术语：

（1）模式　（2）内模式　（3）外模式

7．试述关系模式的完整性规则。

8．关系代数的基本运算有哪些？

9．试述等值连接和自然连接的区别和联系。

10．理解并给出下列术语的定义：

（1）函数依赖　（2）部分函数依赖　（3）完全函数依赖　（4）传递依赖

（5）主码　（6）外码　（7）候选码　（8）2NF

（9）2NF　（10）3NF

11．试述数据库设计过程。

12．简要说明 T-SQL 的组成。

第 2 章　SQL Server 2008 概述

本章学习目标

SQL Server 2008 在 Microsoft 的数据平台上发布，帮助组织随时随地管理任何数据。它可以将结构化、半结构化和非结构化文档的数据（例如图像和音乐）直接存储到数据库中。SQL Server 2008 提供了一系列丰富的集成服务，可以对数据进行查询、搜索、同步、报告和分析之类的操作。数据可以存储在各种设备上，从数据中心最大的服务器一直到桌面计算机和移动设备，您可以控制数据而不用管数据存储在哪里。

本章主要介绍 SQL Server 2008 的特点以及安装和配置 SQL Server 2008 中文版的方法。通过本章的学习，读者应该：

- 了解 SQL Server 2008 的特点
- 了解 SQL Server 2008 的体系结构
- 掌握 SQL Server 2008 中文版的安装和配置方法
- 熟练掌握 SQL Server 2008 常用工具的使用

2.1　SQL Server 2008 简介

微软公司在 2008 年发布了 SQL Server 的最新版本 SQL Server 2008，也是目前最新的 SQL Server 版本。SQL Server 2008 是一个产品版本，它推出了许多新的特性和关键技术的改进，使得它成为至今为止最强大和最全面的 SQL Server 版本。

SQL Server 2008 是使用客户机/服务器体系结构的关系型数据库管理系统（RDBMS）。它是在 SQL Server 2005 的基础上进行开发的，不仅对原有的功能进行了改进，而且还增加了许多新的功能。

SQL Server 2008 分为 SQL Server 2008 企业版、标准版、工作组版、Web 版、开发者版、Express 版、Compact 3.5 版，其功能和作用也各不相同，其中 SQL Server 2008 Express 版是免费版本。

（1）SQL Server 2008 企业版：是一个全面的数据管理和业务智能平台，为关键业务应用提供了企业级的可扩展性、数据仓库、安全、高级分析和报表支持。这一版本将提供更加坚固的服务器和执行大规模在线事务处理的能力。

（2）SQL Server 2008 标准版：是一个完整的数据管理和业务智能平台，为部门级应用提供了最佳的易用性和可管理特性。

（3）SQL Server 2008 工作组版：是一个值得信赖的数据管理和报表平台，用以实现安全的发布、远程同步和对运行分支应用的管理能力。这一版本拥有核心的数据库特性，可以很容易地升级到标准版或企业版。

（4）SQL Server 2008 Web 版：是针对运行于 Windows 服务器中要求高可用、面向 Internet Web 服务的环境而设计。这一版本为实现低成本、大规模、高可用性的 Web 应用或客户托管解决方案提供了必要的支持工具。

（5）SQL Server 2008 开发者版：允许开发人员构建和测试基于 SQL Server 的任意类型应用。这一版本拥有所有企业版的特性，但只限于在开发、测试和演示中使用。基于这一版本开发的应用和数据库可以很容易地升级到企业版。

（6）SQL Server 2008 Express 版：是 SQL Server 的一个免费版本，它拥有核心的数据库功能，其中包括了 SQL Server 2008 中最新的数据类型，但它是 SQL Server 的一个微型版本。这一版本是为了学习、创建桌面应用和小型服务器应用而发布的，也可供 ISV 再发行使用。

（7）SQL Server Compact 3.5 版：是一个针对开发人员而设计的免费嵌入式数据库，这一版本的意图是构建独立、仅有少量连接需求的移动设备、桌面和 Web 客户端应用。SQL Server Compact 可以运行于所有的微软 Windows 平台之上，包括 Windows XP 和 Windows Vista 操作系统，以及 Pocket PC 和 SmartPhone 设备。

目前，SQL Server 已经是世界上应用最普遍的大型数据库之一。

2.2　SQL Server 2008 新增性能与体系结构

2.2.1　SQL Server 2008 新增性能

SQL Server 2008 相对于 SQL Server 2005 来说有了很大的变化，它扩展了 SQL Server 2005 的性能，如可靠性、可编程性和易用性等，并添加了许多新的特性，例如新增了数据集成功能，改进了分析服务，与 Office 集成，以及报告服务等多项新功能，这使它成为大规模联机事务处理（OLTP）、数据仓库和电子商务应用程序的优秀数据库平台。

1. SQL Server 集成服务

SSIS（SQL Server 集成服务）是一个嵌入式应用程序，用于开发和执行 ETL（解压缩、转换和加载）包。SSIS 代替了 SQL Server 2000 的 DTS。整合服务功能既包含了实现简单的导入导出包所必需的 Wizard 导向插件、工具以及任务，也有非常复杂的数据清理功能。SQL Server 2008 SSIS 的功能有很大的改进和增强，比如它的执行程序能够更好地并行执行。在 SSIS 2005，数据管道不能跨越两个处理器，而 SSIS 2008 能够在多处理器机器上跨越两个处理器，而且它在处理大文件包上面的性能得到了提高。SSIS 引擎更加稳定，锁死率更低。

Lookup 功能也得到了改进。Lookup 是 SSIS 一个常用的获取相关信息的功能。Lookup 在 SSIS 中很常见，而且可以处理上百万行的数据集，因此性能可能很差。SQL Server 2008 对 Lookup 的性能作出很大的改进，而且能够处理不同的数据源，包括 ADO.NET，XML，OLEDB 和其他 SSIS 压缩包。

SQL Server 2008 可以执行 T-SQL 的 MERGE 命令。用 MERGE 命令，只需一个语句就可以对行进行 UPDATE、INSERT 或 DELETE 操作。

2. SQL Server 分析服务

分析服务 SSAS（SQL Server 分析服务）也得到了很大的改进和增强。IB 堆叠做出了改进，性能得到很大提高，而硬件商品能够为 Scale out 管理工具所使用。Block Computation 也增强了立体分析的性能。

3. 与 Microsoft Office 2007 结合

SQL Server 2008 能够与 Microsoft Office 2007 完美地结合。例如，SQL Server Reporting Server 能够直接把报表导出成为 Word 文档。而且使用 Report Authoring 工具，Word 和 Excel 都可以作为 SSRS 报表的模板。Excel SSAS 新添了一个数据挖掘插件，提高了其性能。

4. 报表服务

SSRS（SQL Server 报表服务）的处理能力和性能得到改进，使得大型报表不再耗费所有可用内存。另外，在报表的设计和完成之间有了更好的一致性。SSRS 还包含了跨越表格和矩阵的 TABLIX。Application Embedding 允许用户点击报表中的 URL 链接调用应用程序。

2.2.2 SQL Server 2008 体系结构

SQL Server 2008 的体系结构是指对 SQL Server 2008 的组成部分和这些组成部分之间的关系的描述。SQL Server 2008 系统由四个部分组成：数据库引擎（SQL Server Database Engine，SSDE）、分析服务（SQL Server Analysis Services，SSAS）、报表服务（SQL Server Reporting Services，SSRS）和集成服务（SQL Server Integration Services，SSIS）。SQL Server 2008 的体系结构如图 2-1 所示。

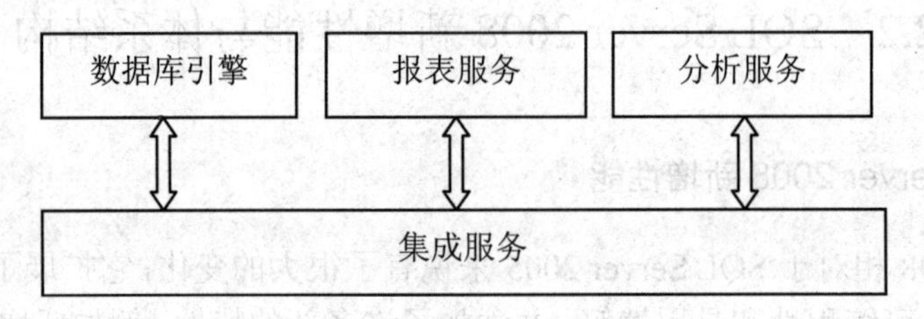

图 2-1 SQL Server 2008 体系结构

1. 数据库引擎

数据库引擎是 SQL Server 2008 系统的核心服务，负责完成数据的存储、处理和安全管理。数据库引擎提供了受控访问和快速事务处理，也称为联机事务处理（Online Transaction Processing，OLTP），以满足企业内最苛刻的数据消费应用程序的要求，例如创建数据库、创建表、创建视图、数据查询和访问数据库等操作，都是由数据库引擎完成的。通常情况下，使用数据库系统实际上就是在使用数据库引擎。数据库引擎也是一个复杂的系统，它本身包含了许多组件，例如，复制、全文搜索等。

2. 分析服务

SQL Server 2008 分析服务的主要作用是通过服务器和客户端技术的组合提供联机分析处理（Online Analytical Processing，OLAP）和数据挖掘功能。使用 Analysis Services，用户可以设计、创建和管理包含来自其他数据源的多维结构，通过对多维数据进行多角度的分析，可以使管理人员对业务数据有更全面的理解。另外，通过使用 Analysis Services，用户可以完成数据挖掘模型的构造和应用，实现知识的发现、表示和管理。

3. 报表服务

报表服务包含用于创建和发布报表及其报表模型的图形工具和向导、用于管理报表服务器管理工具和用于对报表对象模型进行编程和扩展的应用程序编程接口（API）。

Microsoft SQL Server 2008 报表服务是一种基于服务器的解决方案，用于生成从多种关系数据库和多维数据源提取内容的企业报表，发布能以各种格式查看的报表，以及集中管理安全性和订阅。创建的报表可以通过基于 Web 的连接进行查看，也可以作为 Microsoft Windows 应用程序的一部分进行查看。

4. 集成服务

集成服务是一个数据集成平台，负责完成有关数据的提取、转换和加载等操作。对于分析服务来说，数据库引擎是一个重要的数据源，而如何将数据源中的数据经过适当的处理并加载到分析服务中以便进行各种分析处理，这正是集成服务所要解决的问题。重要的是，集成服务可以高效地处理各种各样的数据源，例如，SQL Server、Oracle、Excel、XML、文本文件等。

Microsoft SQL Server 2008 系统提供的集成服务包括生成并调试包的图形工具和向导；执行如 FTP 操作、SQL 语句执行和电子邮件消息传递等工作流功能；用于提取和加载数据的数据源和目标；用于清理、聚合、合并和复制数据的转换；管理服务，即用于管理集成包的集成服务。

2.3　SQL Server 2008 的安装

2.3.1　SQL Server 2008 的环境需求

安装、运行 SQL Server 2008 的硬件、软件以及环境要求如下：

1. 硬件需求

SQL Server 2008 有 32 位和 64 位两种版本可用。表 2-1 列出了在 32 位平台上安装和运行 SQL Server 2008 的硬件要求。64 位平台上的硬件要求请参阅 SQL Server 2008 的相关文档。

表 2-1　安装和运行 SQL Server 2008 的硬件要求（32 位）

SQL Server 2008（32 位）	处理器类型	处理器速度	内存（RAM）
企业版 标准版 开发人员版 Web 版 工作组版	Pentium III 兼容处理器或更高速度的处理器	最低要求：1.0 GHz 推荐使用：2.0 GHz 或更高	最低要求：512 MB 推荐使用：2 GB 或更大 最大：操作系统最大内存
精简版	Pentium III 兼容处理器或更高速度的处理器	最低要求：500 MHz 推荐使用：1 GHz 或更高	最低要求：192 MB 推荐使用：512 MB 或更高 最大：操作系统最大内存

2. 软件需求

（1）操作系统要求（32 位）。SQL Server 2008 存在多个版本，不同的版本对操作系统的要求不完全相同，具体要求如表 2-2 所示。

（2）其他软件要求。如果操作系统是 Windows 2003 Server SP2 以下版本，需要以下组件才能安装 SQL Server 2008 安装程序。

- Microsoft Windows Installer 4.5 或更高版本。
- Microsoft 数据访问组件（MDAC）2.8 SP1 或更高版本。
- Microsoft Windows .NET Framework 3.5 SP1。

表 2-2 操作系统是否可以运行 32 位版本的 SQL Server 2008

操作系统版本	SQL Server 2008 企业版	SQL Server 2008 开发版	SQL Server 2008 标准版	SQL Server 2008 工作组版	SQL Server 2008 Web 版	SQL Server 2008 精简版
Windows 2000 Server SP4	是	是	是	是	是	是
Windows XP Home Edition SP2	否	是	否	否	否	是
Windows XP Professional Edition SP2	否	是	是	是	是	是
Windows Server 2003 Server SP2	是	是	是	是	是	是
Windows Server 2008 Enterprise 和所有更高级的 Windows 操作系统	是	是	是	是	是	是

3. 网络环境需求

SQL Server 2008 对网络环境的需求如表 2-3 所示。

表 2-3 网络环境需求

网络组件	最低要求
IE 浏览器	IE 6.0 SP1 或更高版本，如果只安装客户端组件且不需要连接到要求加密的服务器，则 Internet 4.01 SP2 即可
IIS	安装报表服务器需要 IIS 5.0 以上
ASP.NET 2.0	Reporting Services （SSRS）需要 ASP.NET 2.0

2.3.2 SQL Server 2008 的安装

SQL Server 2008 有多种版本，可以安装在多种操作系统上。下面在 Windows 7 操作系统上以典型安装 SQL Server 2008 企业版为例，来介绍其安装过程，其他版本的安装过程与此类似。

（1）首先，将 SQL Server 2008 的安装盘放入光驱中，启动 SQL Server 2008 的安装界面。如图 2-2 所示。

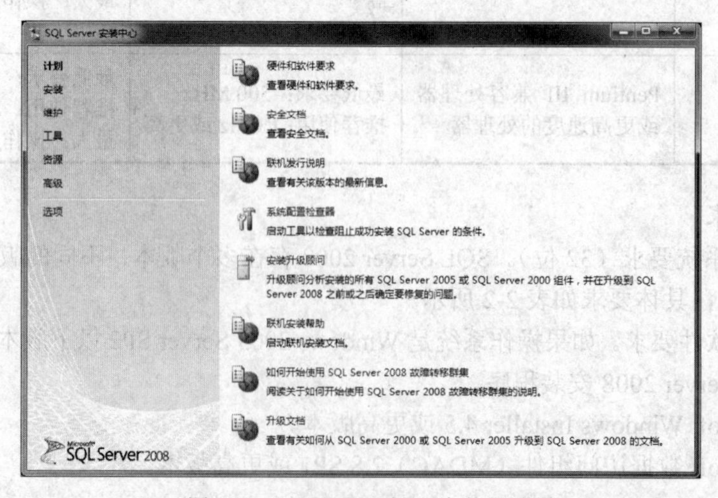

图 2-2 SQL Server 2008 安装界面

用户也可以通过安装系统目录下的 setup.exe 文件进入 SQL Server 2008 的安装界面。安装界面有“计划、安装、维护、工具、资源、高级、选项”等功能，在左侧选择不同的功能，窗口右侧显示具体项目。用户可以使用“软件和硬件要求”查看其对系统硬件和软件的具体要求，使用“系统配置检查器”检查阻止成功安装因素，如果有阻止因素，用户要安装或更新相应程序。选择“安装”功能，界面如图 2-3 所示。在窗口右侧选择第一项“全新 SQL Server 独立安装或向现有安装添加新功能”链接，启用 SQL Server 2008 安装。

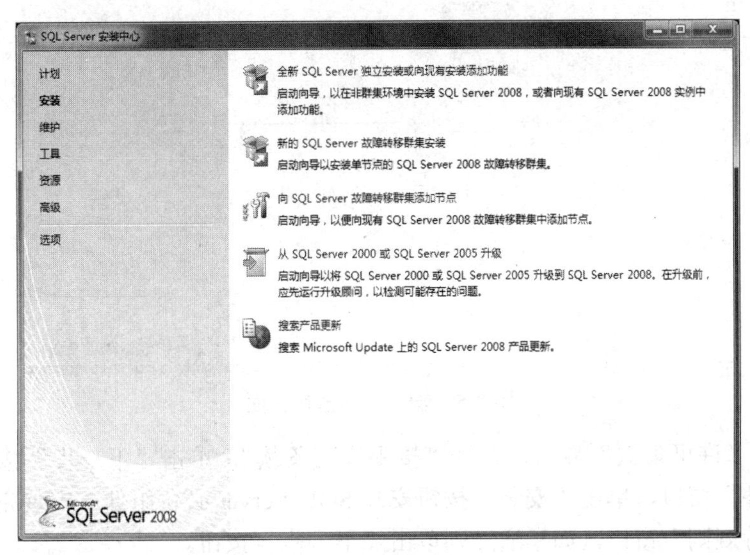

图 2-3　安装界面

（2）在输入产品密钥并接受 SQL Server 许可条款之前，将进行快速的系统检查。在 SQL Server 的安装过程中，要使用大量的支持文件，此外，支持文件也用来确保无瑕的和有效的安装。在图 2-4 中，可以看到快速系统检查过程中有一个警告（Windows 防火墙），但仍可以继续安装。假如检查过程中没出现任何错误，则单击“下一步”按钮。

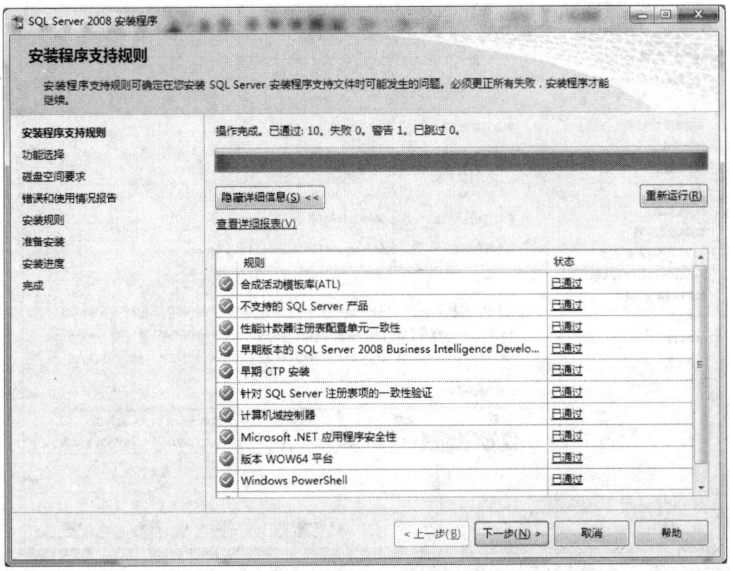

图 2-4　安装程序支持规则界面

（3）进入“产品密钥”界面，如图 2-5 所示。输入密钥并单击“下一步”按钮。

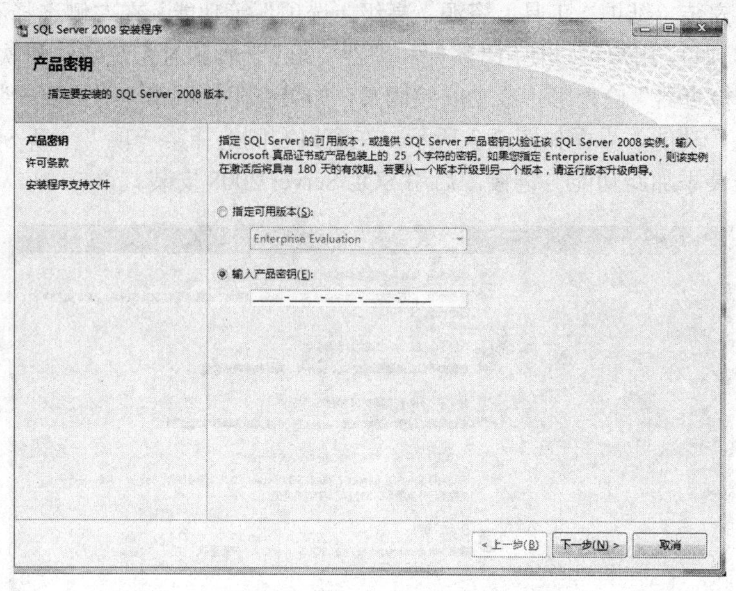

图 2-5　输入产品密钥界面

（4）进入“许可条款”界面，选择“接受许可条款”，单击“下一步”按钮，进入“安装程序支持文件”窗口，单击“安装”按钮安装 SQL Server 必备组件。安装完成后重新进入“安装程序支持规则”窗口，如果通过则单击“下一步”按钮。

（5）进入“功能选择”界面。在此，用户可以选择数据库引擎（SQL Server 复制、全文搜索）、Analysis Services、Reporting Services 等功能，本书选择了“全部”。单击“下一步”按钮。

（6）进入“实例配置”界面。用户可为 SQL Server 2008 命名实例，也可以选择默认实例，本书采用默认实例名称。如图 2-6 所示，单击“下一步”按钮。

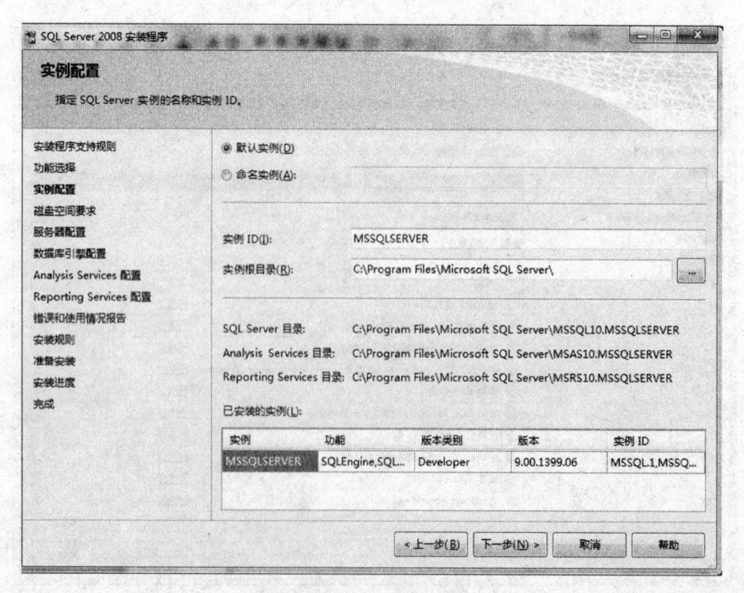

图 2-6　实例配置界面

（7）进入“磁盘空间要求”界面。此处列出了安装对磁盘空间的要求。单击“下一步”按钮。

（8）进入“服务器配置”界面。在“服务账户”标签页中，用户选择服务的启动账户、密码和服务的启动类型，可以让所有的用户使用一个账户，也可以为各个账户指定单独的账户。本书选择“网络服务”启动账号，启动类型为“自动”，如图 2-7 所示。选择“排序规则”标签页，用户可以设置数据库引擎和分析服务的排序规则，如图 2-8 所示。然后，单击“下一步”按钮。

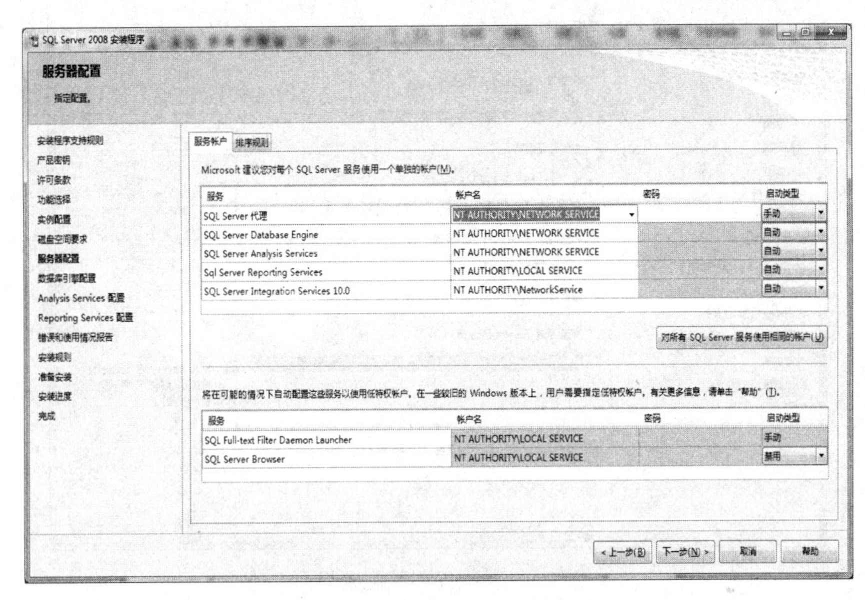

图 2-7 服务器配置界面

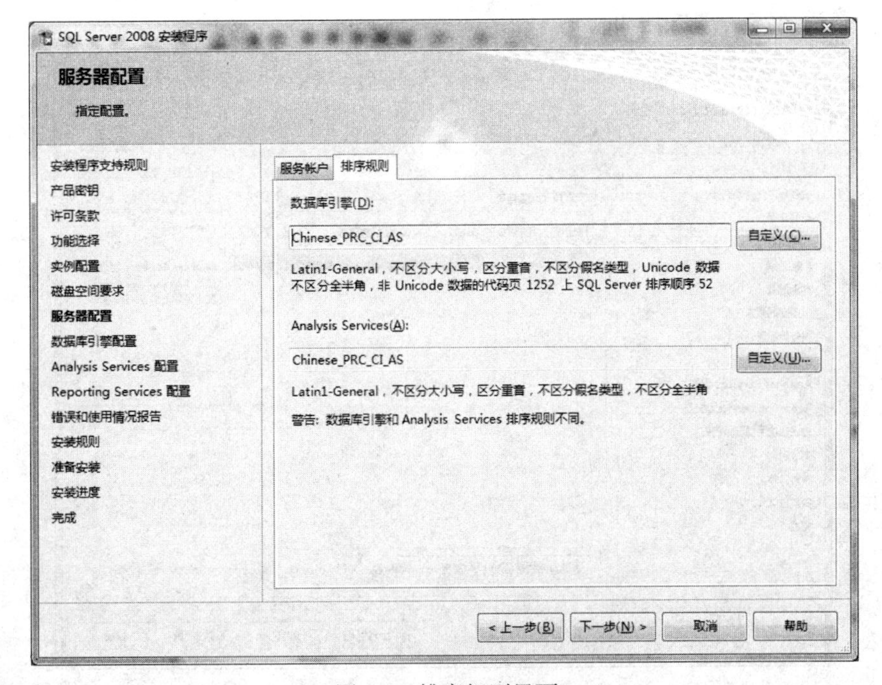

图 2-8 排序规则界面

（9）进入“数据库引擎配置”界面，该界面可以进行账户设置，配置服务器的身份验证模式，可为 Windows 身份验证模式或混合模式（SQL Server 身份验证和 Windows 身份验证），如果选择“混合模式”，则登录时需要进行 Windows 身份验证和 SQL Server 身份验证。这里选择“Windows 身份验证模式”。安装成功后，也可以修改安全认证模式。添加当前用户为管理员账户。如图 2-9 所示。然后，单击“下一步”按钮。

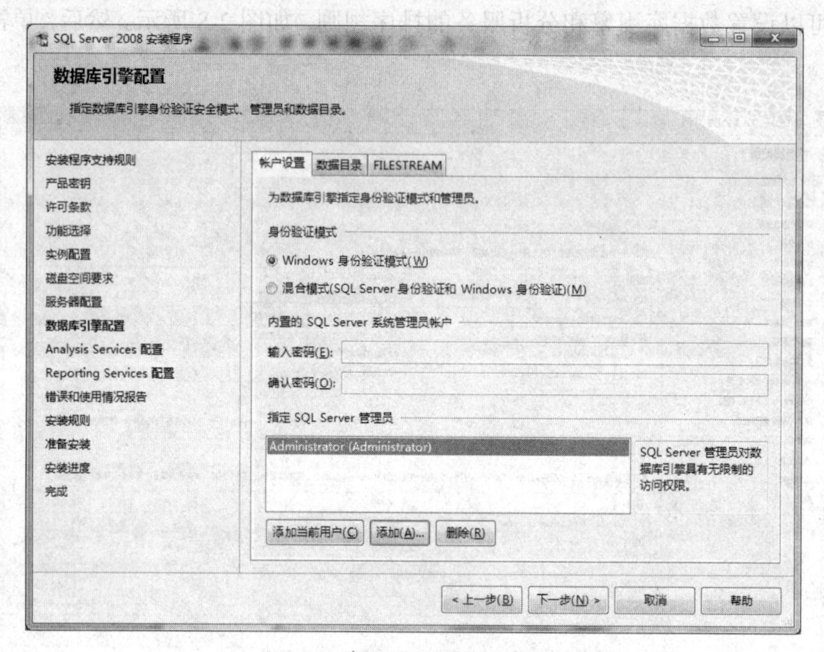

图 2-9　数据库引擎配置界面

（10）进入“Analysis Services 配置”界面，选择当前使用的用户作为管理员账户，如图 2-10 所示，单击“下一步”按钮。

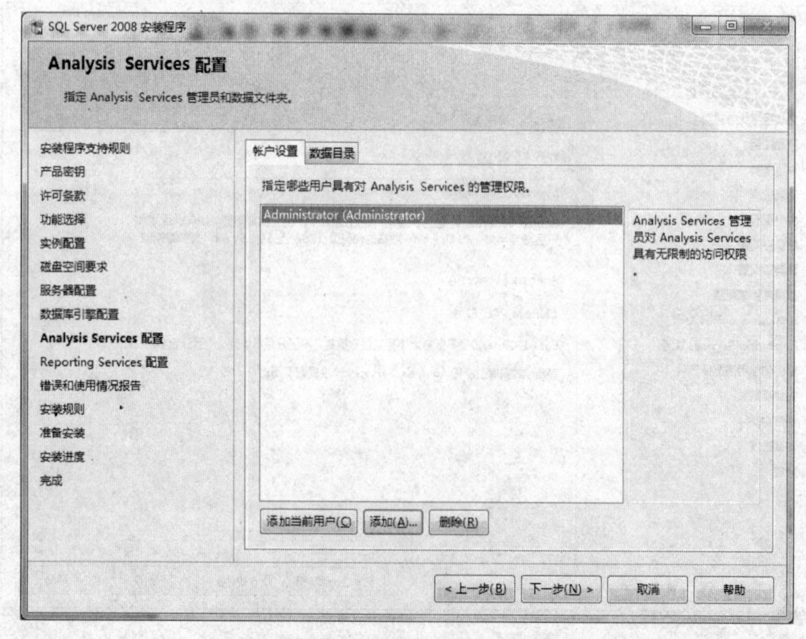

图 2-10　Analysis Services 配置界面

（11）进入“Reporting Services 配置”界面，如图 2-11 所示，选择“安装本机模式默认配置”，单击“下一步”按钮。

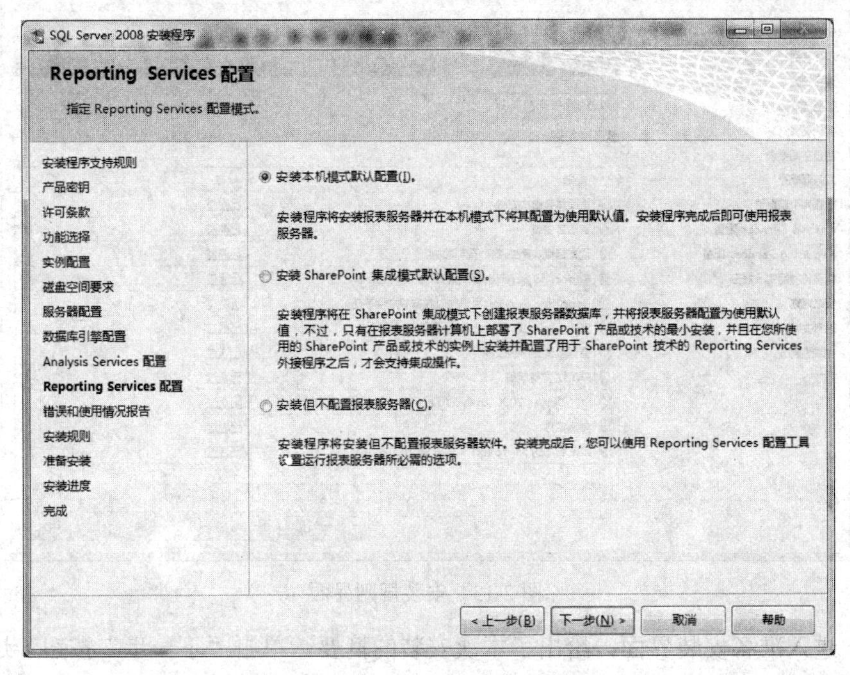

图 2-11 Reporting Services 配置界面

（12）出现“错误和使用情况报告设置”界面，如图 2-12 所示，单击“下一步”按钮。

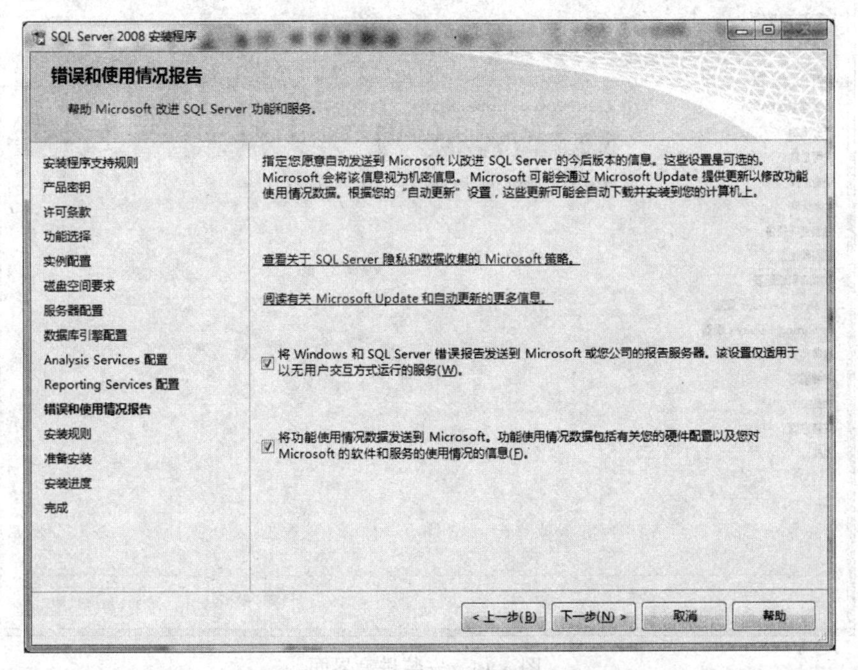

图 2-12 错误和使用情况界面

（13）出现“安装规则”界面，如图 2-13 所示。如果检查都通过，单击“下一步”按钮。

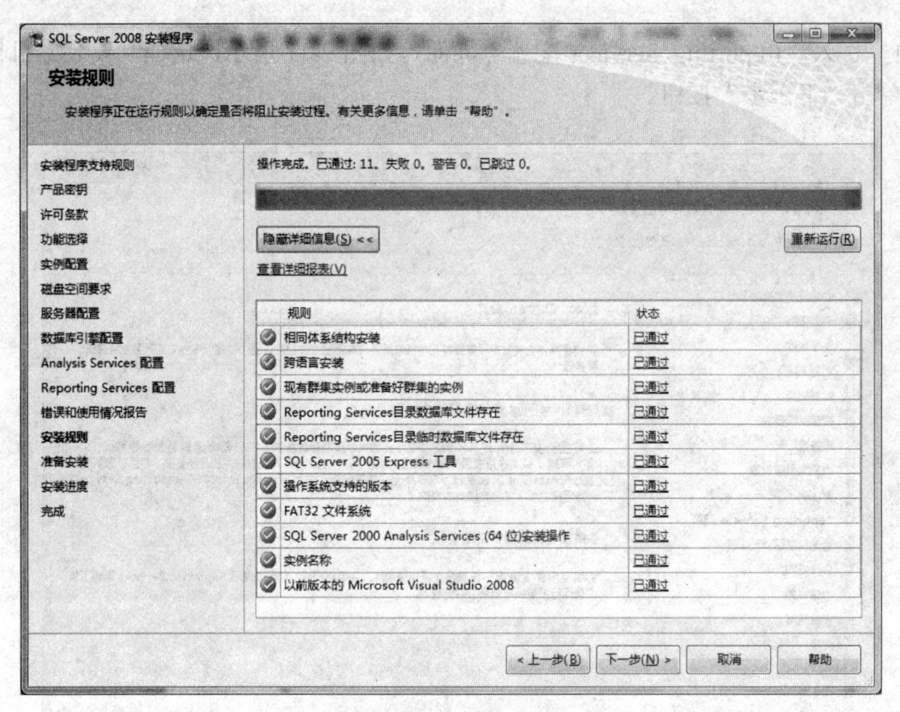

图 2-13　安装规则界面

（14）进入准备安装界面，给出了本次安装的摘要。单击“下一步”按钮，进入“安装进度”界面，如图 2-14 所示。

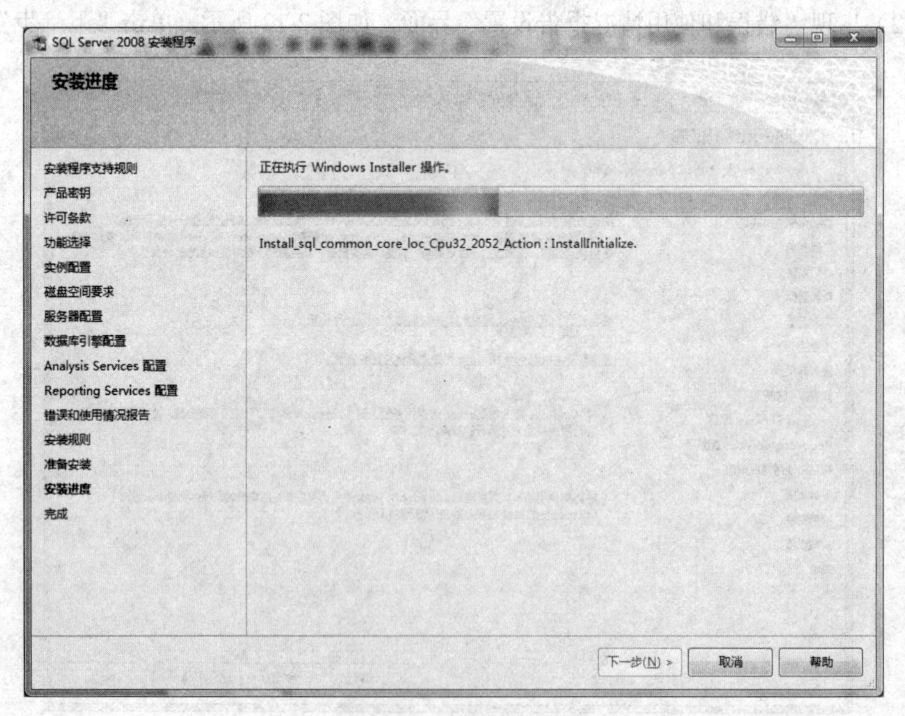

图 2-14　安装进度界面

（15）当所有组件都已经安装成功后，进入“完成安装”界面，如图 2-15 所示。

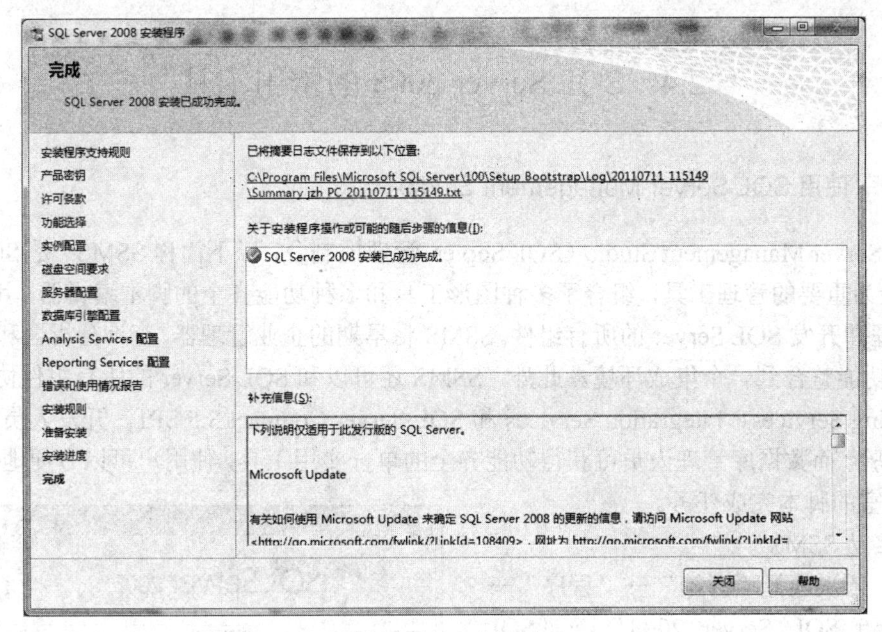

图 2-15　完成安装界面

2.3.3　卸载 SQL Server 2008

如果需要卸载已安装的 SQL Server 2008 应用程序，可以使用 Windows 操作系统中的“添加或更改程序”来完成。

使用 Windows 操作系统控制面板中的“添加或删除程序”卸载 SQL Server 2008 的步骤如下：

（1）在 Windows 操作系统下，单击“开始”按钮，在弹出的开始菜单中选择“控制面板”→“卸载或更改程序”选项，会出现“卸载或更改程序”窗口，如图 2-16 所示。

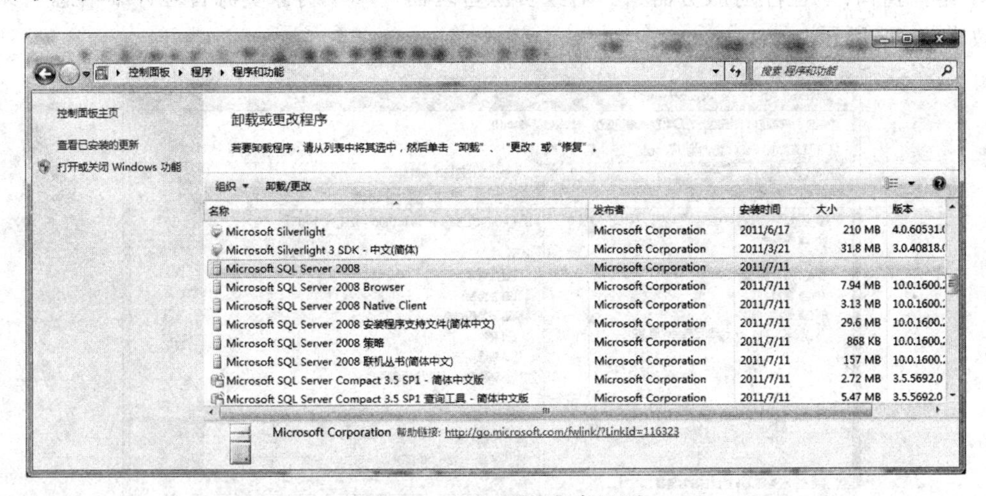

图 2-16　添加/更改程序界面

（2）在“卸载或更改程序”窗口中选中要卸载的 Microsoft SQL Server 2008 应用程序，并在该程序上右击，在弹出的对话框中选择“卸载/更改”，出现“选择卸载组件”对话框，按提示卸载已安装的应用程序。

2.4 SQL Server 2008 的常用工具

2.4.1 使用 SQL Server Management Studio

SQL Server Management Studio（SQL Server 管理控制台，以下简称 SSMS）是 SQL Server 2008 中最为重要的管理工具，组合了多种图形工具和多种功能齐全的脚本编辑器，用于访问、配置、管理和开发 SQL Server 的所有组件。SSMS 将早期的企业管理器、查询分析器和 Analysis Manager 功能整合到一个集成环境。此外，SSMS 还可以和 SQL Server 的所有组件协同工作，如 Reporting Services、Integration Services 和 SQL Server Compact 3.5 SP1。开发人员可以获得熟悉的体验，而数据库管理人员可获得功能齐全的单一实用工具，使用户可以方便地使用图形工具和丰富的脚本完成任务。

1. 启动 SSMS

（1）依次选择“开始”→“程序”→“Microsoft SQL Server 2008”→“SQL Server Management Studio”菜单，打开“连接到服务器”对话框，如图 2-17 所示。

图 2-17 连接到服务器界面

（2）在“连接到服务器”对话框中，选择服务器类型：数据库引擎、Analysis Services、Reporting Services、SQL Server Compact Edition、Integration Services。目前选择的是数据库引擎。服务器名称、身份验证为默认设置，单击“连接”按钮，即可登录进入 SSMS 管理界面。在默认情况下，SSMS 包含三个组件窗口：“已注册服务器”、“对象资源管理器”和“对象资源管理详细信息”文档窗口，如图 2-18 所示。

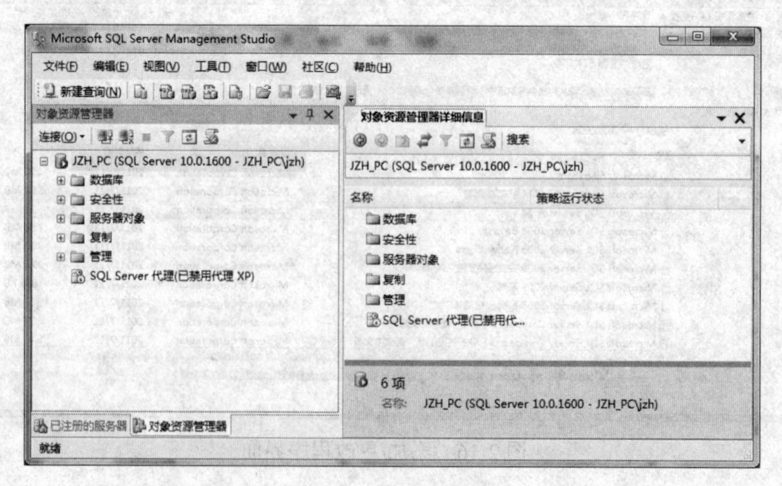

图 2-18 SSMS 界面

2. 使用已注册的服务器

在 SSMS 界面中，如图 2-18 所示，位于左侧的窗口，单击“已注册的服务器”标签页进行切换，系统使用它来组织经常访问的服务器。在“已注册的服务器”窗口中可以创建“新建服务器组”、“新建服务器注册”、编辑或删除已注册服务器的注册信息，查看已注册服务器的详细信息等，如图 2-19 所示。

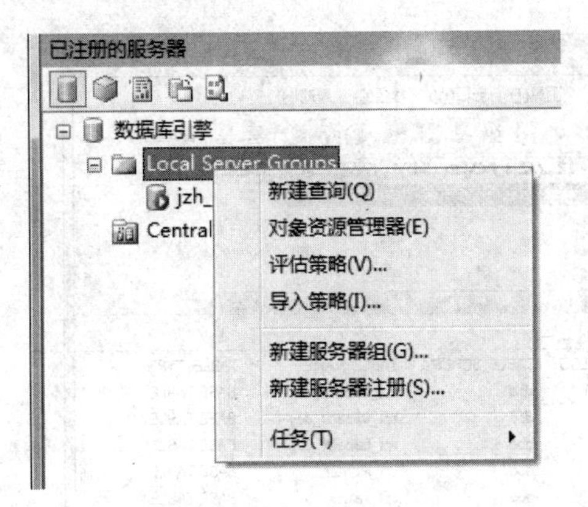

（a）对已注册的服务器组操作

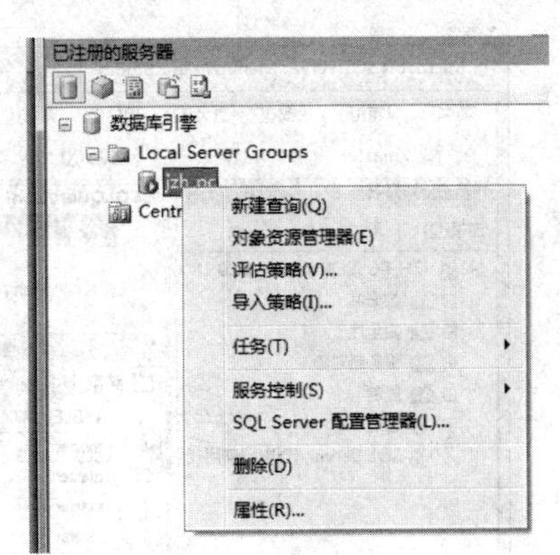

（b）对已注册的服务器操作

图 2-19　已注册的服务器界面

3. 使用对象资源管理器

在 SSMS 界面中，位于左侧的窗口就是“对象资源管理器”窗口，系统使用它连接数据库引擎实例、Analysis Services、Reporting Services、SQL Server Compact Edition、Integration Services。它提供了服务器中所有数据库对象的树形视图，并具有可用于管理这些对象的用户界面。用户可以使用该窗口可视化地操作数据库，如创建各种数据库对象、查询数据、设置系统安全、备份与恢复数据等。

（1）“对象资源管理器”的连接。在“对象资源管理器”的工具栏上，单击“连接”按钮，打开连接类型下拉菜单，选择“数据库引擎”，系统打开“连接到服务器”对话框，如图 2-17 所示，输入服务器名称和验证方式后，单击“连接”按钮，即可连接到所选的服务器。

（2）使用“对象资源管理器”附加数据库。SQL Server 2008 安装完成以后，一般情况下，只有系统数据库，没有用户数据库，如果有用户的数据库文件，可以将其附加到数据库服务器中，步骤如下：

在“对象资源管理器”中，选择数据库服务器，右击“数据库”节点，在弹出的快捷菜单中选择“附加”命令，打开“附加数据库”对话框，然后单击“添加”命令按钮，打开“定位数据库文件”对话框，选择数据库文件所在的路径，选择扩展名为“.mdf”数据库文件，单击“确定”按钮，返回“附加数据库对话框”，单击“确定”按钮，完成数据库附加任务。

4. 使用查询编辑器

对于 SQL Server 2008 来说，Management Studio 的查询窗口部分有了变化，它取代了 SQL Server 2005 及之前版本的一个独立工具——查询分析器。它是与指定的 SQL Server 交互式会话的工具，是执行 T-SQL 语句的地方。

（1）启动查询编辑器。单击 SSMS 左上区域的“新建查询”按钮，或者“文件”→“新建”→“使用当前连接查询”命令，打开新的查询编辑窗口。

在查询编辑窗口中语句关键字应显示为蓝色；无法确定的项，如列名和表名显示为黑色；语句参数和连接器显示为红色。

单击工具栏上的“执行”按钮（其旁边有一个红色感叹号图标），执行查询编辑窗口中T-SQL 语句，此时，主窗口已经自动划分为两个窗格。上面的窗格是初始查询文本，下面的窗格称为结果窗格，如图 2-20 所示。

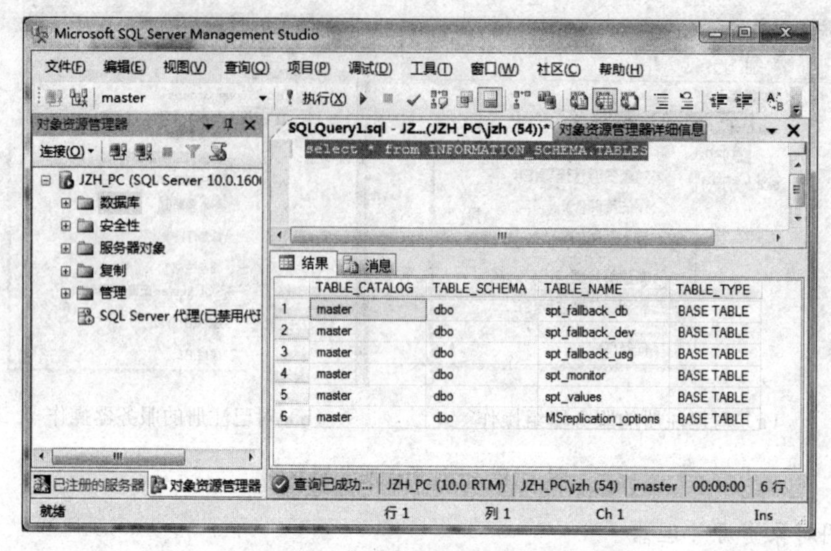

图 2-20 “查询编辑器”执行结果界面

查看查询编辑器窗口上方的工具栏，有图标，这些图标可以控制接受输出结果的方法。它们依次是“以文本格式显示结果”、“以网格显示结果”和“将结果保存到文件”。也可以从“查询”菜单的“将结果保存到”子菜单项选择输出结果的方法。

（2）“以文本格式显示结果”选项。“以文本格式显示结果”选项使得查询得到的所有结果以文本页面的方式显示。该页面可以无限长（仅受系统可用内存限制）。

通常在以下几种情况下使用这种输出方法：

- 仅返回一个结果集，且该结果只有很少列。
- 想使用单个文本文件来保存结果。
- 返回多个结果集，但该结果比较少，且不需要使用多个滚动条就可以在同一页面上查看多个结果集。

（3）“以网格显示结果”选项。该选项使得返回结果的列和行以网格的形式排列，以下几个特点是“以文本格式显示结果”选项不具有的特点：

- 可以更改列的大小。使用鼠标拖动右边界改变，或双击右边界得到该列适当的大小。
- 可以选择几个单元进行，也可以从多行中只选择一列或几列进行复制到网格程序中（如 Microsoft Excel）。

（4）“将结果保存到文件”选项。该选项类似于“以文本格式显示结果”选项，但它是直接将结果输出到文件。可使用这一选项生成要用某种实用程序分析的文件或是易于通过电子邮件发送的文件。

（5）最大化查询编辑器窗口。如果编写代码时需要较多的空间，可以使用最大化窗口，使“查询编辑器”全屏显示。最大化查询编辑器窗口的方法：单击“查询编辑器”窗口的任意位置，然后按 Shift+Alt+Enter 组合键，在全屏模式和常规模式之间进行切换。

要使查询编辑器窗口变大，也可以用隐藏其他窗口的方法实现，其方法为：单击“查询编辑器”窗口中的任意位置，在“窗口”菜单上选择“自动全部隐藏”，其他窗口将以标签的形式显示在 SSMS 管理器的左侧。如果要还原窗口，先单击标签的形式显示窗口，然后选择窗口上的“自动隐藏”按钮即可。

2.4.2　配置管理器

SQL Server 配置管理器（SQL Server Configuration Manager），简称为配置管理器，包含了 SQL Server 2008 服务器、SQL Server 2008 网络配置和 SQL Native Client 配置三个工具，完成服务器启动/停止与监控、服务器端支持的网络协议，用户访问 SQL Server 的网络相关设置等工作。

打开 SQL Server 配置管理器的方式有两种方法：从“配置工具”菜单下选择“SQL Server 配置管理器”命令打开，或者通过在命令提示符下输入“sqlservermanager.msc”命令打开它。

1. 管理 SQL Server 2008 服务

（1）依次选择“开始”→“程序”→“Microsoft SQL Server 2008”→“配置工具”→“SQL Server Configuration Manager”菜单，打开 SQL Server 配置管理器，如图 2-21 所示。

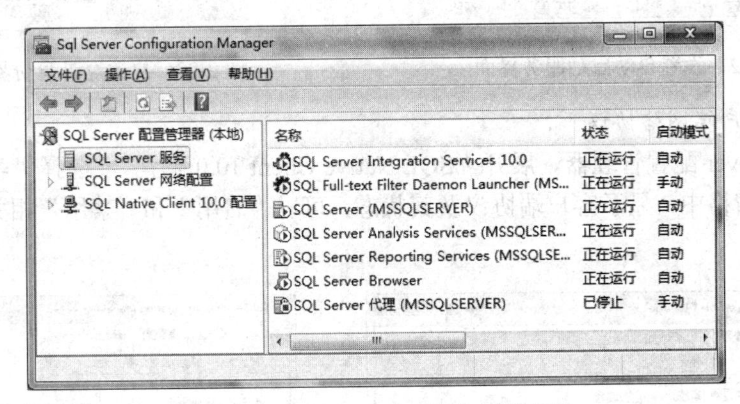

图 2-21　SQL Server 配置管理器界面

（2）在 SQL Server 配置管理器中展开“SQL Server 服务”，在右侧详细信息窗格中右击 SQL Server（MSSQLServer），在弹出的快捷菜单中单击“启动”，SQL Server 服务图标从红色变为绿色，说明启动成功。

（3）在选择服务后，也可以从“操作”菜单栏或工具栏上，实现服务的“启动”、“停止”、“暂停”和“重新启动”。

（4）在 SQL Server 配置管理器中，可以设置服务为“自动”启动类型，选中 SQL Server 服务右击，在弹出的快捷菜单中选择“属性”选项，打开“SQL Server 属性”对话框，如图 2-22 所示。单击“服务”选项卡，将“启动模式”设置为“自动”，表示该服务在计算机启动时，自动启动、运行。

2. 更改登录身份

在 SQL Server 配置管理器中，选中 SQL Server 服务右击，在弹出的快捷菜单中选择“属性”选项，打开“SQL Server 属性”对话框，如图 2-23 所示。单击“登录”选项卡，即可更改登录身份。

3. 配置服务器端网络协议

在 SQL Server 配置管理器中，展开“SQL Server 网络配置”，选择“MSSQLServer 的协议”

在右侧详细信息窗格中，显示协议及其状态，可以“启用”和“禁用”相关的协议，如图 2-24 所示。

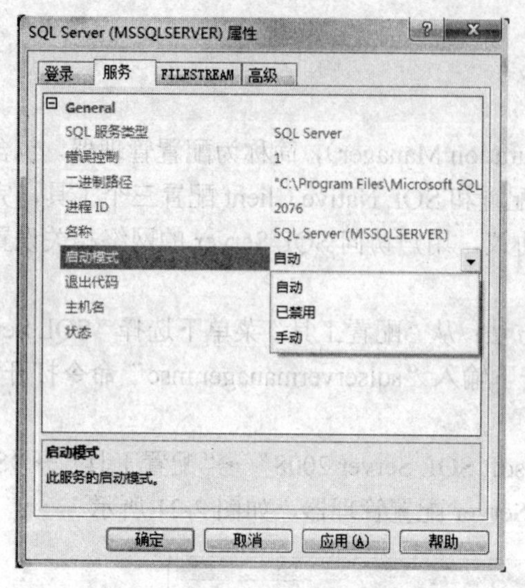

图 2-22 设置自动启动服务界面

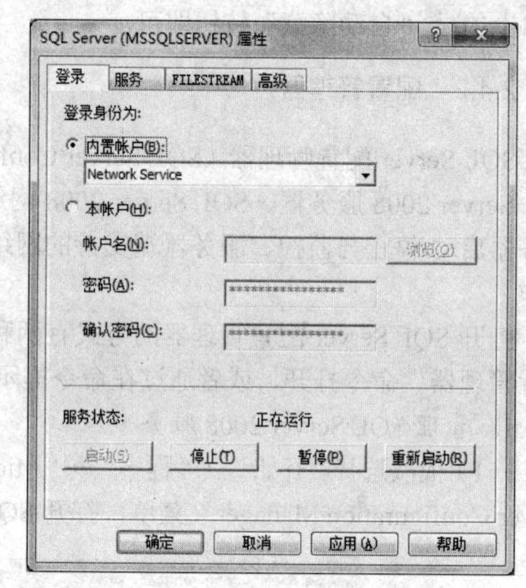

图 2-23 更改登录身份界面

4. 配置客户端网络协议

在 SQL Server 配置管理器，展开“SQL Native Client 10.0 配置”，选择“客户端协议”在右侧详细信息窗格中，显示客户端协议及其状态，可以“启用”和“禁用”相关的协议，如图 2-25 所示。

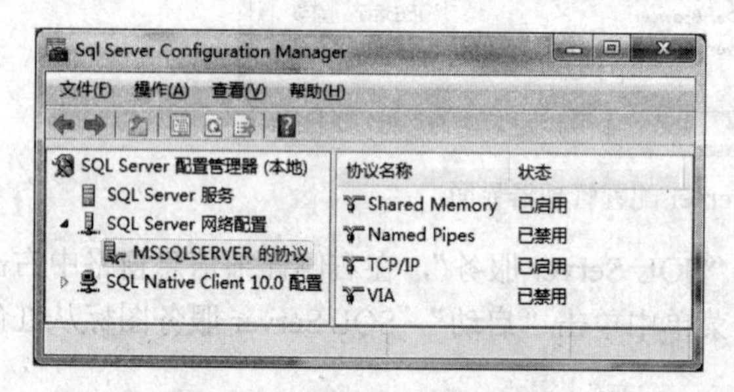

图 2-24 设置服务器端协议界面

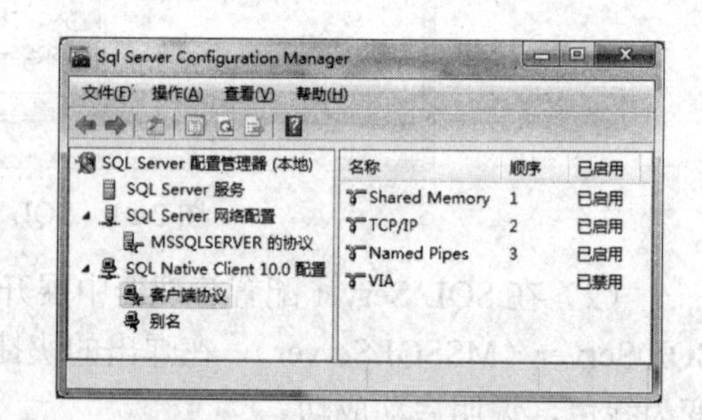

图 2-25 设置客户端协议界面

2.5 SQL Server 2008 服务器

2.5.1 创建服务器组

通过使用 SSMS 中“已注册的服务器”创建服务器组，并将服务器放置在服务器组中来管理和组织服务器。可以随时在已注册的服务器中创建服务器组，在已注册的服务器中创建服务器组步骤如下：

（1）在已注册的服务器中，单击“已注册的服务器”工具栏上的服务器类型，选择“数据库引擎”。如果“已注册的服务器”不可见，则可在“视图”菜单上，单击“已注册的服务器”。

（2）右击某服务器组，然后单击“新建服务器组”。在“新建服务器组”对话框的“组名”列表框中，键入服务器组的唯一名称。在“组说明”列表框中，选择性地键入一个描述服务器组的友好名称，如图 2-26 所示。

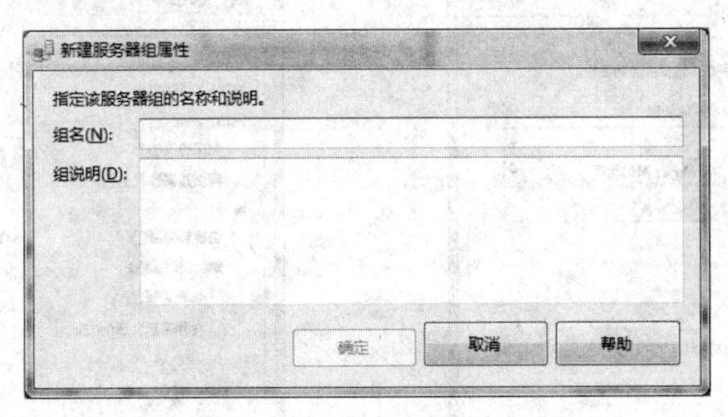

图 2-26　创建服务器组界面

（3）在“已注册的服务器”树中的当前位置，服务器组名必须唯一。

2.5.2　注册服务器

用户管理服务器中的数据库，需要注册方可使用。这里的服务器既可以是网络服务器也可以是本地服务器，只不过本地服务器在安装完成后，自动完成了注册。注册服务器的过程如下：

（1）进入 SSMS 管理界面，在“已注册的服务器”工具栏上，右击“Local Server Groups”。在弹出的快捷菜单中，选择“新建服务器注册”菜单项，如图 2-27 所示。

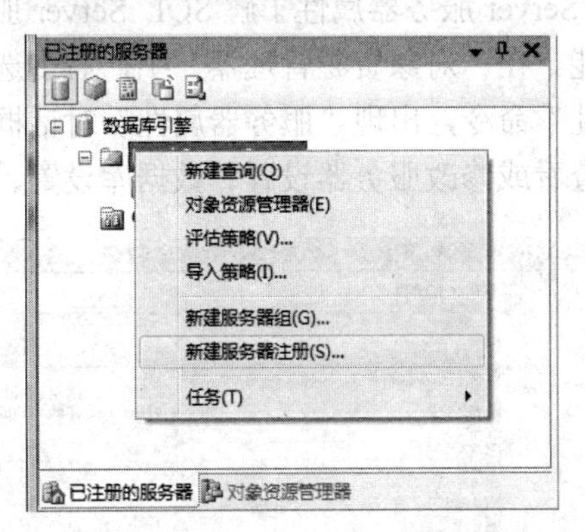

图 2-27　“新建服务器注册”快捷菜单界面

（2）进入“新建服务器注册”界面，如图 2-28 所示。切换到“常规”选项页中，在“服务器名称”下拉列表框中选择或输入要注册的服务器名称；“在身份验证”下拉列表框中选择要使用的身份验证模式。

（3）切换到“连接属性”选项卡中，如图 2-29 所示。在“连接到数据库”列表中，键入要连接的数据库的名称，或者选择“浏览服务器”获取可用数据库的列表，然后单击所需数据库。如果登录账户的默认数据库没更改过，则 master 数据库即为默认数据库；在“网络协议”列表中，选择连接到已注册的服务器时使用的协议；在“网络数据包大小”微调框中，输入在连接到已注册的服务器时要使用的数据包大小；在“连接超时值”框中，输入连接到服务器的空闲连接在超时之前等待的秒数；在“执行超时值”框中，输入执行脚本在超时之前等待的秒数。若要加密连接，请选中“加密连接”复选框。

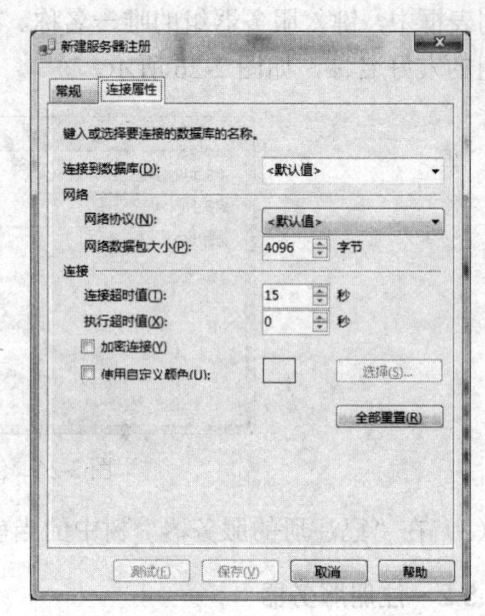

图 2-28 “新建服务器注册”常规选项卡界面　　图 2-29 “新建服务器注册”连接属性选项卡界面

（4）完成设置后，可单击“测试”按钮，对当前设置进行测试，如果出现“连接测试成功”提示信息，表示设置成功。

2.5.3 配置服务器

用户可以通过查看 SQL Server 服务器属性了解 SQL Server 服务器性能或修改 SQL Server 服务器的配置以提高系统性能。在“对象资源管理器”中，右击选中的 SQL Server 服务器，在弹出的快捷菜单中选择“属性”命令，出现“服务器属性”对话框，如图 2-30 所示。用户根据需要，选择不同的功能项，查看或修改服务器设置、数据库设置、安全、内存、连接等设置。

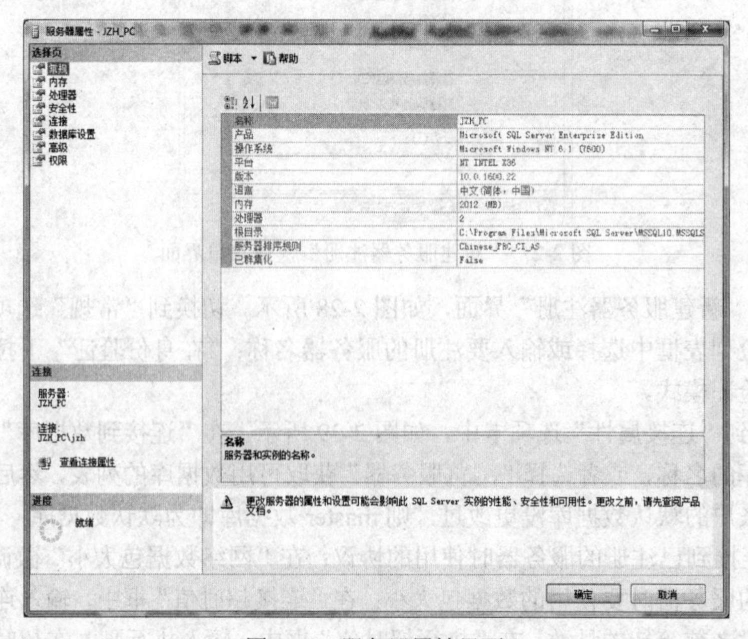

图 2-30 服务器属性界面

SQL Server 2008 版本有企业版、标准版、工作组版、Web 版、开发者版、Express 版、Compact 3.5 版，功能和作用各不相同。

SQL Server 2008 新增了数据集成功能，改进了分析服务，与 Office 集成，以及报告服务等多项新功能。

SQL Server 2008 系统由四个部分组成：数据库引擎、分析服务、报表服务和集成服务。

（1）数据库引擎是 SQL Server 2008 系统的核心服务，负责完成数据的存储、处理和安全管理。

（2）分析服务的主要作用是通过服务器和客户端技术的组合提供联机分析处理和数据挖掘功能。

（3）报表服务包含用于创建和发布报表及其报表模型的图形工具和向导、用于管理报表服务器管理工具和用于对报表对象模型进行编程和扩展的应用程序编程接口。

（4）集成服务是一个数据集成平台，负责完成有关数据的提取、转换和加载等操作。

SQL Server 2008 的安装对硬件、软件有要求，在满足条件下，按照安装向导指示，逐步完成任务。

SQL Server 2008 的常用工具有：SSMS（SQL Server Management Studio，SQL Server 管理控制台）、配置管理器等。

（1）SSMS 是 SQL Server 2008 最为常用的工具，用于访问、配置和管理所有的 SQL Server 组件。

（2）配置管理器用于对启动、暂停、恢复和停止 SQL Serve 相关服务，还可以配置网络协议和网络配置。

在 SQL Server 2008 服务器中可以创建服务器组、注册服务器、配置服务器。

一、简答题

1. SQL Server 2008 的常见版本有哪些？各自的应用范围是什么？
2. SQL Server 的主要特点是什么？
3. SQL Server 2008 主要有哪些新特性？

二、应用题

1. 上机练习安装 SQL Server 2008 的一个命名实例，实例名称为 NCIAE。
2. 卸载上面安装的 SQL Server 2008 的命名实例 NCIAE。

第 3 章　数据库的创建和管理

数据库是 SQL Server 用于存放数据和数据库对象的容器，它是 SQL Server 最基本的操作对象之一。日志文件是 SQL Server 记录对数据库操作的地方。对数据库以及相关日志文件的管理是DBA的重要职责。本章主要介绍数据库的创建和管理方法。

通过本章的学习，读者应该：

- 理解数据库的存储结构
- 了解 SQL Server 2008 数据库文件和文件组
- 熟练掌握创建数据库的方法
- 熟练掌握修改、删除数据库的方法
- 掌握数据库更名、修改大小的方法
- 掌握分离和附加数据库

3.1　SQL Server 数据库的结构

数据库的存储结构分为逻辑存储结构和物理存储结构两种。

数据库的逻辑存储结构是指数据库是由哪些逻辑对象组成的，SQL Server 2008 中的逻辑对象主要包括数据库、数据表、事务日志、视图、文件组、索引、存储过程、函数、触发器、约束，还有用户、角色、架构等，各种不同的数据库逻辑对象组合在一起，构成了数据库的逻辑存储结构。

数据库的物理存储结构指的是保存数据库各种逻辑对象的物理文件是如何在磁盘上存储的，数据库在磁盘上是以文件为单位进行存储的，SQL Server 将数据库映射为一组操作系统文件。在 SQL Server 中创建的每一个数据库都至少会在磁盘上创建两个物理文件与之对应：一个数据文件和一个事务日志文件。数据文件用于储存数据，日志文件用于存储数据库恢复的日志信息。日志信息从不与数据混合在相同的文件中，而且各文件仅在一个数据库中使用。

3.1.1　SQL Server 2008 数据库和文件

SQL Server 数据库是数据库对象的容器，它以文件的形式存储在磁盘上。

1．SQL Server 2008 数据库文件类型

SQL Server 2008 的数据库文件根据其作用不同，可以分为三种类型：

（1）主数据文件（Primary file）。主数据文件用来存储数据库的数据和数据库的启动信息。它是数据库的起点，指向数据库中的其他文件。每个数据库都有一个主数据文件，主数据文件的推荐文件扩展名是.mdf。

（2）辅助数据文件（Secondary file）。除主数据文件以外的所有其他数据文件都是辅助数

据文件。某些数据库可能不含有任何辅助数据文件，而有些数据库则含有多个辅助数据文件。辅助数据文件的推荐文件扩展名是.ndf。

（3）事务日志文件（Transaction file）。日志文件包含着用于恢复数据库的所有日志信息。每个数据库必须至少有一个日志文件，当然也可以有多个。SQL Server 2008 事务日志采用提前写入的方式，即对数据库的修改先写入事务日志中，然后再写入数据库。日志文件的推荐文件扩展名是.ldf。

SQL Server 2008 不强制使用.mdf、.ndf 和.ldf 文件扩展名，但使用它们有助于标识文件的各种类型和用途。

在 SQL Server 2008 中，数据库中所有文件的位置都记录在数据库的主数据文件和 master 数据库中。

SQL Server 2008 的文件拥有两个名称，即逻辑文件名和物理文件名。

逻辑文件名是在所有 T-SQL 语句中引用物理文件时所使用的名称。逻辑文件名必须符合 SQL Server 标识符规则，而且在数据库中的逻辑文件名必须是唯一的。

物理文件名是包括目录路径的物理文件名。它必须符合操作系统文件命名规则。假如按照系统的默认设置安装了 SQL Server 2008，则对于 master 系统数据库，master 为其逻辑名，而其对应的数据库物理文件名为“C:\Program Files\Microsoft SQL Server\MSSQL.1\ MSSQL \Data\master.mdf”，其对应的日志文件名为“C:\Program Files\Microsoft SQL Server\MSSQL.1\ MSSQL\Data\mastlog.ldf”。

2. 数据库文件组

为了便于分配和管理，SQL Server 允许将多个文件归纳为一组，并赋予一个名称，这就是文件组。可以利用文件组帮助实现某些数据布局和管理任务，例如备份和还原数据库的操作。

SQL Server 2008 中的数据库文件组分为主文件组（Primary File Group）和用户定义文件组（Use Defined Group）。

（1）主文件组，包含主要数据库文件和任何没有明确指派给其他文件组的其他文件。数据库的系统表都包含在主文件组中。

（2）用户定义文件组，在 CREATE DATABASE 或 ALTER DATABASE 语句中，使用 FILEGROUP 关键字指定的文件组。

一个文件只能存在于一个文件组中，一个文件组也只能被一个数据库使用；日志文件是独立的，它不能作为任何文件组的成员。在没有指定用户定义文件组的情况下，所有数据文件都包含在主文件组中。

3.1.2　SQL Server 数据库与系统表

SQL Server 维护一组系统级数据库（称为“系统数据库”），这些数据库对于服务器实例的运行至关重要。这些系统数据库的文件存储在 Microsoft SQL Server 默认安装目录下的“MSSQL.1\MSSQL”子目录的 Data 文件夹中，各个系统数据库的主要功能如下：

1. master 数据库

不管是哪一版本或是定制安装的 SQL Server 都有 master 数据库，master 数据库是 SQL Server 的主数据库，记录了 SQL Server 的所有系统级信息。例如，在服务器上新建数据库，则在 master 数据库的 sysdatabases 表中加入该项。所有扩展的存储过程和系统存储过程都存储在 master 数据库中，而不管该存储过程用于哪一个数据库。此外，master 数据库还记录了所有其他数据库的存在、数据库文件的位置以及 SQL Server 的初始化信息。因此，如果 master 数据库不可用，则 SQL Server 无法启动。在 SQL Server 2008 中，系统对象不再存储在 master 数据库中，而是存储在 Resource 数据库中。

2. model 数据库

model 数据库是创建新数据库的模板。如果要想改变新建数据库的样式，则可以根据用户需要更改 model 数据库。由于 model 数据库用作其他任意数据库的模板，因此 model 数据库必须始终存在于 SQL Server 系统中，禁止删除它。注意：更改 model 数据库会引起其他一些问题，强烈建议不要对它进行修改。

3. msdb 数据库

msdb 数据库由 SQL Server 代理用于计划警报和作业，以及记录操作员信息的数据库。msdb 还包含历史记录表，例如备份和还原历史记录表。也可以由其他功能（如 Service Broker 和数据库邮件）使用。

4. tempdb 数据库

用于保存临时或中间结果集的工作空间。在执行复杂或者大型的查询操作时，如果 SQL Server 需要创建一些中间表来完成，那它就在 tempdb 数据库中进行。在创建临时表时，即使是在当前数据库中创建的这些表，实际上也是在 tempdb 数据库中创建的。只要需要临时保存数据，就很可能将数据保存在 tempdb 数据库中。

tempdb 数据库与其他数据库大相径庭。不仅数据库中的对象是临时的，连数据库本身也是临时的。每次启动 SQL Server 实例时，都会创建临时数据库 tempdb，tempdb 数据库是系统中唯一完全重建的数据库。服务器实例关闭时，将永久删除 tempdb 中的所有数据。

5. Resource 数据库

Resource 数据库是只读数据库，它包含了 SQL Server 2008 中的所有系统对象。SQL Server 系统对象（例如 sys.objects）在物理上存在于 Resource 数据库中，但在逻辑上，它们出现在每个数据库的 sys 架构中。Resource 数据库不包含用户数据或用户元数据。

3.2 创建数据库

若要创建数据库，必须确定数据库的名称、所有者、大小以及存储该数据库的文件和文件组。

在创建数据库之前，应注意下列事项：

- 若要创建数据库，必须至少拥有 CREATE DATABASE、CREATE ANY DATABASE 或 ALTER ANY DATABASE 权限。
- 创建数据库的用户将成为该数据库的所有者。
- 对于一个 SQL Server 服务器实例，最多可以创建 32,767 个数据库。
- 数据库名称必须遵循为标识符指定的规则，最好使用有意义的名称命名数据库。
- SQL Server 使用一个模板数据库 model 来创建新的数据库，model 数据库中的所有用户定义对象都将复制到所有新创建的数据库中。可以向 model 数据库中添加任何对象（例如表、视图、存储过程和数据类型），以将这些对象包含到所有新创建的数据库中。

在 SQL Server 2008 中创建数据库常用的方法有两种：使用 SSMS 和 T-SQL 语句。

3.2.1　使用 SSMS 创建数据库

使用 SSMS 创建数据库的步骤如下：

（1）打开 SSMS，在对象资源管理器窗口中，展开某个已连接的 SQL Server 服务器实例，并在其中的“数据库”文件夹上右击，如图 3-1 所示。

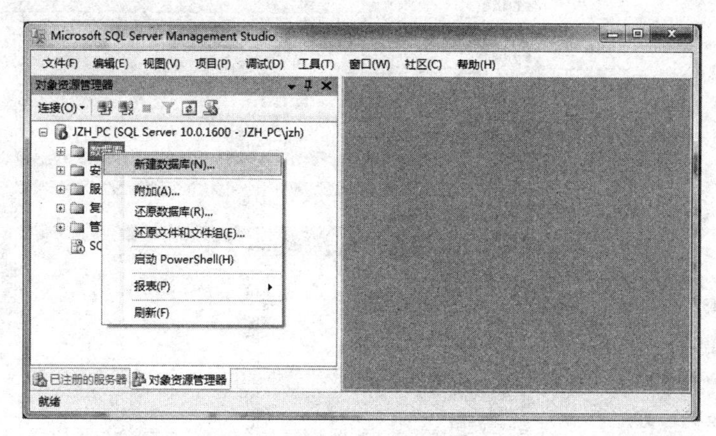

图 3-1　新建数据库选择对话框

（2）从弹出的快捷菜单中选择“新建数据库”选项，打开“新建数据库”对话框，如图 3-2 所示。

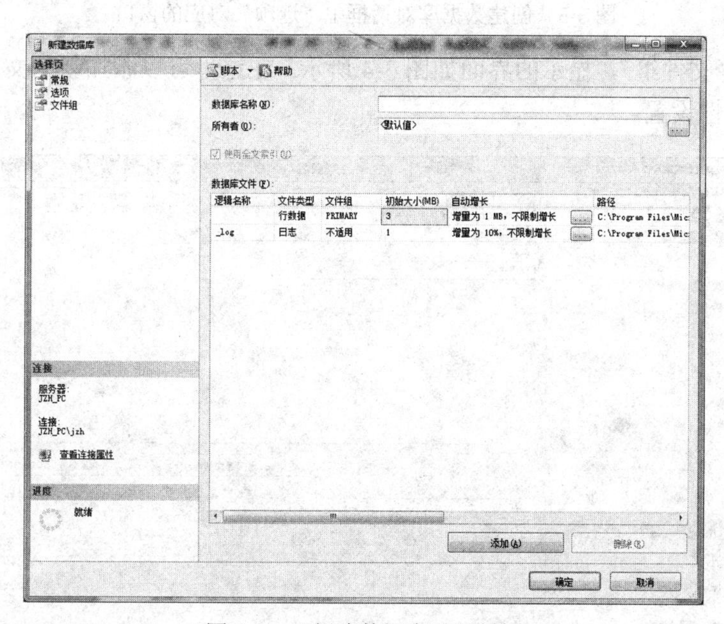

图 3-2　“新建数据库”对话框

（3）在“新建数据库”对话框中，窗口左边有三个选择页，分别是“常规”、“选项”和“文件组”。在“常规”选项对应的窗口右部，要求用户输入数据库名称、数据库所有者、数据库文件和事务日志文件的逻辑名称、初始大小、存储在磁盘上的位置、文件增长方式以及数据库文件所属的文件组等信息。在这个页面中用户也可以根据需要单击“添加”按钮，添加新的数据库文件。

（4）单击“选项”，显示的界面如图 3-3 所示。这里可以设置数据库的排序规则、恢复模式、兼容级别以及其他选项设置。

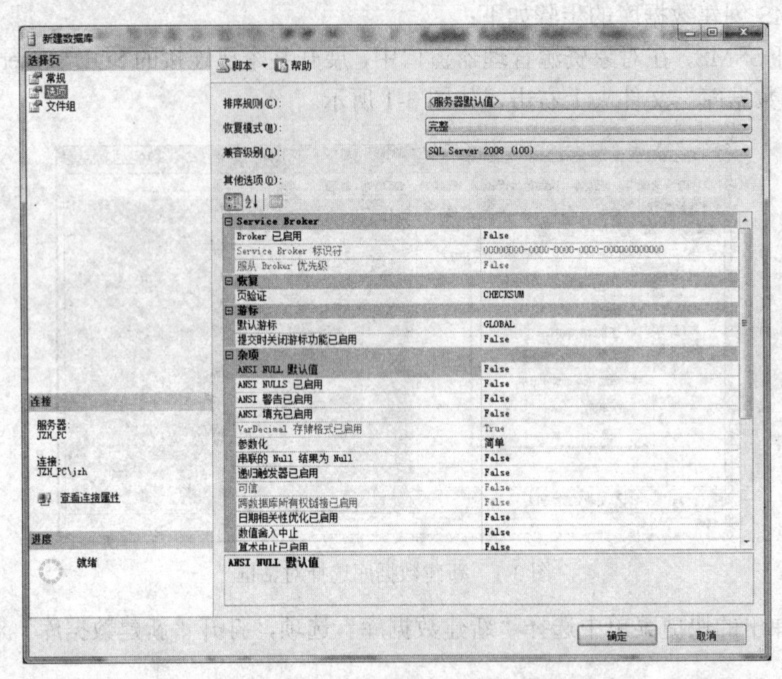

图 3-3　创建数据库对话框中“选项”对应的窗口

（5）单击“文件组”，显示的界面如图 3-4 所示。在这里可以添加新的文件组，或对已有的文件组进行属性设置。

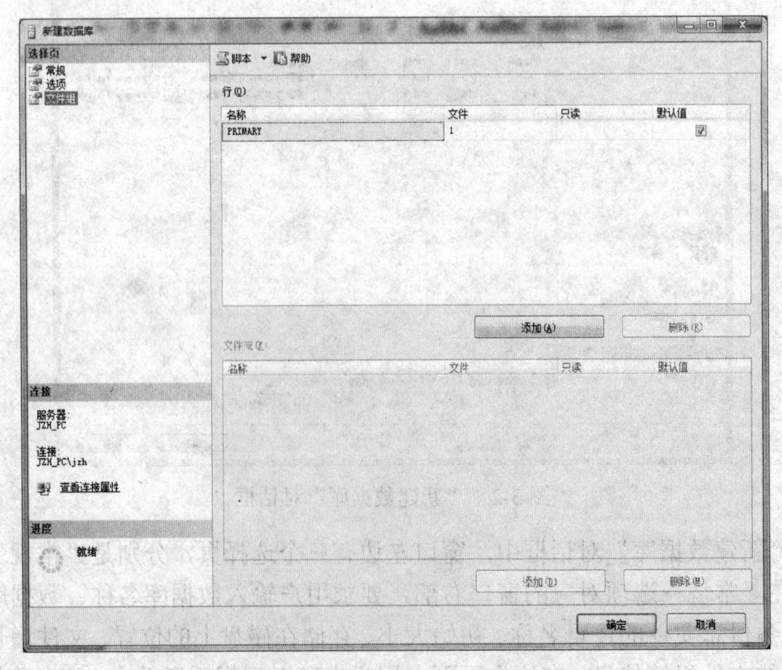

图 3-4　创建数据库对话框中“文件组”对应的窗口

（6）在“新建数据库”对话框的各个选项页面中设置好相关参数值，这里输入数据库的名称为“AWLT”，其他选项取系统的默认参数值，并单击“确定”按钮，即可创建一个新的 AWLT 数据库。

（7）AWLT 数据库创建成功后，在“对象资源管理器”窗口中就可以看到此数据库对象了，如图 3-5 所示。

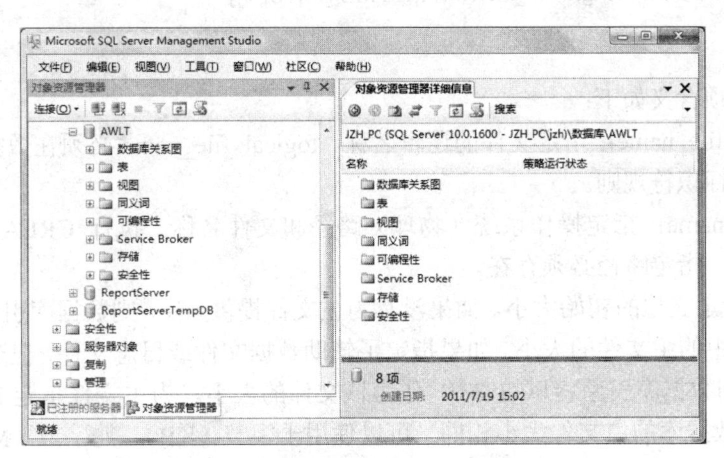

图 3-5　新创建的数据库显示结果窗口

3.2.2　使用 T-SQL 语句创建数据库

可以使用 T-SQL 中的 CREATE DATABASE 语句来创建数据库。其语法格式如下：

```
CREATE DATABASE database_name
[ON [PRIMARY] [<filespec>[，…n][，<filegroupspec>[，…n]]]
[LOG ON {<filespec>[，…n]}]
```

说明：在 T-SQL 语法中，用[]括起来的内容表示是可选的；用[，…n]表示重复前面的内容；用< >括起来表示在实际编写语句时，用相应的内容替代；用{}括起来表示是必选的；类似 A|B 的格式，表示 A 和 B 只能选择一个，不能同时都选。

CREATE DATABASE 语句中各参数的说明如下：

- database_name：新数据库的名称。数据库名称在 SQL Server 的实例中必须唯一，并且必须符合标识符规则。database_name 最多可以包含 128 个字符。如果未指定数据文件的名称，则 SQL Server 使用 database_name 作为 logical_file_name 和 os_file_name。
- ON：指定显式定义下存储数据库数据部分的磁盘文件（数据文件）。
- PRIMARY：指定关联的<filespec>列表为主文件。在主文件组的<filespec>项中指定的第一个文件将成为主文件。一个数据库只能有一个主文件。如果没有指定 PRIMARY，那么 CREATE DATABASE 语句中列出的第一个文件将成为主文件。
- LOG ON：指定显式定义下用来存储数据库日志的磁盘文件（日志文件）。LOG ON 后跟以逗号分隔的用以定义日志文件的<filespec>项列表。如果没有指定 LOG ON，将自动创建一个日志文件，其大小为该数据库的所有数据文件大小总和的 25%或 512 KB，取两者之中的较大者。
- <filespec>：控制文件属性，代表数据文件或日志文件，其语法格式如下：

```
<filespec>::=
{(
```

```
    NAME=logical_file_name,
    FILENAME='os_file_name'
        [,SIZE=size[KB|MB|GB|TB]]
        [,MAXSIZE={max_size[KB|MB|GB|TB]|UNLIMITED}]
        [,FILEGROWTH=growth_increment[KB|MB|GB|TB|%]]
    )[,...n]
}
```

其中，各选项含义如下：

- logical_file_name：指定文件的逻辑名称。logical_file_name 必须在数据库中唯一，必须符合标识符规则。
- os_file_name：指定操作系统（物理）路径和文件名称。执行 CREATE DATABASE 语句前，指定路径必须存在。
- size：指定文件的初始大小。如果没有为主文件提供 size，则数据库引擎将使用 model 数据库中的主文件的大小。如果指定了辅助数据文件或日志文件，但未指定该文件的 size，则数据库引擎将以 1 MB 作为该文件的大小。为主文件指定的大小至少应与 model 数据库的主文件大小相同。可以使用千字节（KB）、兆字节（MB）、千兆字节（GB）或兆兆字节（TB）后缀。默认值为 MB。size 是整数值，不包括小数。
- max_size：指定文件可增大到的最大字节数。可以使用 KB、MB、GB 和 TB 后缀，默认值为 MB。如果不指定 max_size，则文件将增长到磁盘满。
- UNLIMITED：设置文件的增长仅受磁盘空间的限制。在 SQL Server 2008 中，指定为不限制增长的日志文件的最大字节数为 2TB，而数据文件的最大字节为 16TB。
- growth_increment：指定文件的自动增量，即每次需要新空间时为文件添加的空间量。文件的 FILEGROWTH 设置不能超过 MAXSIZE 设置。该值可以 MB、KB、GB、TB 或百分比（%）为单位指定。如果未在数量后面指定 MB、KB 或%，则默认值为 MB。如果指定%，则增量大小为发生增长时文件大小的指定百分比。指定的大小舍入为最接近的 64KB 的倍数。值为 0 时表明自动增长被设置为关闭，不允许增加空间。如果未指定 FILEGROWTH，则数据文件的默认值为 1MB，日志文件的默认增长比例为 10%，并且最小值为 64KB。注意：在 SQL Server 2008 中，数据文件的默认增量已从 10% 改为 1MB。日志文件的默认值仍然为 10%。
- FILEGROUP filegroup_name：设置文件组的逻辑名称。filegroup_name 必须在数据库中唯一，不能是系统提供的名称 PRIMARY 和 PRIMARY_LOG。名称必须符合标识符规则。文件组定义的语法格式如下：

```
<filegroup>::=
{
    FILEGROUP filegroup_name [DEFAULT]
    <filespec>[,...n]
}
```

其中，DEFAULT 用于指定命名文件组为数据库中的默认文件组。

使用 CREATE DATABASE 命令创建数据库的过程中，SQL Server 用模板数据库（model）来初始化新建的数据库。在模板数据库中的所有用户定义的对象和数据库的设置都会被复制到新数据库中。数据库的创建者被默认为该数据库的所有者。

例 3-1 使用 CREATE DATABASE 创建一个新的数据库，名称为“STUDENT”，其他所

有参数均取默认值。

实现的步骤如下：

（1）打开 SSMS，在窗口上部工具栏的左侧找到“新建查询”按钮，如图 3-6 所示。

（2）单击“新建查询”，在 SSMS 的窗口右侧会建立一个新的查询页面，默认的名称为“SQLQuery1.sql”，在这个页面中可以输入要让 SQL Server 执行的 T-SQL 语句，如图 3-7 所示。

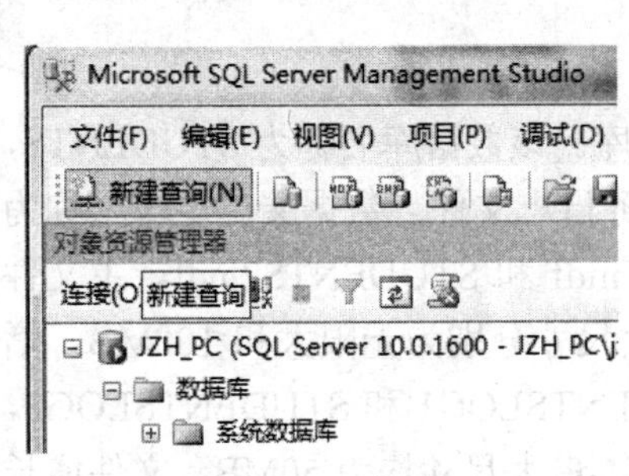

图 3-6　新建查询的选择窗口

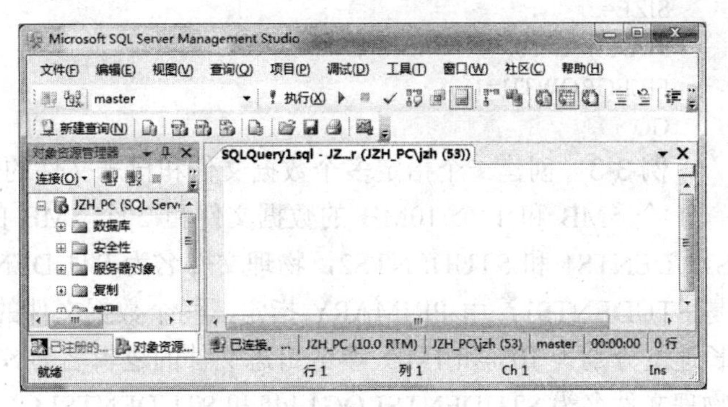

图 3-7　新建的查询窗口

（3）这里输入下面列出的创建数据库的 T-SQL 语句。

```
CREATE DATABASE STUDENT
```

（4）单击工具栏中的“执行”按钮，当系统给出的提示信息为“命令已成功完成。”时，说明此数据库创建成功。

说明：这是最简单的创建数据库的命令。由于没有指定数据库文件和日志文件，默认情况下，数据库文件的文件名为 STUDENT.mdf，日志文件为 STUDENT_log.ldf，默认存放的磁盘路径为“C:\Program Files\Microsoft SQL Server\MSSQL.1\MSSQL\DATA”。同时，由于是按照 model 数据库的方式来创建的数据库，所以数据库文件和日志文件的大小与 model 数据库的主文件和日志文件的大小相同。由于没有指定数据库文件的最大长度，所以数据库文件可以自由增长直到填充完整个硬盘空间。

例 3-2　创建一个名称为 STUDENT2 的数据库，该数据库的主文件逻辑名称为 STUDENT2_data，物理文件名为 STUDENT2.mdf，初始大小为 3MB，最大尺寸为无限大，增长速度为 15%；数据库的日志文件逻辑名称为 STUDENT2_log，物理文件名为 STUDENT3.ldf，初始大小为 2MB，最大尺寸为 50MB，增长速度为 1MB；要求数据库文件和日志文件的物理文件都存放在 E 盘的 DATA 文件夹下。

实现的步骤如下：

（1）在 E 盘创建一个新的文件夹，名称是“DATA”。

（2）在 SSMS 中新建一个查询页面。

（3）输入以下程序段并执行此查询：

```
USE MASTER
GO
CREATE DATABASE STUDENT2
ON PRIMARY
(NAME= STUDENT2_data,
FILENAME='E:\DATA\STUDENT2.mdf',
```

```
SIZE=3,
MAXSIZE=unlimited,
FILEGROWTH=15%)

LOG ON
(NAME= STUDENT2_log,
FILENAME='E:\DATA\STUDENT2.ldf',
SIZE=2,
MAXSIZE=50,
FILEGROWTH=1)
GO
```

例 3-3 创建一个指定多个数据文件和日志文件的数据库。该数据库名称为 STUDENTS，有 1 个 5MB 和 1 个 10MB 的数据文件和 2 个 5MB 的事务日志文件。数据文件逻辑名称为 STUDENTS1 和 STUDENTS2，物理文件名为 STUDENTS1.mdf 和 STUDENTS2.ndf。主文件是 STUDENTS1，由 PRIMARY 指定，两个数据文件的最大尺寸分别为无限大和 100MB，增长速度分别为 10%和 1MB。事务日志文件的逻辑名为 STUDENTSLOG1 和 STUDENTSLOG2，物理文件名为 STUDENTSLOG1.ldf 和 STUDENTSLOG2.ldf，最大尺寸均为 50MB，文件增长速度为 1MB。要求数据库文件和日志文件的物理文件都存放在 E 盘的 DATA 文件夹下。

程序清单如下：

```
USE MASTER
GO
CREATE DATABASE STUDENTS
ON PRIMARY
(NAME=STUDENTS1,
FILENAME='E:\DATA\STUDENTS1.mdf',
SIZE=5,
MAXSIZE=unlimited,
FILEGROWTH=10%),
(NAME= STUDENTS2,
FILENAME='E:\DATA\STUDENTS2.ndf',
SIZE=10,
MAXSIZE=100,
FILEGROWTH=1)

LOG ON
(NAME=STUDENTSLOG1,
FILENAME='E:\DATA\STUDENTSLOG1.ldf',
SIZE=5,
MAXSIZE=50,
FILEGROWTH=1),
(NAME=STUDENTSLOG2,
FILENAME='E:\DATA\STUDENTSLOG2.ldf',
SIZE=5,
MAXSIZE=50,
FILEGROWTH=1)
GO
```

例 3-4 创建了一个数据库 StudentGroup。该数据库包含一个主数据文件 StudentGroup_PRM.mdf、一个用户定义文件组 StudentGroup_FG1 和一个日志文件 StudentGroup.ldf。主数据文件在主文件组中，而用户定义文件组包含两个次要数据文件 StudentGroup_FG1_1.ndf 和 StudentGroup_FG1_2.ndf。

程序清单如下：

```
USE MASTER
GO
CREATE DATABASE StudentGroup
ON PRIMARY
  ( NAME='StudentGroup_PRIMARY',
    FILENAME='E:\DATA\StudentGroup_PRM.mdf',
    SIZE=4MB,
    MAXSIZE=10MB,
    FILEGROWTH=1MB),
FILEGROUP StudentGroup_FG1
  ( NAME='StudentGroup_FG1_DAT1',
    FILENAME='E:\DATA\StudentGroup_FG1_1.ndf',
    SIZE=1MB,
    MAXSIZE=10MB,
    FILEGROWTH=1MB),
  ( NAME ='StudentGroup_FG1_DAT2',
    FILENAME='E:\DATA\StudentGroup_FG1_2.ndf',
    SIZE=1MB,
    MAXSIZE=10MB,
    FILEGROWTH=1MB)

LOG ON
  ( NAME='StudentGroup_LOG',
    FILENAME='E:\DATA\StudentGroup.ldf',
    SIZE=1MB,
    MAXSIZE=10MB,
    FILEGROWTH=1MB)
GO
```

3.3 修改数据库

3.3.1 打开数据库

1. 使用 SSMS 打开数据库

在 SSMS 中打开数据库的步骤是：在“对象资源管理器”窗口中，展开“数据库”节点，单击选择的数据库，在右面的“对象资源管理器详细信息”窗口中列出当前打开数据库的数据库对象，如图 3-8 所示。

2. 使用 T-SQL 语句打开数据库

在“查询编辑器”中，可以直接通过“可用数据库”下拉列表框 AWLT 打开并切换数据库，如图 3-9 所示，也可以使用 USE 语句打开并切换到当前数据库，其语法格式为：

```
USE database_name
```

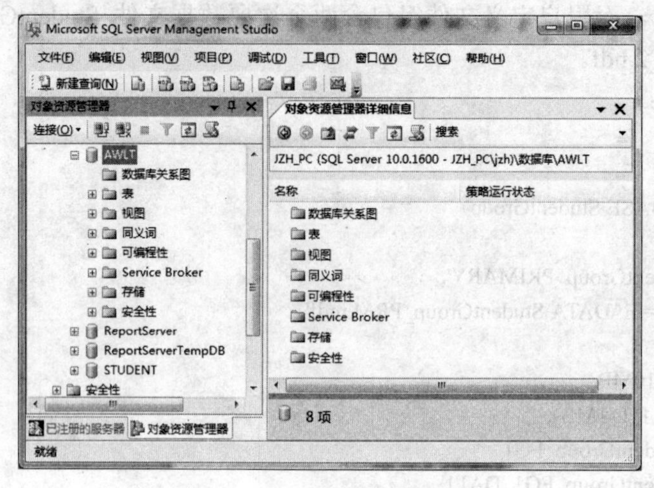

图 3-8 用 SSMS 打开数据库

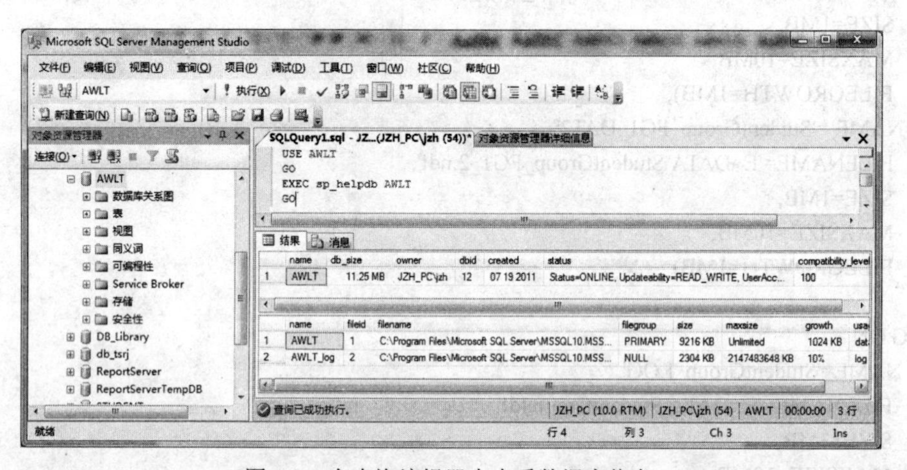

图 3-9 在查询编辑器中查看数据库信息

例如：打开数据库 AWLT。

具体步骤：在“查询编辑器”窗口中输入 USE AWLT，然后单击工具栏上的“执行”按钮，在查询编辑器工具栏上的当前数据库列表框中显示 AWLT，如图 3-10 所示。

图 3-10 在查询编辑器中更换数据库

3.3.2　修改数据库属性

1. 使用 SSMS 查看或修改数据库属性

数据库创建以后，可以在 SSMS 中使用数据库的属性设置窗口，查看或更改数据库的某些属性。其具体步骤如下：

（1）在 SSMS 中，右击所要查看或修改的数据库，这里右击“AWLT”数据库，从弹出的快捷菜单中选择“属性”选项，如图 3-11 所示。

图 3-11　选择数据库属性窗口

（2）在“数据库属性”窗口中，包括常规、文件、文件组、选项、更改跟踪、权限、扩展属性、镜像和事务日志传送 9 个选择项。选择其中的任何一项，都可以查看与之相关的数据库信息。如图 3-12 所示，为“选项”功能页中关于数据库选项中的相关信息。

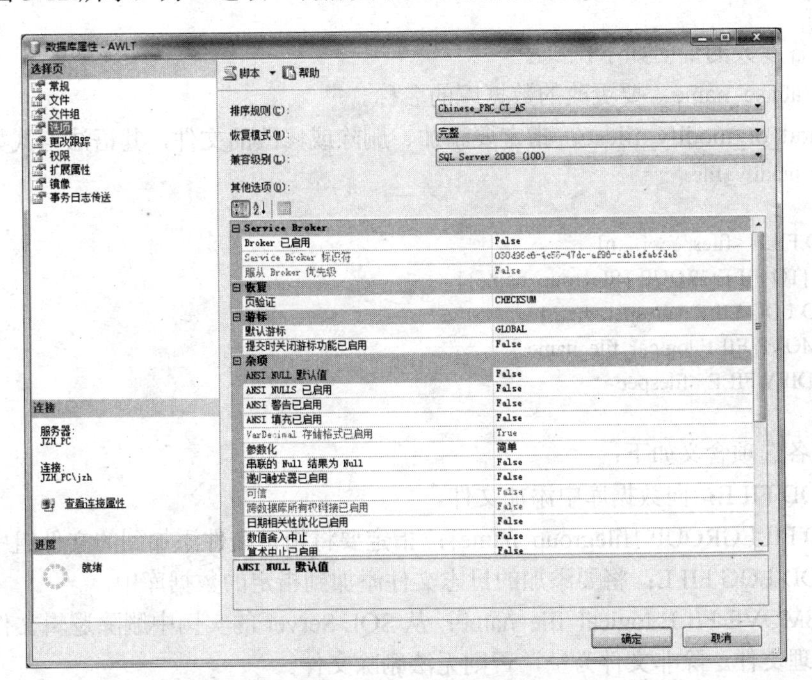

图 3-12　数据库属性窗口

在“常规”选项页面中，可以看到数据库的名称、状态、所有者、创建日期等信息。

在“文件”选项页面中，可以看到类似于创建数据库时的页面，此时可以像在创建数据库时那样重新指定数据库文件和事务日志文件的逻辑名称、初始大小、自动增长方式等属性。

在“文件组”选项页面中，可以添加新的文件组或删除“PRIMARY”主文件组以外的其他文件组。

在“选项”页面中，可以设置数据库的很多属性，例如排序规则、恢复模式、兼容级别等。

在“权限”选项页面中，可以设置用户对该数据库的使用权限。

在“扩展属性”选项页面中，可以向数据库对象添加自定义属性。使用此页可以查看或修改所选对象的扩展属性。使用扩展属性，可以添加文本（如描述性或指导性内容）、输入掩码和格式规则，将它们作为数据库中的对象或数据库自身的属性。由于扩展属性存储在数据库中，所有读取属性的应用程序都能以相同的方式评估对象。这有助于加强系统中所有程序对数据的处理方式的一致性。

在“镜像”选项页面中，可以配置并修改数据库的数据库镜像的属性。还可以启动配置数据库镜像安全向导，以查看镜像会话的状态，并可以暂停或删除数据库镜像会话。

在“事务日志传送”选项页面中，可以配置和修改数据库的日志传送属性。

2. 使用 T-SQL 语句修改数据库

使用 T-SQL 语句可以在数据库中添加或删除文件和文件组，也可用于更改文件和文件组的属性，其语法格式如下：

```
ALTER DATABASE database_name
{
    <add_or_modify_files>
    |<add_or_modify_filegroups>
}[;]
```

其中，各参数的说明如下：

- database_name：要更改的数据库的名称。
- <add_or_modify_files>：指定要添加、删除或修改的文件，其语法格式如下：

```
<add_or_modify_files>::=
{
    ADD FILE <filespec>[,...n]
        [TO FILEGROUP {filegroup_name}]
    |ADD LOG FILE <filespec>[,...n]
    |REMOVE FILE logical_file_name
    |MODIFY FILE <filespec>
}
```

其中，各选项含义如下：

- ADD FILE：向数据库中添加文件。
- TO FILEGROUP {filegroup_name}：指定要将指定文件添加到的文件组中。
- ADD LOG FILE：将要添加的日志文件添加到指定的数据库中。
- REMOVE FILE logical_file_name：从 SQL Server 的实例中删除逻辑文件说明并删除物理文件。除非文件为空，否则无法删除文件。
- logical_file_name：在 SQL Server 中引用文件时所用的逻辑名称。

- MODIFY FILE：指定应修改的文件。一次只能更改一个<filespec>属性。必须在<filespec>中指定 NAME，以标识要修改的文件。如果指定了 SIZE，那么新大小必须比文件当前大小要大。

若要修改数据文件或日志文件的逻辑名称，在 NAME 子句中指定要重命名的逻辑文件名称，并在 NEWNAME 子句中指定文件的新逻辑名称。例如：

```
MODIFY FILE(NAME=logical_file_name,NEWNAME=new_logical_name)
```

若要将数据文件或日志文件移至新位置，在 NAME 子句中指定当前的逻辑文件名称，并在 FILENAME 子句中指定新路径和操作系统文件名称。例如：

```
MODIFY FILE (NAME=logical_file_name, FILENAME='new_path/os_file_name')
```

- add_or_modify_filegroups：向数据库中添加文件组，其语法格式如下：

```
<add_or_modify_filegroups>::=
{
    |ADD FILEGROUP filegroup_name
    |REMOVE FILEGROUP filegroup_name
    |MODIFY FILEGROUP filegroup_name
}
```

其中，各选项含义如下：

- ADD FILEGROUP filegroup_name：向数据库中添加文件组。
- REMOVE FILEGROUP filegroup_name：从数据库中删除文件组。除非文件组为空，否则无法将其删除。首先从文件组中删除所有文件。
- MODIFY FILEGROUP filegroup_name {DEFAULT|NAME=new_filegroup_name}：将文件组设置为数据库的默认文件组或者更改文件组名称来修改文件组。

例 3-5　在 STUDENTS 数据库中添加文件组 Test1FG1，然后将两个 5MB 的文件添加到该文件组。

程序清单如下：

```
USE MASTER
GO
ALTER DATABASE STUDENTS
ADD FILEGROUP TEST1FG1
ALTER DATABASE STUDENTS
ADD FILE
(   NAME=TEST1DAT3,
    FILENAME ='E:\DATA\T1DAT3.ndf ',
    SIZE=5MB,
    MAXSIZE=100MB,
    FILEGROWTH=5MB),
(   NAME=TEST1DAT4,
    FILENAME='E:\DATA\T1DAT4.ndf',
    SIZE=5MB,
    MAXSIZE=100MB,
    FILEGROWTH=5MB)
TO FILEGROUP TEST1FG1
GO
```

例 3-6　向 STUDENTS 数据库中添加两个 5MB 的日志文件。

程序清单如下：

```
USE MASTER
GO
ALTER DATABASE STUDENTS
ADD LOG FILE
(
    NAME=TEST1LOG2,
    FILENAME='E:\DATA\TEST2LOG.ldf',
    SIZE=5MB,
    MAXSIZE=100MB,
    FILEGROWTH=5MB
),
(
    NAME=TEST1LOG3,
    FILENAME='E:\DATA\TEST3LOG.ldf',
    SIZE=5MB,
    MAXSIZE=100MB,
    FILEGROWTH=5MB
)
GO
```

3.3.3 数据库更名

除了系统数据库以外，其他的数据库在创建以后都是可以更改名称的。更改数据库的名称可以采用两种方法，一种方法是直接操作，即在 SSMS 中选中此数据库，右击，在弹出的快捷菜单中选择“重命名”命令。另一种方法是使用系统存储过程 sp_renamedb 更改数据库的名称。在重命名数据库之前，应该确保没有用户正在使用该数据库。系统存储过程 sp_renamedb 的语法格式如下：

```
sp_renamedb [@dbname=]'old_name',[@newname=]'new_name'
```

其中，各参数的说明如下：

- [@dbname =]'old_name'：指定当前数据库的名称。
- [@newname =]'new_name'：表示数据库的新名称。

例 3-7 将已存在的数据库 STUDENT2 重命名为 STUDENT_BACK。

实现的步骤如下：

（1）在 SSMS 中新建一个查询页面。

（2）输入以下程序段并执行此查询：

```
sp_renamedb 'STUDENT2','STUDENT_BACK'
```

程序的执行结果如下：

数据库名称'STUDENT_BACK' 已设置。

3.3.4 收缩数据库

1. 使用 SSMS 收缩数据库

当为数据库分配的磁盘空间过大时，可以在 SQL Server 2008 中缩小数据库，以节省存储空间。数据文件和事务日志文件都可以进行收缩。数据库也可设置为按给定的时间间隔自动收缩。该活动在后台进行，不影响数据库内的用户活动。

数据库的自动收缩可以在数据库属性中的“选项”选项页面中设置，只要将选项中的“自动收缩”设为“True”即可，如图 3-13 所示。

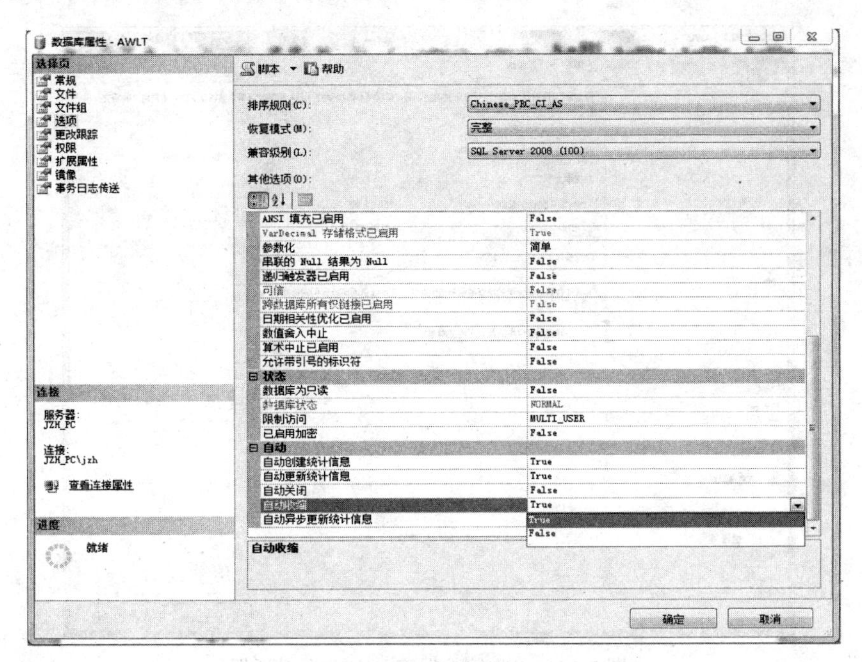

图 3-13　设置“自动收缩数据库”对话框

此外，可以在 SSMS 中手动缩小数据库及文件。

（1）使用 SSMS 收缩数据库。在 SSMS 中，右击相应的数据库，这里右击“AWLT”，从弹出的快捷菜单中依次选择“任务”→“收缩”→“数据库”，如图 3-14 所示。

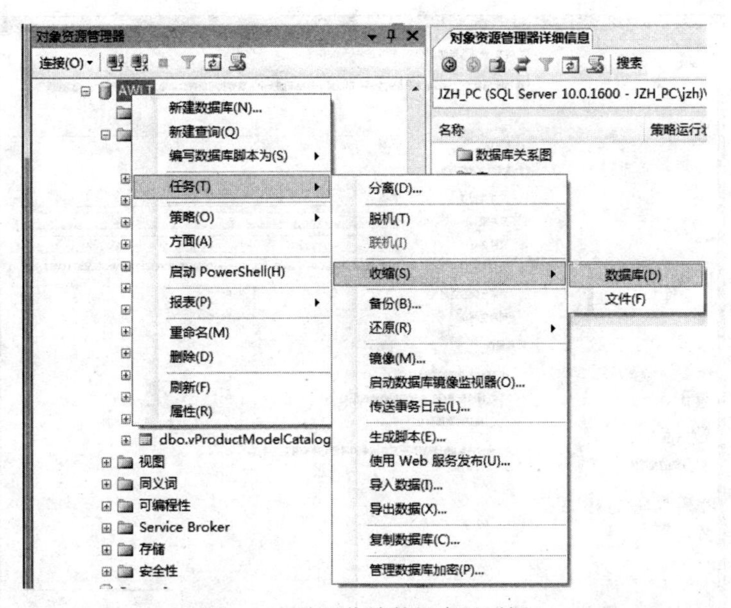

图 3-14　选择收缩数据库对话框

出现“收缩数据库 - AWLT”对话框，如图 3-15 所示。在“收缩数据库”对话框中，通过收缩所有数据库文件来释放未使用的部分空间。可以在此对话框中设置收缩后文件中的最大可用空间的百分数，即使用“收缩后文件中的最大可用空间”选项来指定收缩后数据库中剩余的可用空间量。

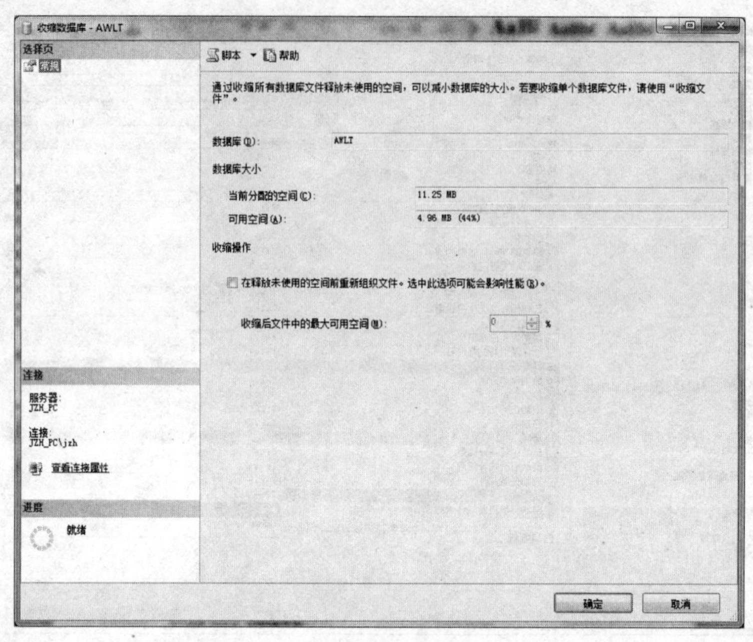

图 3-15 “收缩数据库-AWLT”对话框

（2）使用 SSMS 收缩文件。在 SSMS 中，右击相应的数据库，这里右击“AWLT”，从弹出的快捷菜单中依次选择“任务”→“收缩”→“文件”，会弹出“收缩文件-AWLT”对话框，如图 3-16 所示。

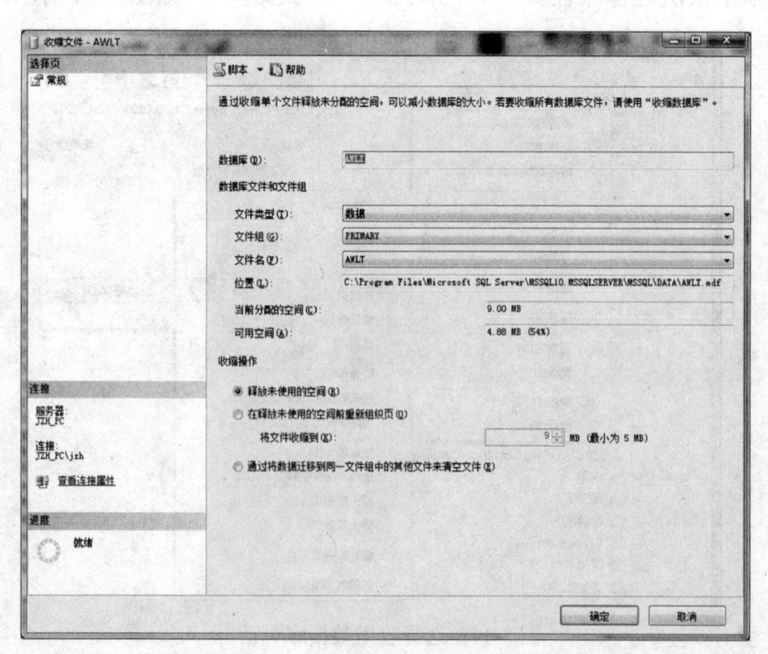

图 3-16 “收缩文件-AWLT”对话框

收缩文件可以更精确地控制收缩操作，通过收缩单个文件来释放未分配的磁盘空间。在该对话框中的文件类型下拉列表框中可以选择数据文件或日志文件，然后选择文件名，设置针对该文件执行收缩操作的方式。

2. 使用 T-SQL 语句设置自动收缩数据库

使用 ALTER DATABASE 语句可以将数据库设置为自动收缩。当数据库中有足够的可用空间时，就会自动发生收缩。其语法格式如下：

```
ALTER DATABASE database_name
SET AUTO_SHRINK on/off
```

其中：on 将数据库设为自动收缩；off 将数据库设为不自动收缩。

3. 使用 T-SQL 语句手动收缩数据库

手动收缩数据库的语法格式为：

```
DBCC SHRINKDATABASE
（database_name[,target_percent][,{NOTRUNCATE|TRUNCATEONLY}]）
```

其中，各参数的说明如下：

- database_name：要收缩的数据库名称。
- target_percent：数据库收缩后的数据库文件中所要剩余的可用空间百分比。
- NOTRUNCATE：释放的文件空间依然保持在数据库文件的范围内。如果未指定，则释放的文件空间将被操作系统回收利用。
- TRUNCATEONLY：将数据文件中任何未使用的空间释放给操作系统。使用 TRUNCATEONLY 时忽略 target_percent。

也可以使用 DBCC 命令来缩小某一个操作系统文件的长度，其语法格式为：

```
DBCC SHRINKFile
（FILE_name[,target_SIZE]|[,{EMPTYFILE|NOTRUNCATE|TRUNCATEONLY}]）
```

其中，各参数的说明如下：

- file_name：要收缩的操作系统名称。
- target_size：将文件缩小到指定的长度，以 MB 为单位。若缺省该项，文件将尽最大可能地缩小。
- EMPTYFILE：将指定文件上的数据全部迁移到本文件组的其他文件上，以后的操作将不会在该文件上增加数据。

注意：使用 DBCC SHRINKFile 语句，可以将单个数据库文件收缩到比其他初始创建大小还要小。必须分别收缩每个文件，而不要试图收缩整个数据库。

3.4　删除数据库

3.4.1　使用 SSMS 删除数据库

对于用户创建的数据库，当不再使用时，可以删除它以释放所占用的磁盘空间。在 SSMS 中，右击所要删除的数据库，从弹出的快捷菜单中选择“删除”选项或直接按下键盘上的 Delete 按钮，系统会弹出“删除对象”对话框。如图 3-17 所示，单击“确定”按钮则会删除该数据库。注意：删除后不可恢复。

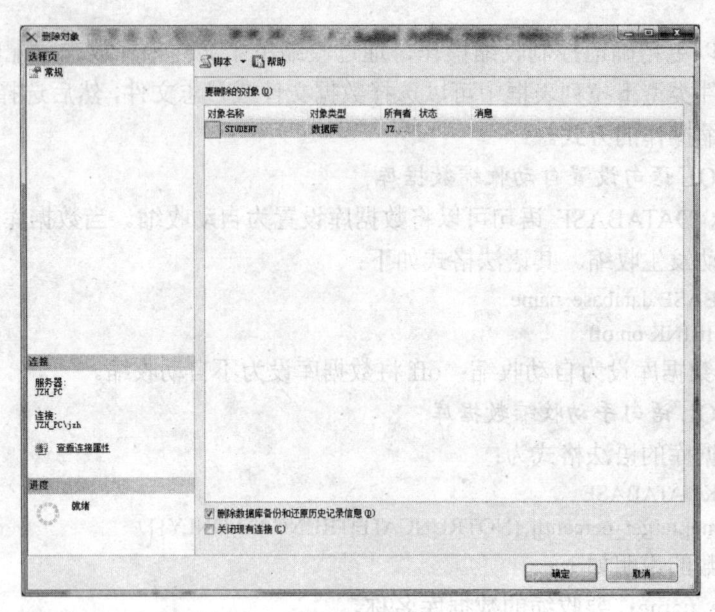

图 3-17 确认删除数据库对话框

3.4.2 使用 T-SQL 语句删除数据库

使用 T-SQL 中的 DROP 语句可以从 SQL Server 中一次删除一个或多个数据库。其语法格式如下：

```
DROP DATABASE database_name[,…n]
```

例 3-8 删除已创建的数据库 STUDENTS。

实现的步骤如下：

（1）在 SSMS 中新建一个查询页面。

（2）输入以下程序段并执行此查询：

```
DROP DATABASE STUDENTS
```

说明：当有别的用户正在使用此数据库时，则不能进行删除操作。

3.5 附加与分离数据库

3.5.1 使用 SSMS 进行数据库的附加与分离

在数据库管理中，根据需要将用户的数据库文件附加到数据库服务器中，由服务器管理，也可以将用户数据库从数据库服务器中分离出来，而数据库文件仍然保留在磁盘上。

1．使用 SSMS 附加数据库

使用 SSMS 附加数据库的步骤如下：

（1）在“对象资源管理器”窗口中，右击“数据库”节点，在弹出的快捷菜单中选择“附加”命令，如图 3-18 所示。

（2）进入“附加数据库”界面，单击“添加”命令按钮，打开“定位数据库文件”对话框，选择数据文件所在的路径，选择文件扩展名为“.mdf”的数据文件，单击“确定”按钮，返回“附加数据库”对话框，如图 3-19 所示。

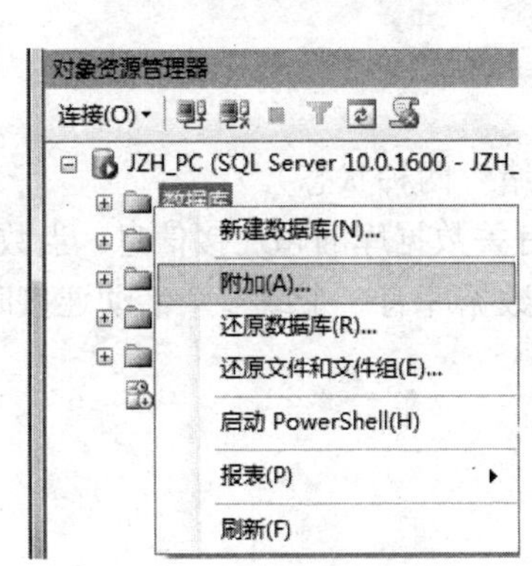

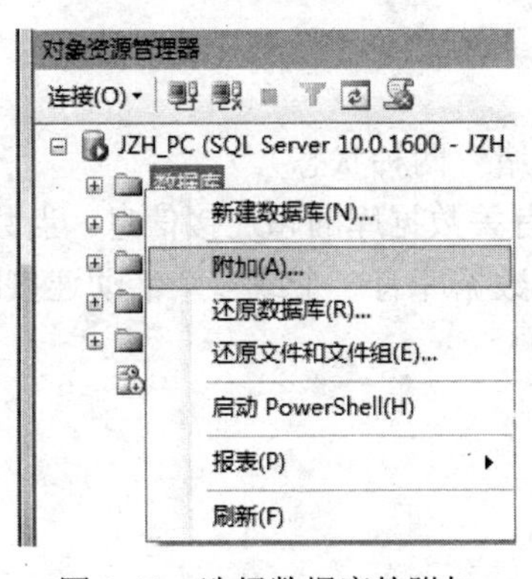

图 3-18　选择数据库的附加

图 3-19　“附加数据库”对话框

（3）单击“确定”按钮，完成数据库附加。

2. 使用 SSMS 分离数据库

使用 SSMS 分离数据库的步骤如下：

（1）在“对象资源管理器”窗口中，展开“数据库”节点，选择要分离的数据库，右击，在弹出的快捷菜单中选择“任务”→“分离”命令，如图 3-20 所示。

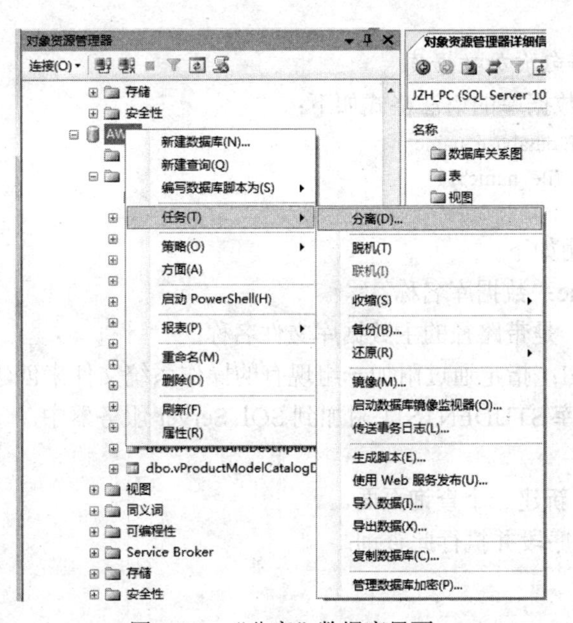

图 3-20　“分离”数据库界面

（2）在“分离数据库”对话框中，显示要分离数据库的几个选项，如图 3-21 所示。

- “删除连接”复选框：数据库正在使用时，需要选中该选项来断开与所有的活动的连接，然后才能分离数据库。
- “更信息统计信息”复选框：默认情况下，分离操作将在分离数据库时保留过期的优化统计信息。若要更新现有的优化统计信息，需要选择此项。

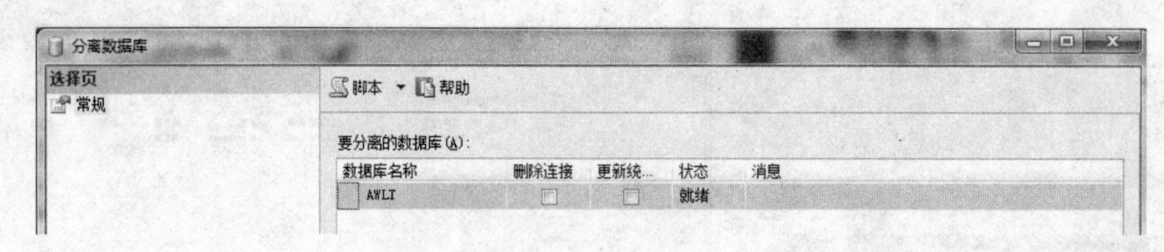

图 3-21 “分离”数据库界面

- “状态”：显示当前数据库状态（“就绪”或“非就绪”两种状态）。
- “消息”：若状态为“未就绪”，则“消息”列显示有关数据库的超连接信息。当数据库涉及复制时，“消息”列显示 Database replicated。数据库有一个或多个活动连接时，“消息”列将显示活动连接个数。

3.5.2 使用 T-SQL 语句分离和附加数据库

1. 使用系统存储过程分离数据库

用系统存储过程 sp_detach_db 分离数据库的语法格式如下：

```
sp_detach_db DATABASE_NAME
```

例 3-9 将数据库“STUDENTS2”从 SQL Server 服务器中分离。

程序清单如下：

```
USE MASTER
GO
sp_detach_db 'STUDENTS2'
GO
```

2. 使用 T-SQL 语句附加数据库

使用 T-SQL 附加数据库的语法格式如下：

```
CREATE DATABASE database_name
ON (FILENAME='os_file_name' )
FOR ATTACH
```

其中，各参数说明如下：

- database_name：数据库名称。
- FILENAME：是带路径的主数据库文件名称。
- FOR ATTACH：指定通过附加一组现有的操作系统文件来创建数据库。

例 3-10 将数据库 STUDENTS11 附加到 SQL Server 服务器中。

实现的步骤如下：

（1）在 SSMS 中新建一个查询页面。

（2）输入以下程序段并执行此查询：

```
USE MASTER
GO
CREATE DATABASE STUDENTS11
ON (FILENAME='E:\data\STUDENTS1.mdf')
FOR ATTACH
GO
```

3.6　应用举例

3.6.1　确定“数据库”

创建“图书管理系统”数据库“DB_Library”。为提高“图书管理系统”对图书的查询性能，采用多文件组的形式创建“DB_Library”数据库，数据文件分配在 D、E 盘，SQL Server 数据库在查询图书时，可采用多线程同时对数据文件进行读写，提高查询性能。

（1）创建的自定义文件组为：BookGroup1 和 BookGroup2。

（2）主文件组中的数据文件有：BookPri1_Data，BookPri2_Data，对应的操作系统文件分别为：D:\BookManageSystem\SQLData\BookPriData1.mdf，E:\BMSData\BookPriData2.ndf。

（3）文件组 BookGroup1 中的数据文件有：BookGrp1Fi1_Data，BookGrp1Fi2_Data，对应的操作系统文件分别为：D:\BookManageSystem\SQLData\BookGrp1Fi1.ndf，E:\BMSData\BookGr1Fi2.ndf。

（4）文件组 BookGroup2 中的数据文件有：BookGrp2Fi2_Data，BookGrp2Fi2_Data，对应的操作系统文件分别为：D:\BookManageSystem\SQLData\BookGrp2Fi1.ndf，E:\BMSData\BookGr2Fi2.ndf。

（5）事务日志分配在 D:\BookManageSystem\SQLData 中。

3.6.2　使用 T-SQL 语句创建“数据库”

（1）在 SSMS 下创建“DB_Library”数据库，如图 3-22 所示。

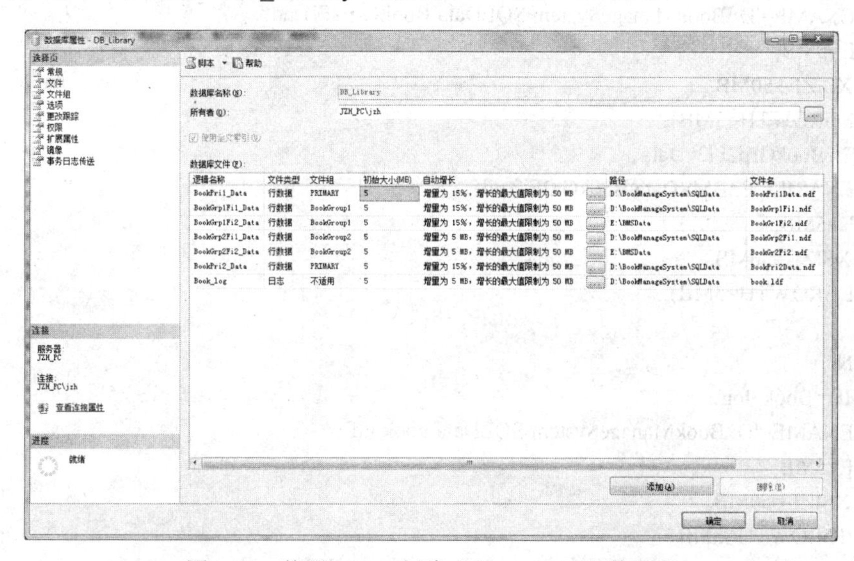

图 3-22　使用 SSMS 创建“DB_Library”数据库

（2）也可以在查询编辑器中通过 T-SQL 语句创建。在查询编辑器中输入创建图书管理数据库的 T-SQL 语句，程序清单如下：

```
USE master
GO
```

```
CREATE DATABASE DB_Library
ON PRIMARY
 ( NAME='BookPri1_Data',
   FILENAME='D:\BookManageSystem\SQLData\BookPri1Data.mdf',
   SIZE=5MB,
   MAXSIZE=50MB,
   FILEGROWTH=15%),
 ( NAME='BookPri2_Data',
   FILENAME='E:\BookManageSystem\SQLData\BookPri2Data.ndf',
   SIZE=5MB,
   MAXSIZE=50MB,
   FILEGROWTH=15%),
FILEGROUP BookGroup1
 ( NAME='BookGrp1Fi1_Data',
   FILENAME='D:\BookManageSystem\SQLData\BookGrp1Fi1.ndf',
   SIZE=5MB,
   MAXSIZE=50MB,
   FILEGROWTH=15%),
  ( NAME='BookGrp1Fi2_Data',
   FILENAME='E:\BMSData\BookGr1Fi2.ndf',
   SIZE=5MB,
   MAXSIZE=50MB,
   FILEGROWTH=15%),
FILEGROUP BookGroup2
 ( NAME='BookGrp2Fi1_Data',
   FILENAME='D:\BookManageSystem\SQLData\BookGrp2Fi1.ndf',
   SIZE=5MB,
   MAXSIZE=50MB,
   FILEGROWTH=5MB),
( NAME='BookGrp2Fi2_Data',
   FILENAME='E:\BMSData\BookGr2Fi2.ndf',
   SIZE=5MB,
   MAXSIZE=50MB,
   FILEGROWTH=5MB)

LOG ON
 ( NAME='Book_log',
   FILENAME='D:\BookManageSystem\SQLData\book.ldf',
   SIZE=5MB,
   MAXSIZE=50MB,
   FILEGROWTH=5MB
 )
GO
```

本章小结

数据库的存储结构分为逻辑存储结构和物理存储结构两种。

（1）数据库的逻辑存储结构是指数据库是由哪些逻辑对象组成的。SQL Server 2008 中的逻辑对象主要包括数据库、数据表、事务日志、视图、文件组、索引、存储过程、函数、触发器、约束，还有用户、角色、架构等，各种不同的数据库逻辑对象组合在一起，构成了数据库的逻辑存储结构。

（2）数据库的物理存储结构指的是保存数据库各种逻辑对象的物理文件是如何在磁盘上存储的，数据库在磁盘上是以文件为单位进行存储的，SQL Server 将数据库映射为一组操作系统文件。

SQL Server 2008 的数据库文件根据其作用可分为三种类型：主数据文件、辅助数据文件、事务日志文件。

（1）主数据文件用来存储数据库的数据和数据库的启动信息。

（2）除主数据文件以外的所有其他数据文件都是辅助数据文件。

（3）日志文件包含着用于恢复数据库的所有日志信息。每个数据库必须至少有一个日志文件，当然也可以有多个。

为了便于分配和管理，SQL Server 允许将多个文件归纳为一组，称为文件组。实现某些数据布局和管理任务。SQL Server 2008 中的数据库文件组分为主文件组和用户定义文件组。

（1）主文件组包含主要数据库文件和任何没有明确指派给其他文件组的其他文件。数据库的系统表都包含在主文件组中。

（2）用户定义文件组在 CREATE DATABASE 或 ALTER DATABASE 语句中，使用 FILEGROUP 关键字指定的文件组。

SQL Server 系统数据库有：master 数据库、model 数据库、msdb 数据库、tempdb 数据库、resource 数据库等。

（1）master 数据库是 SQL Server 的主数据库，记录了 SQL Server 的所有系统级信息。

（2）model 数据库是创建新数据库的模板。

（3）msdb 数据库由 SQL Server 代理用于计划警报和作业，以及记录操作员信息的数据库。

（4）tempdb 数据库用于保存临时或中间结果集的工作空间。

（5）resource 数据库是只读数据库，它包含了 SQL Server 2008 中的所有系统对象。

在 SQL Server 2008 中创建数据库常用两种方法：使用 SSMS 和 T-SQL 语句。

（1）使用 SSMS 创建数据库，在 SSMS 中通过界面操作完成数据库的创建。

（2）使用 T-SQL 中的 CREATE DATABASE 语句来创建数据库。其语法格式如下：

```
CREATE DATABASE database_name
[ON [PRIMARY] [<filespec>[, …n][, <filegroupspec>[, …n]]]
[LOG ON {<filespec>[, …n]}]
```

通过 SSMS 或 T-SQL 中的 ALTER DATABASE 语句修改数据库，包括数据文件、日志文件、属性等。ALTER DATABASE 语法格式如下：

```
ALTER DATABASE database_name
{
    <add_or_modify_files>
    |<add_or_modify_filegroups>
}[;]
```

更改数据库的名称有两种方法，一种方法是直接操作，即在 SSMS 中选中此数据库，右击，在弹出的快捷菜单中选择“重命名”命令。另一种方法是使用系统存储过程 sp_renamedb 更改数据库的名称。系统存储过程 sp_renamedb 的语法格式如下：

```
sp_renamedb [@dbname=]'old_name',[@newname=]'new_name'
```

数据库的自动收缩可以在数据库属性中的“选项”选项页面中设置，将选项中的“自动收缩”设为“True”。

使用 SSMS 收缩数据库，右击数据库，从弹出的快捷菜单中依次选择“任务”→“收缩”→“数据库”。

使用 SSMS 收缩文件，右击数据库，从弹出的快捷菜单中依次选择“任务”→“收缩”→“文件”。

使用 T-SQL 语言中的 ALTER DATABASE 语句可以将数据库设置为自动收缩。其语法格式如下：

```
ALTER DATABASE database_name
SET AUTO_SHRINK on/off
```

使用 T-SQL 语句手动收缩数据库，其语法格式为：

```
DBCC SHRINKDATABASE
（database_name[,target_percent][,{NOTRUNCATE|TRUNCATEONLY}]）
```

SSMS 中删除数据库，右击所要删除的数据库，从弹出的快捷菜单中选择“删除”选项或直接按下键盘上的 Delete 按钮，系统会弹出“删除对象”对话框。数据库删除后不可恢复。

使用 T-SQL 中的 DROP 语句可以从 SQL Server 中一次删除一个或多个数据库。其语法格式如下：

```
DROP DATABASE database_name[,…n]
```

使用 SSMS 附加数据库，在“对象资源管理器”窗口中，右击“数据库”节点，在弹出的快捷菜单中选择“附加”命令，进入“附加数据库”界面，单击“添加”命令按钮，打开“定位数据库文件”对话框，选择数据文件所在的路径，选择文件扩展名为“.mdf”的数据文件，单击“确定”按钮，返回“附加数据库”对话框。单击“确定”按钮，完成数据库附加。

使用 SSMS 分离数据库，在“对象资源管理器”窗口中，展开“数据库”节点，选择要分离的数据库，右击，在弹出的快捷菜单中选择“任务”→“分离”命令。

使用 T-SQL 中的系统存储过程 sp_detach_db 分离数据库，其语法格式如下：

```
sp_detach_db DATABASE_NAME
```

习题三

一、填空题

1．使用 CREATE DATABASE 语句创建一个数据库，包括定义________文件和________文件两个部分。

2．使用 CREATE DATABASE 语句创建一个数据库，定义其数据文件以关键字________开始，定义日志文件以关键字________开始。

3．SQL Server 2008 中的数据库文件组分为________和用户定义文件组。

4．利用 T-SQL 语言删除数据库的关键字是________。

5．SQL Server 2008 维护一组系统级数据库（称为“系统数据库”），分别是________数据库、model 数据库、msdb 数据库、resource 数据库和________数据库。

二、选择题

1．下列不属于 SQL Server 2008 的文件是（　）。

A．.mdf　　B．.ndf　　C．.ldf　　D．.mdb

2．下列（　）不是数据库对象。

A．数据模型　　B．视图　　C．表　　D．用户

3．下列数据文件是创建和正常使用一个数据库所必不可少的是（　）。

A．事务日志文件　　B．安装程序文件　　C．主数据文件　　D．辅助数据文件

4．下面描述错误的是（　）。

A．每个数据文件中有且只有一个主数据文件

B．事务日志文件可以存在于任意文件组中

C．主数据文件默认为 primary 文件组

D．数据库在磁盘上是以文件为单位存储的

5．每次启动 SQL Server 实例时都会重新创建（　）数据库。

A．master　　B．model　　C．msdb　　D．tempdb

6．用于保存 SQL Server 2008 系统中的登录账号、系统配置信息以及其他数据库信息的数据库是（　）。

A．master　　B．model　　C．msdb　　D．tempdb

三、简答题

1．简述数据库的两种存储结构。

2．数据库由哪几种类型的文件组成？其扩展名分别是什么？

3．简述 SQL Server 2008 中文件组的作用和分类。

四、应用题

1．使用 SSMS 创建名为 teacher 的数据库，并设置数据库主文件名为 teacher_data，大小为 10MB，日志文件名为 teacher_log，大小为 2MB。

2．删除上题创建的数据库，使用 T-SQL 再次创建该数据库，主文件和日志文件的文件名同上，要求：teacher_data 最大尺寸为无限大，增长速度为 20%，日志文件逻辑名称为 teacher_log，物理文件名为 teacher.ldf，初始大小为 2MB，最大尺寸为 5MB，增长速度为 1MB。

3．使用两种方法将上面建立的数据库更名为：htteacher。

4．简述如何在 SSMS 中修改数据库的属性。

第 4 章　数据表的创建和管理

在使用数据库的过程中，接触最多的就是数据库中的表。表是数据库中最重要的组成部分，它是存储各种信息的地方。管理好表也就管理好了数据库。本章主要介绍数据表的创建和管理方法。通过本章的学习，读者应该：

- 掌握 SQL Server 2008 中常用的数据类型
- 熟练掌握数据表的创建
- 熟练掌握约束的创建、删除和修改
- 熟练掌握字段的增加、删除和修改
- 掌握查看数据表定义、表中数据、数据库对象之间的依赖关系的方法
- 熟练掌握数据表的删除

4.1　数据类型

数据库系统是用来存储和处理数据的，而实际生活中的数据千差万别，数据类型多种多样。在 SQL Server 中，每个列、局部变量、表达式和参数都具有一个相关的数据类型。数据类型是一种属性，用于指定对象可保存的数据的类型，如整数数据、字符数据、货币数据、日期和时间数据、二进制字符串等。

数据库系统包含的数据对象都有一个相关联的数据类型，它定义了对象所能包含的数据种类。数据类型决定了数据的存储格式，代表各种不同的信息类型。为对象分配数据类型时同时确定对象四个属性：①对象包含的数据种类；②所存储值的长度或大小；③数值的精度（仅适用于数字数据类型）；④数值的小数位数（仅适用于数字数据类型）。

SQL Server 提供系统数据类型集，该类型集定义了可与 SQL Server 一起使用的所有数据类型。系统数据类型是 SQL Server 预先定义好的，可以直接使用。实际使用中，SQL Server 会自动限制每个系统数据类型的值的范围，当插入数据库中的值超过了数据类型允许的范围时，SQL Server 就会报错。SQL Server 2008 中的数据类型分为七大类，共 33 种。具体的分类情况见表 4-1。另外，用户根据需要可以自定义数据类型。

表 4-1　SQL Server 2008 中的数据类型

数据类型分类	数据类型名称
精确数字	bigint、bit、int、smallint、tinyint、decimal、numeric、money、smallmoney
近似数字	float、real
日期和时间	date、datetime、datetime2、time、smalldatetime、datetimeoffset
字符串	char、varchar、text

续表

数据类型分类	数据类型名称
Unicode 字符串	nchar、nvarchar、ntext
二进制字符串	binary、varbinary、image
其他数据类型	cursor、sql_variant、table、timestamp、uniqueidentifier、xml、hierarchyid

4.1.1　精确数字类型

精确数字类型分为整数类型、位类型、数值类型和货币类型等四类。

（1）整数类型。整数是指不包含小数或分数部分的数值，整数类型的具体分类见表 4-2。

表 4-2　整数类型

数据类型	范围	存储
bigint	-2^{63}(-9,223,372,036,854,775,808) 到 $2^{63}-1$ (9,223,372,036,854,775,807)	8 字节
integer 或者 int	-2^{31} (-2,147,483,648) 到 $2^{31}-1$ (2,147,483,647)	4 字节
smallint	-2^{15} (-32,768) 到 $2^{15}-1$ (32,767)	2 字节
tinyint	0 到 255	1 字节

整数类型的对象和表达式可用于任何数学运算。任何由这些运算生成的小数都将被舍去，而不是四舍五入。例如，SELECT 5/3 的返回值为 1，而不是对分数结果四舍五入后返回的 2。

整数类型可与 IDENTITY 属性一起使用，该属性是一个可以自动增加的数字。IDENTITY 属性通常用于自动生成唯一标识号或主键。

整数数据与字符、日期和时间数据不同，它不需要包含在单引号内。

（2）位类型。bit 数据类型：可以取值为 1、0 或 NULL 的整数类型。

说明 1：SQL Server 2008 数据库引擎优化了 bit 列的存储。如果表中的列为 8bit 或更少，则这些列作为 1 个字节存储；如果列为 9 到 16bit，则这些列作为 2 个字节存储，依此类推。

说明 2：字符串值 TRUE 和 FALSE 可以转换为以下 bit 值：TRUE 转换为 1，FALSE 转换为 0。

（3）数值类型。数值类型的特点是带固定精度和小数位数，分为 decimal 和 numeric，两者在功能上是完全等价的。格式是：decimal[(p[, s])]和 numeric[(p[, s])]，有效值从$-10^{38}+1$到$10^{38}-1$。

其中，p（精度）指的是最多可以存储的十进制数字的总位数，包括小数点左边和右边的位数。该精度必须是从 1 到 38 之间的值。默认精度为 18。s（小数位数）是小数点右边可以存储的十进制数字的最大位数。小数位数必须是从 0 到 p 之间的值，仅在指定精度后才可以指定小数位数。默认的小数位数为 0。

注意：数值类型的总位数不包括小数点。

例如：decimal（8，2），表示共有 8 位数，其中整数 6 位，小数 2 位。

说明：数值类型的存储与精度有关，精度为 1～9 位，用 5 个字节存储；精度为 10～19 位，用 9 个字节存储；精度为 20～28 位，用 13 个字节存储；精度为 29～38 位，用 17 个字节存储。

（4）货币类型。货币类型代表货币或货币值的数据类型。具体分类见表 4-3。

表 4-3 货币类型

数据类型	范围	存储
Money	-922,337,203,685,477.5808 到 922,337,203,685,477.5807	8 字节
smallmoney	-214,748.3648 到 214,748.3647	4 字节

说明：money 和 smallmoney 数据类型精确到它们所代表的货币单位的万分之一。

4.1.2 近似数字类型

近似数字类型用于表示浮点数据的大致数值的数据类型。浮点数据为近似值，因此，并非数据类型范围内的所有值都能精确地表示。近似数字类型包括 float 和 real 这两类。它们用于表示浮点数值数据。具体表示范围见表 4-4。

表 4-4 近似数字类型

数据类型	范围	存储
float	-1.79E+308 至-2.23E-308、0 以及 2.23E-308 至 1.79E+308	取决于 n 的值
real	-3.40E+38 至-1.18E-38、0 以及 1.18E-38 至 3.40E+38	4 字节

（1）float[(n)]。其中 n 为用于存储 float 数值尾数的位数，以科学记数法表示，因此可以确定精度和存储大小。如果指定了 n，则它必须是介于 1 和 53 之间的某个值。n 的默认值为 53。当 n 的取值在 1～24 之间时，最大可以有 7 位精确位数，使用 4 个字节存储；当 n 的取值在 25～53 之间时，最大可以有 15 位精确位数，使用 8 个字节存储。

（2）real[(n)]。每个 real 类型的数据占用 4 个字节的存储空间。最大可以有 7 位精确位数。

4.1.3 日期和时间类型

日期时间类型数据用于存储日期和时间类型的数据，SQL Server 2008 提供的日期和时间类型包括 time、date、datetime、datetime2、smalldatetime 和 datetimeoffset。具体表示格式、范围、精确度见表 4-5。

表 4-5 日期和时间类型

数据类型	格式	范围	精确度	存储（单位字节）
time	hh:mm:ss[.nnnnnnn]	00:00:00.0000000 到 23:59:59.9999999	100 ns	3 到 5
date	YYYY-MM-DD	0001-01-01 到 9999-12-31	1 天	3
smalldatetime	YYYY-MM-DD hh:mm:ss	1900-01-01 到 2079-06-06	1 分钟	4
datetime	YYYY-MM-DD hh:mm:ss[.nnn]	1753-01-01 到 9999-12-31	0.00333 s	8
datetime2	YYYY-MM-DD hh:mm:ss[.nnnnnnn]	0001-01-01 00:00:00.0000000 到 9999-12-31 23:59:59.9999999	100 ns	6 到 8

续表

数据类型	格式	范围	精确度	存储（单位字节）
datetimeoffset	YYYY-MM-DD hh:mm:ss[.nnnnnnn] [+|-]hh:mm	0001-01-01 00:00:00.0000000 到 9999-12-31 23:59:59.9999999（以 UTC 时间表示）	100 ns	8 到 10

在输入日期数据时，允许使用指定的数字格式表示日期数据，如 2011-07-21 表示 2011 年 7 月 21 日。建议使用 SQL Server 2008 新增的 date、time 和 datetime2 数据类型。

4.1.4　字符串类型

字符串类型包括：char、varchar 和 text 数据类型。

char 是固定长度字符数据类型，varchar 是可变长度的字符数据类型。

char[(n)]：固定长度，非 Unicode 字符数据，长度为 n 个字节。n 的取值范围为 1 至 8,000，存储大小是 n 个字节。

varchar[(n|max)]：可变长度，非 Unicode 字符数据。n 的取值范围为 1 至 8,000。max 指示最大存储大小是 2^{31}-1 个字节。存储大小是输入数据的实际长度加 2 个字节。所输入数据的长度可以为 0 个字符。

text：用于存储大容量文本数据。当要存储的字符型数据非常巨大，char 和 varchar 已经不能满足其存储要求（大于 8000 字符）时，可以考虑 text 数据类型。text 数据类型的容量可以在 1~2^{31}-1（2,147,483,647）个字节范围之内，但实际应用时要根据硬盘的存储空间而定。在定义 text 数据类型时，不需要指定数据长度，SQL Server 会根据数据的长度自动为其分配空间。

说明：

（1）如果未在数据定义或变量声明语句中指定 n，则默认长度为 1。如果在使用 CAST 和 CONVERT 函数时未指定 n，则默认长度为 30。

（2）在 SQL Server 的未来版本中将删除 ntext、text 和 image 数据类型。在新开发应用程序时最好使用 nvarchar(max)、varchar(max)和 varbinary(max)。

（3）如果列数据项的大小一致，则使用 char；如果列数据项的大小差异相当大，则使用 varchar；如果列数据项大小相差很大，而且大小可能超过 8,000 字节，使用 varchar(max)。

4.1.5　Unicode 字符串类型

包括 nchar、nvarchar 和 ntext 数据类型。

nchar[(n)]：n 个字符的固定长度的 Unicode 字符数据。n 值必须在 1 到 4,000 之间。存储大小为两倍 n 字节。

nvarchar[(n|max)]：可变长度 Unicode 字符数据。n 值在 1 到 4,000 之间。max 指示最大存储大小为 2^{31}-1 字节。存储大小是所输入字符个数的两倍加 2 个字节。所输入数据的长度可以为 0 个字符。

ntext：是长度可变的 Unicode 数据，最大长度为 2^{30}-1(1,073,741,823)个字符。存储大小是所输入字符个数的两倍（以字节为单位）。

4.1.6 二进制字符串类型

包括 binary、varbinary 和 image 数据类型。

binary[(n)]：长度为 n 字节的固定长度二进制数据，其中 n 是从 1 到 8,000 的值。存储大小为 n 字节。

varbinary[(n|max)]：可变长度二进制数据。n 可以取从 1 到 8,000 的值。max 指示最大的存储大小为 2^{31}-1 字节。存储大小为所输入数据的实际长度+2 个字节。所输入数据的长度可以是 0 字节。

image：长度可变的二进制数据，从 0 到 2^{31}-1(2,147,483,647)个字节。

说明：

（1）如果未在数据定义或变量声明语句中指定 n，则默认长度为 1。如果未使用 CAST 函数指定 n，则默认长度为 30。

（2）如果列数据项的大小一致，则使用 binary；如果列数据项的大小差异相当大，则使用 varbinary；当列数据条目超出 8,000 字节时，使用 varbinary(max)。

4.1.7 其他系统数据类型

包括 cursor、sql_variant、table、timestamp、uniqueidentifier、xml 数据类型。

（1）cursor 类型。cursor 数据类型可用于定义变量或存储过程的 OUTPUT 参数，这些参数包含对游标的引用。使用 cursor 数据类型创建的变量可以为空。

提示：对于 CREATE TABLE 语句中的列，不能使用 cursor 数据类型。

（2）sql_variant 类型。sql_variant 类型用于存储 SQL Server 2008 支持的各种数据类型（不包括 text、ntext、image、timestamp 和 sql_variant）的值。

sql_variant 可以用在列、参数、变量和用户定义函数的返回值中。sql_variant 使这些数据库对象能够支持其他数据类型的值。

类型为 sql_variant 的列可能包含不同数据类型的行。例如，定义为 sql_variant 的列可以存储 int、binary 和 char 值。

sql_variant 的最大长度可以是 8016 个字节。这包括基类型信息和基类型值。实际基类型值的最大长度是 8,000 个字节。

（3）table 类型。table 类型是一种特殊的数据类型，用于存储结果集以进行后续处理。table 主要用于临时存储一组作为表值函数的结果集返回的行。

可以将函数和变量声明为 table 类型。table 变量可用于函数、存储过程和批处理中。

说明：不支持在 table 变量之间进行赋值操作。

（4）timestamp 类型。timestamp 类型是公开数据库中自动生成的唯一二进制数字的数据类型。rowversion 通常用作给表行加版本戳的机制。存储大小为 8 个字节。rowversion 数据类型只是递增的数字，不保留日期或时间。若要记录日期或时间，使用 datetime2 数据类型。

每个数据库都有一个计数器，当对数据库中包含 rowversion 列的表执行插入或更新操作时，该计数器值就会增加。此计数器是数据库行版本。这可以跟踪数据库内的相对时间，而不是时钟相关联的实际时间。一个表只能有一个 rowversion 列。每次修改或插入包含 rowversion 列的行时，就会在 rowversion 列中插入经过增量的数据库行版本值。这一属性使 rowversion 列不适合作为键使用，尤其是不能作为主键使用。对行的任何更新都会更改行版本值，从而更改键值。如果该列属于主键，那么旧的键值将无效，进而引用该旧值的外键也将不再有效。如果该表在动态游标中引用，则所有更新均会更改游标中行的位置。如果该列属于索引键，则对数据行的所有更新还将导致索引更新。

timestamp 的数据类型为 rowversion 数据类型的同义词，并具有数据类型同义词的行为。在 DDL 语句中，尽量使用 rowversion 而不是 timestamp。

说明：一个表只能有一个 timestamp 列。

（5）uniqueidentifier 类型。uniqueidentifier 类型是一个 16 字节 GUID。

uniqueidentifier 类型的列或局部变量可通过以下方式初始化为一个值：使用 NEWID 函数或从 xxxxxxxx-xxxx-xxxx-xxxx-xxxxxxxxxxxx 形式的字符串常量转换，其中，每个 x 是一个在 0～9 或 a～f 范围内的十六进制数字。例如，6F9619FF-8B86-D011-B42D-00C04FC964FF 为有效 uniqueidentifier 值。

比较运算符可与 uniqueidentifier 值一起使用。不过，排序不是通过比较两个值的位模式来实现的。可针对 uniqueidentifier 值执行的运算只有比较运算（=、< >、<、>、<=、>=）以及检查是否为 NULL（IS NULL 和 IS NOT NULL）。不能使用其他算术运算符。除 IDENTITY 之外的所有列约束和属性均可对 uniqueidentifier 数据类型使用。

（6）xml 类型。使用 xml 类型，可以将 XML 文档和片段存储在 SQL Server 数据库中。XML 片段是缺少单个顶级元素的 XML 实例。用户可以创建 xml 类型的列和变量，并在其中存储 XML 实例。

说明：存储的 xml 数据类型表示实例大小不能超过 2GB。

（7）hierarchyid 类型。它是一种长度可变的系统数据类型。可使用 hierarchyid 表示层次结构中的位置。类型为 hierarchyid 的列不会自动表示树。由应用程序来生成和分配 hierarchyid 值，使行与行之间的所需关系反映在这些值中。

4.1.8　用户自定义数据类型

SQL Server 2008 支持用户自定义数据类型，用户自定义数据类型是基于 SQL Server 系统提供的数据类型。创建用户自定义数据类型时，必须提供类型名称、所依据的系统数据类型、是否允许为空值。用户可以使用 SSMS 或 T-SQL 语句来创建用户自定义数据类型，它的使用与系统数据类型相同。

1. 创建用户自定义数据类型

（1）使用 SSMS 创建用户自定义数据类型，操作步骤如下：

1）打开 SSMS，在“对象资源管理器”中，依次展开“数据库”→“用户数据库”（如 AWLT）→“可编程性”节点。

2）右击“类型”，从弹出的快捷菜单中选择“用户定义数据类型”→“新建用户定义数据类型”，如图 4-1 所示。

3）系统弹出“新建用户定义数据类型”对话框，如图 4-2 所示。在“名称”文本框中输入新建数据类型名称 AccountNumber。在“数据类型”下拉框中选择 nvarchar 系统数据类型。在“长度”数值框中输入 15。选择“允许 NULL 值”复选框。设置完成后，单击“确定”按钮，完成创建用户自定义数据类型 AccountNumber。

（2）使用 T-SQL 语句创建用户自定义数据类型。可以使用 T-SQL 的 CREATE TYPE 语句创建用户自定义数据类型，其语法格式如下：

```
CREATE TYPE type_name
{FROM system_type [NULL|NOT NULL]}
```

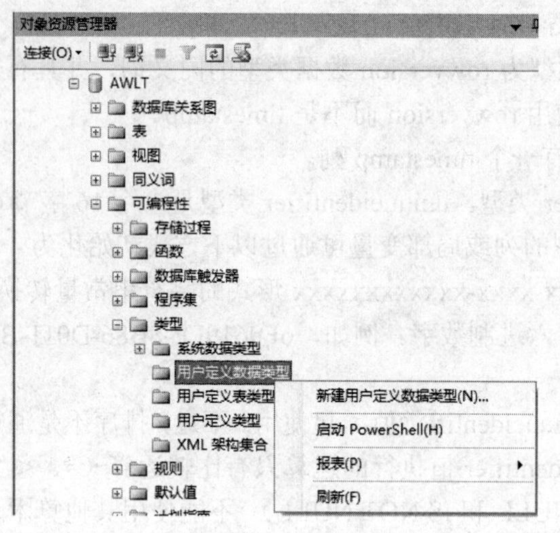

图 4-1 选择“新建用户定义数据类型”命令

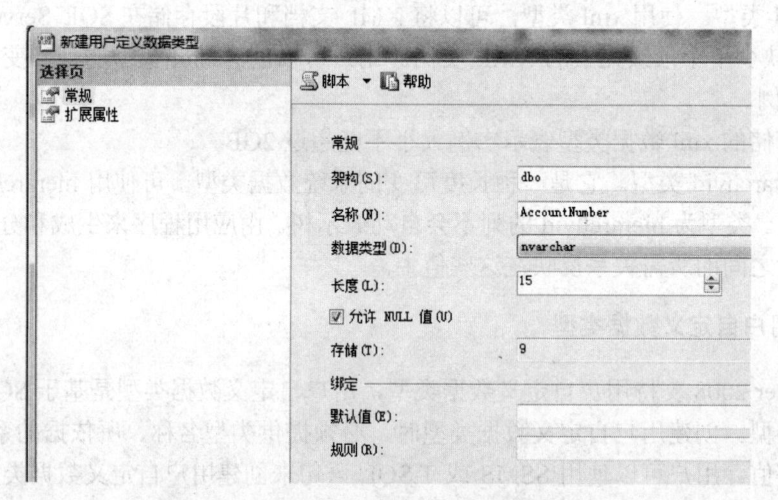

图 4-2 “新建用户定义数据类型”对话框

其中，各参数的说明如下：

- type_name：用户自定义数据类型名称。
- system_type：系统数据类型名称。
- NULL|NOT NULL：是否可以为空值，若缺省，默认为 NULL。

例 4-1 使用 T-SQL 为 AWLT 数据库创建一个用户自定义数据类型 AccountNumber，可变字符型，长度最大为 15，允许为空。

程序清单如下：

```
USE AWLT
GO
CREATE TYPE AccountNumber
FROM nvarchar(15) NULL
GO
```

2. 删除用户自定义数据类型

（1）使用 SSMS 删除用户自定义数据类型。选中要删除的用户自定义数据类型，右击，在弹出的对话框中选择“删除”命令，在“删除对象”窗口中，选择“确定”按钮，即可删除。

（2）使用 T-SQL 语句删除用户自定义数据类型。使用 T-SQL 中的 DROP TYPE 语句可以删除用户自定义数据类型。其语法格式如下：

```
DROP TYPE type_name
```

其中，type_name 为用户自定义的数据类型名称。

例 4-2　删除 AWLT 数据库中用户自定义数据类型 AccountNumber。

```
DROP TYPE AccountNumber
```

注意：只能删除已经定义但未被使用的用户自定义数据类型，而不能删除正在被引用的用户自定义数据类型。

4.2　创建表

数据库中使用最多的是表。表是包含数据库中所有数据的数据库对象，是数据库的主要对象，用来存储各种各样的信息。

数据库中的表同我们日常工作中使用的表格类似，也是由行和列组成的。列由同类的信息组成，每列又称为一个字段，每列的标题称为字段名；行包括了若干列信息项，一行数据称为一条记录，它表达了具有一定意义的信息组合。一个数据表由一条或多条记录组成，没有记录的表称为空表。每个表通常都有一个主关键字（又称为主键），用于唯一地确定一条记录。

在 SQL Server 2008 中，每个数据库最多可包含 20 亿个表，每个表可包含 1,024 个字段。每行最多包括 8,060 个字节。表中的行数及总大小仅受可用存储空间的限制。在同一个表中不允许有相同名称的字段。

在 SQL Server 2008 中可以使用 SSMS 和 T-SQL 语句两种方法创建表。

4.2.1　使用 SSMS 创建表

创建表一般都要经过定义表结构、设置约束和添加数据几个过程，其中设置约束可以在定义表结构时或定义完成后再建立。定义表结构时，要给出表的每一列的字段名称、数据类型、数据长度、是否为空等。设置约束时，给表中的列添加约束，限制列输入值的取值范围，以保证输入数据的正确性和一致性。在表结构创建完成之后，可以向表中添加数据，实现表的功能。例如，在 AWLT 数据库中创建 Customer 表，表结构定义如表 4-6 所示。

表 4-6　Customer 表结构

序号	字段名称	数据类型	字段长度	是否为空	说明
1	CustomerID	int		NOT NULL	主键
2	Title	nvarchar	8	NULL	
3	Name	nvarchar	50	NOT NULL	
4	CompanyName	nvarchar	128	NULL	
5	SalesPerson	nvarchar	256	NULL	

续表

序号	字段名称	数据类型	字段长度	是否为空	说明
6	EmailAddress	nvarchar	50	NULL	
7	Phone	nvarchar	25	NULL	
8	ModifiedDate	datetime		NOT NULL	

使用 SSMS 创建表的操作步骤如下：

（1）在 SSMS 的“对象资源管理器”中，展开指定的服务器和数据库，打开想要创建新表的数据库，右击“表”对象，并从弹出的快捷菜单中选择“新建表”选项，如图 4-3 所示。在窗口右部会出现新建表的对话框，如图 4-4 所示。

（2）在表结构设计窗口上部的网格中，每一行描述了表中一个字段，每一行有三列，分别描述了列名、数据类型及长度和允许空属性。在表结构设计窗口中，将表 4-6 的各列字段名称、数据类型（包括长度）和是否为空等各项依次输入到网格中，如图 4-4 所示。

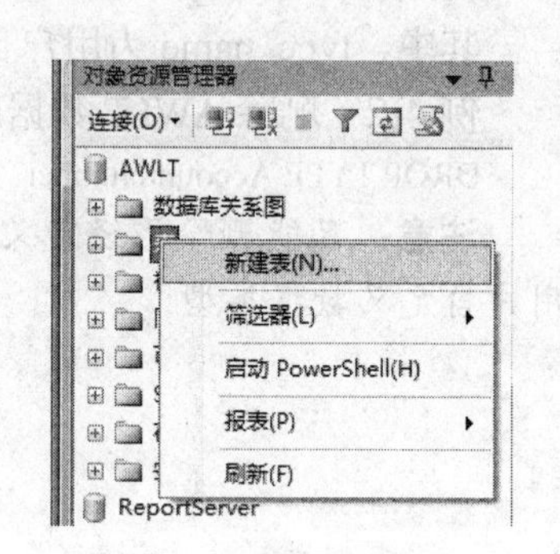

图 4-3　选择新建表菜单项

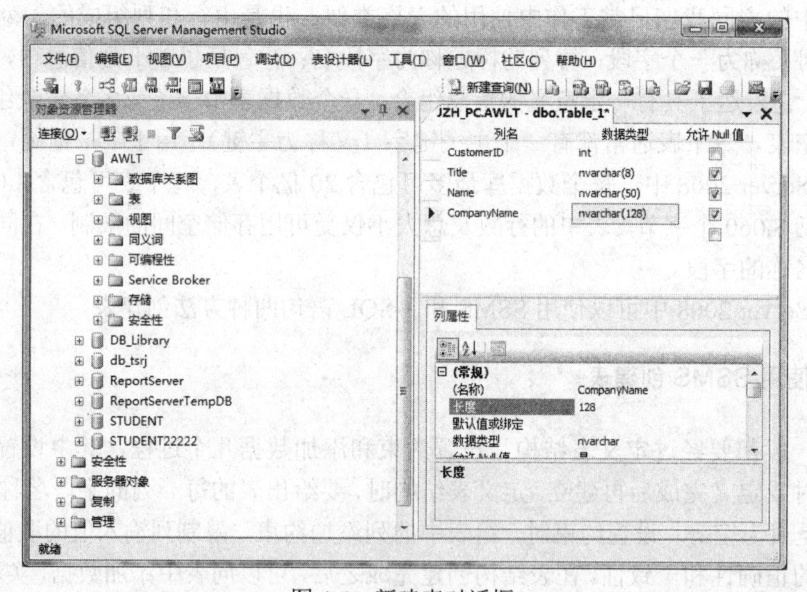

图 4-4　新建表对话框

在该对话框中，可以定义列的以下属性：

- 列名：表中列的名称。列名必须符合 SQL Server 标识符命名规则，即字段名可以是汉字、英文字母、数字、下划线以及其他符号，并且在同一个表内字段名是唯一的。
- 数据类型：指定列的数据类型。在“数据类型”列的下拉列表框中为字段选择一种数据类型，数据类型可以是系统提供的数据类型也可以是用户自定义数据类型，如果用户自定义了数据类型，此类型也会在下拉列表框中显示。对于默认长度的数据类型，可根据需要修改其长度。修改数据类型的长度，可以在数据类型关键字后的括号中直接修改，也可以修改表结构设计窗格下部“列属性”中“长度”属性值。

- 允许 NULL 值：指定列是否允许为空（NULL）。如果该字段不允许为 NULL 值，则清除复选标记；如果该字段允许为 NULL 值，则选择复选标记。如果不允许为空的字段，在插入或修改数据时必须输入数据，否则会出现错误。
- 列属性：在表结构设计器下部的列表中，有上部网格中选择字段的属性，包括：名称、长度（或精度、小数位数）、默认值或绑定、数据类型、允许空、标识规范等。主要属性说明如下：
  - ➢ 名称：用来标识字段。
  - ➢ 默认值：指定列的默认值。当输入数据时，如果用户没有指定列值，系统就会用设定的默认值作为列值。
  - ➢ 精度和小数位数：对于数值型的列，可以设置这两个属性。精度是列的总长度，包括整数部分和小数部分的长度之和，但不包括小数点；小数位数指定小数点后面的长度。
  - ➢ 标识规范：指定列是否是标识列。当向表中添加新行时，SQL Server 将为该标识列提供一个唯一的、递增的值。一个表只能创建一个标识列。必须同时指定种子和增量，或者两者都不指定。如果两者都未指定，则取默认值（1,1）。能够成为标识列的数据类型有 int、smallint、tinyint、numeric 和 decimal 等系统数据类型；如果其数据类型为 numeric 和 decimal，不允许出现小数位数。
  - ➢ 标识种子：指定标识列的初始值。
  - ➢ 标识递增量：指定标识列的增量值。
  - ➢ “计算所得的列规范”中的“公式”：用于指定计算列的列值表达式。所谓计算列是一个虚拟的列，它的值并不实际存储在表中，而是通过对同一表中的其他列进行某种计算而得到的结果。表达式可以是非计算列的列名、常量、函数、变量，也可以是用一个或多个运算符连接的、上述元素的任意组合。

这些属性中如默认值、标识列之类的可以不填。

（3）插入、删除列。在表结构设计器窗口的上部网格中右键单击该字段，在弹出的快捷菜单中选择“插入列”或“删除列”，如图 4-5 所示。

（4）保存表。填写完成后，单击如图 4-4 中工具栏上的保存按钮，则会出现输入新建表名称的对话框，如图 4-6 所示。输入新建表的名称后，单击“确定”按钮，就会将新数据表保存到数据库中。关闭表结构设计窗口完成表结构的定义。

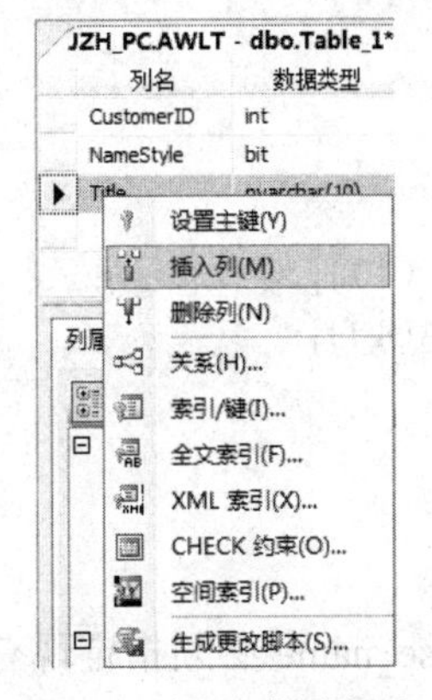

图 4-5　插入或删除列

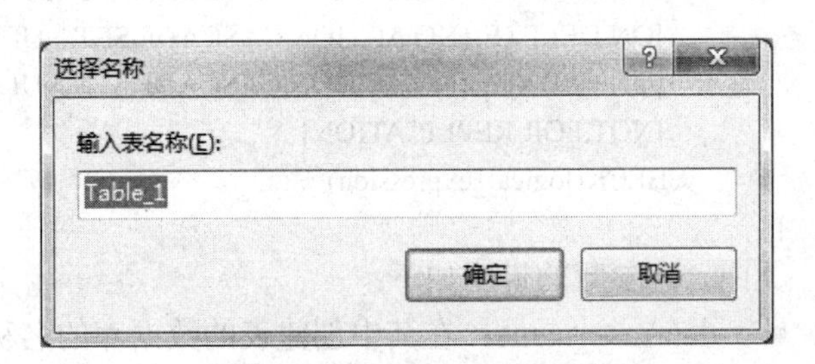

图 4-6　输入新建表名称对话框

说明：在 SQL Server 的早期版本中，数据库用户和架构在概念上是同一对象。从 SQL Server 2005 开始，用户和架构区分开来了。每个对象都属于一个数据库架构。数据库架构是一个独立于数据库用户的非重复命名空间，可以将架构视为对象的容器。在 SQL Server 2008 中，可以为每个用户分配默认架构。如果未定义 DEFAULT_SCHEMA，SQL Server 2008 将假定 dbo 架构为默认架构。

在同一数据库中表名必须是唯一的，但是如果为表指定了不同的架构，就可以创建多个相同名称的表，即在不同的架构下可以存在相同名称的表。在使用这些表时，需要在数据表的名称前面加上架构的名称。

4.2.2 使用 T-SQL 语句创建表

使用 T-SQL 中的 CREATE 语句创建表非常灵活，它允许对表设置几种不同的选项，包括表名、存放位置和列的属性等，其语法格式如下：

```
CREATE TABLE
    [database_name.[schema_name].|schema_name.]table_name
        ({<column_definition>|<computed_column_definition>}
        [<table_constraint>][,...n])

<column_definition>::=column_name <data_type>
    [NULL|NOT NULL|DEFAULT constant_expression
|IDENTITY[(seed,increment)]]
    [<column_constraint>[...n]]

<column_constraint>::=[CONSTRAINT constraint_name]
{{PRIMARY KEY|UNIQUE} [CLUSTERED|NONCLUSTERED]
        |[FOREIGN KEY]
        REFERENCES [schema_name.]referenced_table_name[(ref_column)]
        [ON DELETE {NO ACTION|CASCADE|SET NULL|SET DEFAULT}]
        [ON UPDATE {NO ACTION|CASCADE|SET NULL|SET DEFAULT}]
  |CHECK(logical_expression)
}

<table_constraint>::=[CONSTRAINT constraint_name]
{{PRIMARY KEY|UNIQUE} [CLUSTERED|NONCLUSTERED]
          (column [ASC|DESC][,...n])
      |FOREIGN KEY(column[,...n])
        REFERENCES referenced_table_name[(ref_column[,...n])]
        [ON DELETE {NO ACTION|CASCADE|SET NULL|SET DEFAULT}]
        [ON UPDATE {NO ACTION|CASCADE|SET NULL|SET DEFAULT}]
        [NOT FOR REPLICATION]
      |CHECK(logical_expression)
}
```

其中，各参数的说明如下：

- database_name：在其中创建表的数据库的名称。database_name 必须指定现有数据库的名称，如果未指定，则 database_name 默认为当前数据库。当前连接的登录名必须与 database_name 所指定数据库中的一个现有用户 ID 关联，并且该用户 ID 必须具有 CREATE TABLE 权限。

- schema_name：新表所属架构的名称。
- table_name：新表的名称。表名必须遵循标识符规则。除了本地临时表名（以单个数字符号（#）为前缀的名称）不能超过 116 个字符外，table_name 至多包含 128 个字符。
- column_name：表中列的名称。列名必须遵循标识符规则，并在表中唯一。column_name 可包含 1 至 128 个字符。对于使用 timestamp 数据类型创建的列，可以省略 column_name。如果未指定 column_name，则 timestamp 列的名称将默认为 timestamp。
- computed_column_expression：定义计算列的值的表达式。计算列并不是物理地存储在表中的虚拟列，除非此列标记为 PERSISTED。该列由同一表中的其他列通过表达式计算得到。表达式可以是非计算列的列名、常量、函数、变量，也可以是用一个或多个运算符连接的上述元素的任意组合，表达式不能是子查询。
- DEFAULT：如果在插入过程中没有显式地提供值，则指定为列提供的值。DEFAULT 定义可适用于除定义为 timestamp 或带 IDENTITY 属性的列以外的任何列。只有常量值（例如字符串）、标量函数（系统函数、用户定义函数或 CLR 函数）或 NULL 可用作默认值。
- constant_expression：是用作列的默认值的常量、NULL 或系统函数。
- IDENTITY：指示新列是标识列。在表中添加新行时，数据库引擎将为该列提供一个唯一的增量值。标识列通常与 PRIMARY KEY 约束一起用作表的唯一行标识符。可以将 IDENTITY 属性分配给 tinyint、smallint、int、bigint、decimal(p,0)或 numeric(p,0)列。每个表只能创建一个标识列。不能对标识列使用绑定默认值和 DEFAULT 约束。必须同时指定种子和增量，或者两者都不指定。如果二者都未指定，则取默认值(1,1)。
- seed：是装入表的第一行所使用的值。
- increment：是向装载的前一行的标识值中添加的增量值。
- CONSTRAINT：可选关键字，表示 PRIMARY KEY、NOT NULL、UNIQUE、FOREIGN KEY 或 CHECK 约束定义的开始。
- constraint_name：约束的名称。约束名称必须在表所属的架构中唯一。
- NULL|NOT NULL：确定列中是否允许使用空值。
- PRIMARY KEY：是通过唯一索引对给定的一列或多列强制实体完整性的约束。每个表只能创建一个 PRIMARY KEY 约束。
- UNIQUE：该约束通过唯一索引为一个或多个指定列提供实体完整性。一个表可以有多个 UNIQUE 约束。
- CLUSTERED|NONCLUSTERED：指示为 PRIMARY KEY 或 UNIQUE 约束创建聚集索引还是非聚集索引。PRIMARY KEY 约束默认为 CLUSTERED，UNIQUE 约束默认为 NONCLUSTERED。在 CREATE TABLE 语句中，可只为一个约束指定 CLUSTERED。如果在为 UNIQUE 约束指定 CLUSTERED 的同时又指定了 PRIMARY KEY 约束，则 PRIMARY KEY 将默认为 NONCLUSTERED。
- FOREIGN KEY REFERENCES：为列中的数据提供引用完整性的约束。FOREIGN KEY 约束要求列中的每个值在所引用的表中对应的被引用列中都存在。FOREIGN KEY 约束只能引用在所引用的表中是 PRIMARY KEY 或 UNIQUE 约束的列。

- [schema_name.]referenced_table_name]：是 FOREIGN KEY 约束引用的表的名称，以及该表所属架构的名称。
- (ref_column[,...n])：是 FOREIGN KEY 约束所引用的表中的一列或多列。
- ON DELETE{NO ACTION|CASCADE|SET NULL|SET DEFAULT}：指定如果已创建表中的行具有引用关系，并且被引用行已从父表中删除，则对这些行采取的操作。默认值为 NO ACTION。
  - NO ACTION：数据库引擎将引发错误，并回滚对父表中相应行的删除操作。
  - CASCADE：如果从父表中删除一行，则将从引用表中删除相应行。
  - SET NULL：如果父表中对应的行被删除，则组成外键的所有值都将设置为 NULL。若要执行此约束，外键列必须可为空值。
  - SET DEFAULT：如果父表中对应的行被删除，则组成外键的所有值都将设置为默认值。若要执行此约束，所有外键列都必须有默认定义。如果某个列可为空值，并且未设置显式的默认值，则将使用 NULL 作为该列的隐式默认值。
- ON UPDATE{NO ACTION|CASCADE|SET NULL|SET DEFAULT}：指定在发生更改的表中，如果行有引用关系且引用的行在父表中被更新，则对这些行采取什么操作。默认值为 NO ACTION。
- CHECK：该约束通过限制可输入一列或多列中的可能值来强制实现域完整性。
- logical_expression：返回 TRUE 或 FALSE 的逻辑表达式。
- column：用括号括起来的一列或多列，在表约束中表示这些列用在约束定义中。
- [ASC|DESC]：指定加入到表约束中的一列或多列的排序顺序。默认值为 ASC（升序）。

例 4-3 使用 T-SQL 语句创建 AWLT 数据库中的 Customer 表，表中各列的要求如表 4-6 所示。

实现的步骤如下：

（1）在 SSMS 中新建一个查询页面。

（2）输入以下程序段并执行此查询：

```
USE AWLT
GO

CREATE TABLE Customer(
    CustomerID int PRIMARY KEY,
    Title nvarchar(8) NULL,
    Name nvarchar(50) NOT NULL,
    CompanyName nvarchar(128) NULL,
    SalesPerson nvarchar(256) NULL,
    EmailAddress nvarchar(50) NULL,
    Phone nvarchar(25) NULL,
    ModifiedDate datetime NOT NULL,
)
GO
```

如果系统的输出结果为“命令已成功完成。”，则表明 Customer 数据表已经创建成功。

4.3　创建、修改和删除约束

通过约束可以定义 SQL Server 数据库引擎自动强制实施数据库完整性的方式。它通过限制字段的取值范围和数据表之间的数据依赖关系来保证数据的完整性。在 SQL Server 2008 中主要可以使用以下几种约束：非空约束、主键约束、唯一性约束、默认约束、检查约束和外键约束。

约束可以分为表级约束和列级约束两种：

列级约束：列级约束是行定义的一部分，只能够应用在一列上。

表级约束：表级约束的定义独立于列的定义，可以应用在一个表中的多列上。

4.3.1　非空约束

空值（或 NULL）不同于零（0）、空白或长度为零的字符串。出现 NULL 通常表示值未知或未定义。列的为空性决定表中的行是否允许该列包含空值。

如果插入一行，但没有为允许空值的列提供值，SQL Server 2008 数据库引擎将提供 NULL 值，除非存在默认值。使用关键字 NULL 定义的列也接受用户的 NULL 显式输入，不论它是何种数据类型或是否有默认值与之关联。NULL 值不应放在引号内，否则会被解释为字符串“NULL”而不是空值。

指定某一列不允许为空值有助于维护数据的完整性，因为这样可以确保行中的列永远包含数据。如果不允许为空值，用户向表中输入数据时必须在列中输入一个值，否则数据库将不接收该表行。

创建非空约束常用的操作方法有两种：使用 SSMS 和 T-SQL 语句。

1. 使用 SSMS 创建非空约束

在 SSMS 中，右击要操作的表，从弹出的快捷菜单中选择“设计”选项，在设计表结构窗口中，去除某个字段对应的“允许 Null 值”属性的复选框，则该列就不允许取空值了，如图 4-7 所示。

列名	数据类型	允许 Null 值
CustomerID	int	☐
Title	nvarchar(8)	☑
Name	nvarchar(50)	☐
CompanyName	nvarchar(128)	☑
SalesPerson	nvarchar(256)	☑
EmailAddress	nvarchar(50)	☑
Phone	nvarchar(25)	☑
ModifiedDate	datetime	☐

图 4-7　设置非空约束

2. 使用 T-SQL 语句创建非空约束

在使用 T-SQL 中的 CREATE TABLE 语句定义列时，可以使用 NOT NULL 关键字指定非空约束。如例 4-3 所示。

4.3.2　主键约束

主键唯一地确定表中的一条记录，不能取空值。主键约束可以保证实体的完整性，是最重要的一种约束。如果表中有一列被指定为主键，该列不允许指定为 NULL 值，且 image 和 text 类型的列不能被指定为主键。如果主键约束定义在不止一列上，则一列中的值可以重复，但所有列的组合值必须唯一。

创建、修改和删除主键约束常用的操作方法有两种：使用 SSMS 和 T-SQL 语句。

1. 使用 SSMS 创建、修改和删除主键约束

在 SSMS 中，右击要操作的数据表，从弹出的快捷菜单中选择“设计”选项，在表设计窗口中，首先选择要设定为主键的字段，如果有多个字段，按住 Ctrl 键的同时，用鼠标单击每个要选的字段，然后右击选中的某个字段。从弹出的快捷菜单中选择“设置主键”选项，如图 4-8 所示。或者通过单击工具栏上的按钮来设定主键，被设定为主键的字段左端都有标志。

在 SSMS 中也可删除已经设定的主键，还能够修改设定其他的字段为主键。右击主键所在的列，从弹出的快捷菜单中选择“删除主键”选项，即可删除已有的主键，如图 4-9 所示。

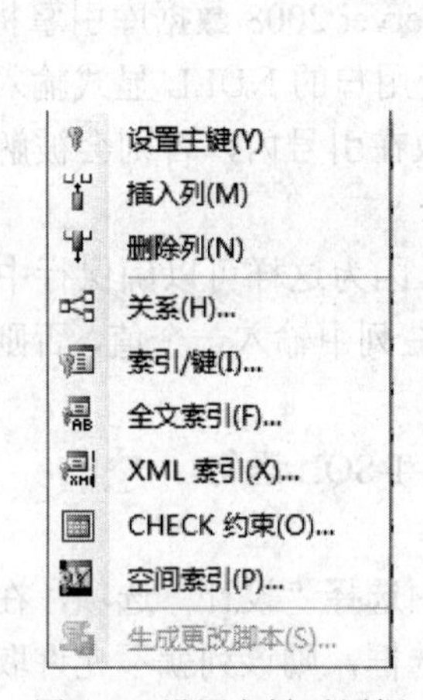

图 4-8 设置主键对话框

图 4-9 删除主键对话框

说明：当设置新的主键时，原有的主键会自动被删除。

2. 使用 T-SQL 语句设置主键约束

若表的主键由单一的字段构成，则在定义字段时后面加 PRIMARY KEY 定义列级主键约束；若表的主键由多个字段共同构成，则只能使用 T-SQL 语句中的 CONSTRAINT 定义表级主键约束。

其语法格式如下：

```
CONSTRAINT constraint_name
PRIMARY KEY [CLUSTERED|NONCLUSTERED]
 (column_name[,…n])
```

其中，各参数的说明如下：

- constraint_name：用于指定约束的名称，约束的名称在数据库中应该是唯一的。如果不指定，则系统会自动生成一个约束名。
- CLUSTERED|NONCLUSTERED：用于指定索引的类型，即聚簇索引或者非聚簇索引，CLUSTERED 为默认值。

- column_name：用于指定主键所包含的列名。

例 4-4　在数据库 AWLT 中创建一个 CustomerAddress 表，并定义 CustomerID，AddressID 组合为主键。

程序清单如下：

```
USE AWLT
GO
CREATE TABLE CustomerAddress(
CustomerID int,
AddressID int,
AddressType nvarchar(50),
ModifiedDate datetime,
CONSTRAINT pk_snumber PRIMARY KEY(CustomerID,AddressID)
)
```

4.3.3　唯一性约束

唯一性约束用于指定一个或多个列的组合值具有唯一性，以防止在列中输入重复的值。如前所述，每个表中只能有一个主键，因此当表中已经有一个主键值时，如果还要保证其他的字段值唯一时，就可以使用唯一性约束。当使用唯一性约束时，需要考虑以下几个因素：

- 使用唯一性约束的字段允许为空值；
- 一个表中可以允许有多个唯一性约束；
- 可以把唯一性约束定义在多个字段上；
- 唯一性约束用于强制在指定字段上创建一个唯一性索引；
- 默认情况下，创建的索引类型为非聚集索引。

创建唯一性约束常用的操作方法有两种：使用 SSMS 和 T-SQL 语句。

1. 通过 SSMS 创建唯一性约束

其步骤如下：

（1）在 SSMS 中，展开指定的服务器和要操作的数据库，右击某个表，从弹出的快捷菜单中选择“设计”选项。

（2）在表的设计窗口中右击某个字段，从弹出的快捷菜单中选择“索引/键”选项，如图 4-10 所示。

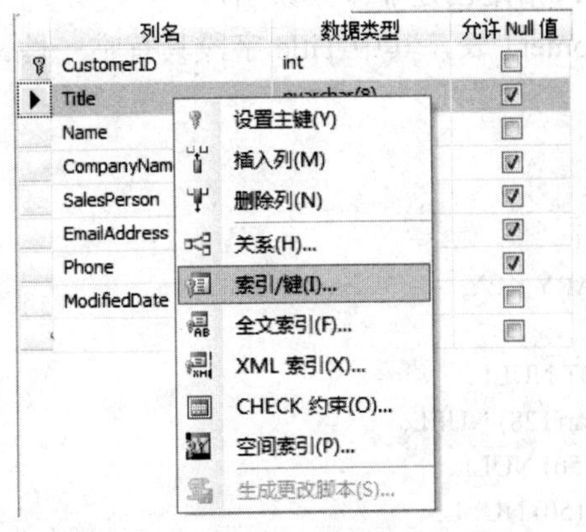

图 4-10　创建唯一性约束选择对话框

（3）系统会打开“索引/键”对话框，然后单击“添加”按钮，系统会允许增加一个新的索引，这里要对 Customer 表中的 Title 列创建唯一约束，因此，在窗口右部修改列名为“Title”，排序顺序为“升序”，并将“是唯一的”属性改为“是”，将约束名称修改为“PK_Customer_Title”，如图 4-11 所示。

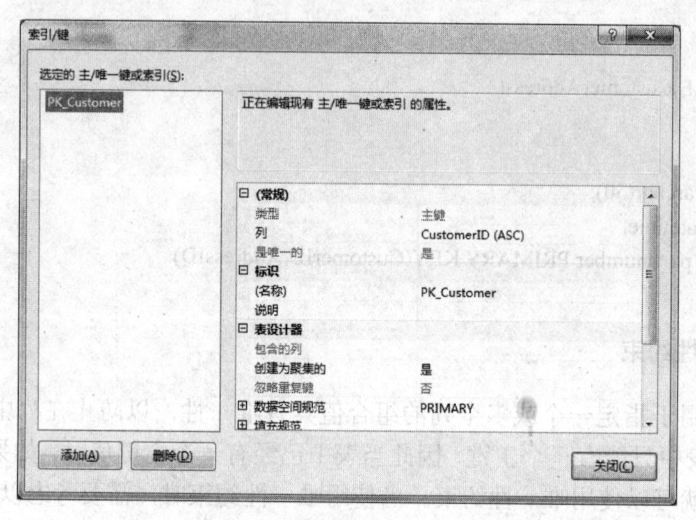

图 4-11　创建唯一性约束对话框

（4）创建完成后单击“关闭”按钮，并在表结构设计窗口中单击“保存”按钮，即可使上述修改生效。

2．使用 T-SQL 语句创建唯一性约束

其语法格式如下：

```
CONSTRAINT constraint_name
UNIQUE [CLUSTERED|NONCLUSTERED]
    (column_name[,…n])
```

其中，各参数的说明如下：

- constraint_name：唯一性约束的名称。
- UNIQUE：指定通过唯一索引为给定的一列或多列提供实体完整性的约束。
- CLUSTERED：指定创建聚集索引。
- NONCLUSTERED：指定创建非聚集索引。

例 4-5　创建一个 Customer1 表，其中 Title 字段具有唯一性。

程序清单如下：

```
USE AWLT
GO
CREATE TABLE Customer1(
    CustomerID int PRIMARY KEY,
    Title nvarchar(8) NULL,
    Name nvarchar(50) NOT NULL,
    CompanyName nvarchar(128) NULL,
    SalesPerson nvarchar(256) NULL,
    EmailAddress nvarchar(50) NULL,
    Phone nvarchar(25) NULL,
```

```
    ModifiedDate datetime NOT NULL,
CONSTRAINT uk_Title unique(Title)
)
GO
```

4.3.4　检查约束

检查约束对输入列或者整个表中的值设置检查条件，以限制输入值，保证数据库数据的完整性。当使用检查约束时，应该考虑和注意以下几点：

- 一个列级检查约束只能与限制的字段有关；一个表级检查约束只能与限制的表中字段有关；
- 一个表中可以定义多个检查约束；
- 每个 CREATE TABLE 语句中每个字段只能定义一个检查约束；
- 在多个字段上定义检查约束，则必须将检查约束定义为表级约束；
- 当执行 INSERT 语句或者 UPDATE 语句时，检查约束将验证数据；
- 检查约束中不能包含子查询。

创建检查约束常用的操作方法有两种：使用 SSMS 和 T-SQL 语句。

1. 使用 SSMS 创建检查约束

与创建唯一性约束类似，在进入表设计对话框后，右击要设置检查约束的字段，从弹出的快捷菜单中选择“CHECK 约束”，会打开“CHECK 约束”对话框。单击“添加”按钮后，显示的界面如图 4-12 所示。

假如这里要对 Customer 表中的 EmailAddress 字段添加检查约束，要求输入包含“@”，则在窗口中的“表达式”属性后输入以下表达式：([EmailAddress] like '%@%')。输入完检查约束后，在“约束名”文本框中输入该约束的名称，这里输入“CK_Customer_Email”，输入结果如图 4-13 所示。然后单击“关闭”按钮。最后，在退出表设计对话框时保存所做的修改。

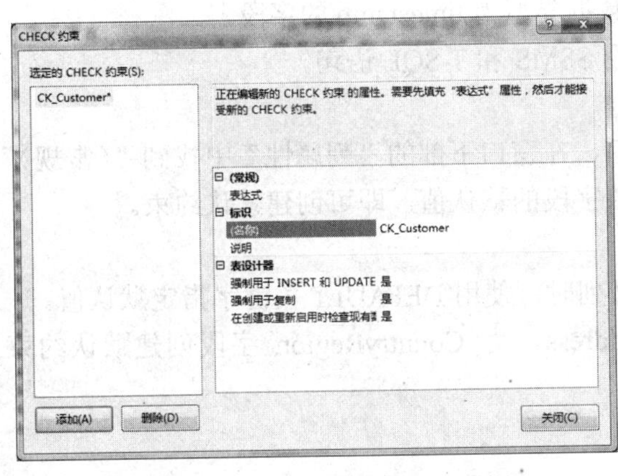

图 4-12　“CHECK 约束”对话框

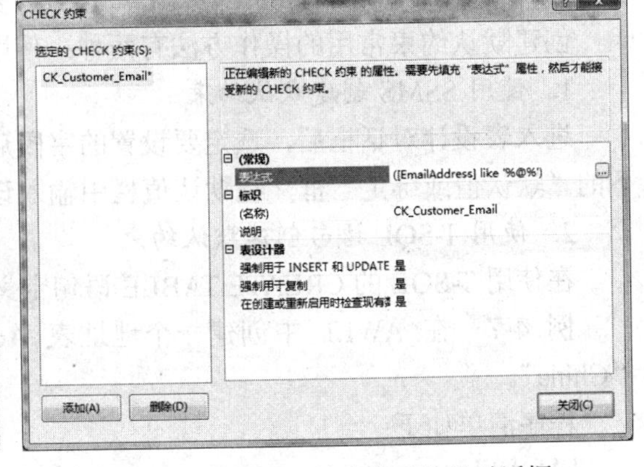

图 4-13　CHECK 约束设置结果对话框

2. 使用 T-SQL 语句创建检查约束

其语法形式如下：

```
CONSTRAINT    constraint_name
    CHECK    [NOT FOR REPLICATION]
    (logical_expression)
```

其中，参数 NOT FOR REPLICATION 用于指定在把从其他表中复制的数据插入到表中时检查约束对其不发生作用。logical_expression 用于指定逻辑条件表达式，返回值为 TRUE 或者 FALSE。

例 4-6 创建一个 Customer2 表，其中 EmailAddress 字段必须包含“@”。

程序清单如下：

```
USE AWLT
GO

CREATE TABLE Customer2(
    CustomerID int PRIMARY KEY,
    Title nvarchar(8) NULL,
    Name nvarchar(50) NOT NULL,
    CompanyName nvarchar(128) NULL,
    SalesPerson nvarchar(256) NULL,
    EmailAddress nvarchar(50) NULL,
    Phone nvarchar(25) NULL,
    ModifiedDate datetime NOT NULL,
    CONSTRAINT    chk_Email CHECK (EmailAddress like '%@%')
)
GO
```

4.3.5 默认约束

默认约束指定在插入操作中如果没有提供输入值时，则系统自动指定值。默认约束可以包括常量、函数、不带变元的内建函数或者空值。使用默认约束时，应该注意以下几点：

- 每个字段只能定义一个默认约束；
- 如果定义的默认值长于其对应字段的允许长度，那么输入到表中的默认值将被截断；
- 不能加入到带有 IDENTITY 属性或者数据类型为 timestamp 的字段上。

创建默认约束常用的操作方法有两种：使用 SSMS 和 T-SQL 语句。

1. 使用 SSMS 创建默认约束

进入表设计对话框后，选定要设置的字段后，在窗口下部的“列属性”中找到“（常规）”下的“默认值或绑定”框，在默认值栏中输入该字段的默认值，即可创建默认约束。

2. 使用 T-SQL 语句创建默认约束

在使用 T-SQL 的 CREATE TABLE 语句定义列时，使用 DEFAULT 关键字指定默认值。

例 4-7 在 AWLT 中创建一个地址表 Address，为 CountryRegion 字段创建默认约束“China”。

程序清单如下：

```
USE AWLT
GO
CREATE TABLE Address(
    AddressID int PRIMARY KEY,
    AddressLine1 nvarchar(60),
    AddressLine2 nvarchar(60),
    City nvarchar(30),
```

```
    StateProvince nvarchar(50),
    CountryRegion nvarchar(50) DEFAULT 'China',
    PostalCode    nvarchar(15),
    ModifiedDate datetime NOT NULL
)
```

4.3.6 外键约束

当一个数据表（表 A）中的某些字段的取值参照另外一个数据表（表 B）的主键所在列对应的数据值时，表 A 中的这些字段就叫做表 A 的外键。外键约束主要用来维护两个表之间数据的一致性，实现数据表之间的参照完整性。

创建外键约束常用的操作方法有两种：使用 SSMS 和 T-SQL 语句。

1. 在 SSMS 中创建外键约束

（1）进入表设计对话框，右击某个字段，从弹出的快捷菜单中选择“关系”，会打开“外键关系”对话框。单击“添加”按钮后，显示的界面如图 4-14 所示。

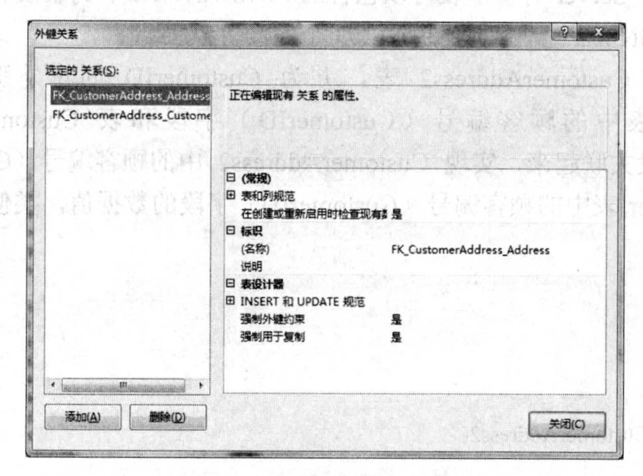

图 4-14 “外键关系”对话框

（2）单击“(常规)”下的“表和列规范”旁边的▭按钮，会弹出“表和列”对话框，如图 4-15 所示。

图 4-15 设置外键约束对话框

在这里可以给外键约束起一个名字，并选择外键所要参照的主键表以及使用的字段等相关信息。设置好主、外键关系以后，单击“确定”按钮即可创建外键约束。最后在表结构窗口中保存所做的设置。

2. 使用 T-SQL 语句设置外键约束

其语法格式如下：

```
CONSTRAINT    constraint_name
FOREIGN    KEY (column_name[,…n])
REFERENCES ref_table[(ref_column[,…n])]
```

其中，各参数的说明如下：

- REFERENCES：用于指定要建立关联的表的信息。
- ref_table：用于指定要建立关联的表的名称。
- ref_column：用于指定要建立关联的表中相关列的名称。

说明：外键从句中的字段数目和每个字段指定的数据类型都必须和 REFERENCES 从句中的字段相匹配。SQL Server 对一个表可以包含的 FOREIGN KEY 约束没有预定义限制，建议表中包含的 FOREIGN KEY 约束不要超过 253 个。

例 4-8 创建 CustomerAddress2 表，并为 CustomerID 创建外键约束，该约束把 CustomerAddress2 表中的顾客编号（CustomerID）字段和表 Customer 中的顾客编号（CustomerID）字段关联起来，实现 CustomerAddress2 中的顾客编号（CustomerID）字段的取值要参照 Customer 表中的顾客编号（CustomerID）字段的数据值，类似地为 AddressID 字段创建了外键约束。

程序清单如下：

```
USE AWLT
GO

CREATE TABLE CustomerAddress2(
CustomerID int,
AddressID int,
AddressType nvarchar(50),
ModifiedDate datetime,
CONSTRAINT pk_CA PRIMARY KEY(CustomerID,AddressID),
CONSTRAINT con_CustomerID
    FOREIGN KEY(CustomerID) REFERENCES Customer(CustomerID),
CONSTRAINT con_AddressID
    FOREIGN KEY(AddressID) REFERENCES    Address(AddressID)
)
GO
```

4.4 表结构的修改

当数据表的结构创建完成后，用户还可以根据实际需要随时更改表结构。用户可以增加、修改、删除字段，更改数据表名称以及对约束的修改等。在 SQL Server 中可以使用 SSMS 和 T-SQL 语句两种方法来增加、修改和删除字段。

4.4.1 使用 SSMS 增加、删除和修改字段

在 SSMS 中，打开指定的服务器中要修改表的数据库，右击要修改的表，从弹出的快捷菜单中选择“设计”选项，则会出现显示已有的表结构的窗口。在该对话框中，可以通过鼠标操作完成增加、删除和修改字段的操作。

4.4.2 使用 T-SQL 语句增加、删除和修改字段

可以使用 T-SQL 中的 ALTER TABLE 语句修改数据表结构。其语法格式如下：

```
ALTER TABLE [database_name.[schema_name].|schema_name.]table_name
{ ALTER COLUMN column_name
    {[type_schema_name.]type_name[({precision[,scale]|max})]
          [NULL|NOT NULL]
    }|[WITH {CHECK|NOCHECK}] ADD
    {<column_definition>
      |<computed_column_definition>
      |<table_constraint>
    }[,...n]
    |DROP
    {[CONSTRAINT]constraint_name
        |COLUMN column_name
    }[,...n]
}
```

其中，各参数的说明如下：

- database_name：要在其中修改表的数据库的名称。
- schema_name：表所属架构的名称。
- table_name：要修改的表的名称。如果表不在当前数据库中，或者不包含在当前用户所拥有的架构中，则必须显式指定数据库和架构。
- ALTER COLUMN：指定要修改命名列。
- column_name：要修改、添加或删除的列的名称。column_name 最多可以包含 128 个字符。对于新列，如果创建列时使用的数据类型为 timestamp，则可以省略 column_name。对于数据类型为 timestamp 的列，如果未指定 column_name，则使用名称 timestamp。
- [type_schema_name.] type_name：修改后的列的新数据类型或添加的列的数据类型。
- precision：指定的数据类型的精度。
- scale：是指定数据类型的小数位数。
- max：仅应用于 varchar、nvarchar 和 varbinary 数据类型，以便存储 2^{31}-1 个字节的字符、二进制数据以及 Unicode 数据。
- NULL | NOT NULL：指定列是否可接受空值。如果列不允许空值，则只有在指定了默认值或表为空的情况下，才能用 ALTER TABLE 语句添加该列。
- WITH CHECK | WITH NOCHECK ：指定表中的数据是否用新添加的或重新启用的 FOREIGN KEY 或 CHECK 约束进行验证。如果未指定，对于新约束假定为 WITH CHECK，对于重新启用的约束假定为 WITH NOCHECK。

- ADD：指定添加一个或多个列定义、计算列定义或者表约束。
- DROP {[CONSTRAINT] constraint_name | COLUMN column_name}：指定从表中删除 constraint_name 或 column_name，可以列出多个列或约束。

使用 ALTER TABLE 语句可以很容易地改变表的结构。

例 4-9 修改数据库 AWLT 中 Customer2 表，修改 Title 字段的长度为 10，在表中增加一个 Sex 字段，删除表中的 ModifiedDate 字段，并且删除对 EmailAddress 的约束 chk_Email。

程序清单如下：

```
USE AWLT
GO
ALTER TABLE Customer2 Add Sex char(10)
ALTER TABLE Customer2 ALTER COLUMN Title nvarchar(10)
ALTER TABLE Customer2 DROP COLUMN    ModifiedDate
ALTER TABLE Customer2 DROP CONSTRAINT chk_Email
GO
```

4.5 查看数据表

数据表保存在数据库中，可以随时查看数据表的有关信息。比如数据表属性、数据表结构、表中的记录以及数据表与其他数据库对象之间的依赖关系等。

4.5.1 查看数据表属性

在 SSMS 中，打开指定的服务器和数据库，右击要查看的数据表，这里右击“AWLT”数据表，然后从弹出的快捷菜单中选择“属性”选项，就会出现表属性对话框，如图 4-16 所示。

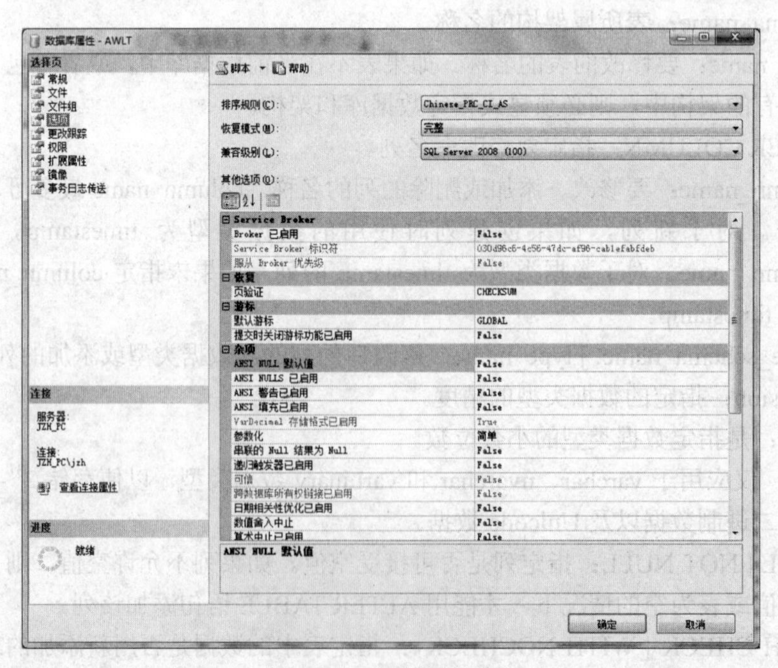

图 4-16 表属性对话框

在该对话框中，有“常规”、“文件”、“文件组”、“选项”、“更改追踪”、“权限”、“扩展属性”、“镜像”、“事务日志传送”九个选择页。在“常规”选择页中会看到此数据表的基本信息。在“文件”选项中，看到数据库存储的数据文件及其日志文件。在“文件组”选项页中，看到数据库文件组设置。在“选项”选择页中，可以查看和设置排序规则、恢复模式、兼容级别和其他选项。在“权限”选择页中，可以为用户和角色设置访问此数据表的权限（权限的设置方法请参见第 11 章）。在“扩展属性”选择页中，可以由用户自定义一些扩展属性。

4.5.2　查看数据表中的数据

在 SSMS 中，打开指定的数据库并展开“表”对象，右击要查看数据的数据表，这里右击 Customer 表，并从弹出的快捷菜单中选择“选择前 1000 行”选项，会出现显示表 Customer 中数据的对话框，如图 4-17 所示。

结果　消息

	CustomerID	Title	Name	CompanyName	SalesPerson	EmailAddress	Phone	ModifiedDate
1	1	Mr.	Orlando Gee	A Bike Store	adventure-works\pamela0	orlando0@adventure-works.com	245-555-0173	2001-08-01 00:00:00.000
2	2	Mr.	Keith Harris	Progressive Sports	adventure-works\david8	keith0@adventure-works.com	170-555-0127	2002-08-01 00:00:00.000
3	3	Ms.	Donna Carreras	Advanced Bike Components	adventure-works\jillian0	donna0@adventure-works.com	279-555-0130	2001-09-01 00:00:00.000
4	4	Ms.	Janet Gates	Modular Cycle Systems	adventure-works\jillian0	janet1@adventure-works.com	710-555-0173	2002-07-01 00:00:00.000
5	5	Mr.	Lucy Harrington	Metropolitan Sports Supply	adventure-works\shu0	lucy0@adventure-works.com	828-555-0186	2002-09-01 00:00:00.000
6	6	Ms.	Rosmarie Carroll	Aerobic Exercise Company	adventure-works\linda3	rosmarie0@adventure-works.com	244-555-0112	2003-09-01 00:00:00.000
7	7	Mr.	Dominic Gash	Associated Bikes	adventure-works\shu0	dominic0@adventure-works.com	192-555-0173	2002-07-01 00:00:00.000
8	10	Ms.	Kathleen Garza	Rural Cycle Emporium	adventure-works\josé1	kathleen0@adventure-works.com	150-555-0127	2002-09-01 00:00:00.000
9	11	Ms.	Katherine Harding	Sharp Bikes	adventure-works\josé1	katherine0@adventure-works.com	926-555-0159	2001-08-01 00:00:00.000
10	12	Mr.	Johnny Caprio	Bikes and Motorbikes	adventure-works\garrett1	johnny0@adventure-works.com	112-555-0191	2002-08-01 00:00:00.000
11	16	Mr.	Christopher Beck	Bulk Discount Store	adventure-works\jae0	christopher1@adventure-works.com	1 (11) 500 555-0132	2002-09-01 00:00:00.000

查询已成功执行。　JZH_PC (10.0 RTM) | JZH_PC\jzh (52) | master | 00:00:01 | 846 行

图 4-17　显示表 Customer 数据界面

4.5.3　查看数据表与其他数据库对象的依赖关系

在 SSMS 中，右击要查看的数据表，这里右击“Customer”，从弹出的快捷菜单中选择“查看依赖关系”选项，则会出现“对象依赖关系”窗口，如图 4-18 所示。在该窗口中，可以通过选择不同的选项来查看依赖于此数据表的对象，也可以查看此数据表依赖的对象。从图 4-18 中可以看出 CustomerAddress 表、SaleOrderHeader 表和 SaleOrderDetaili 表依赖 Customer 表。

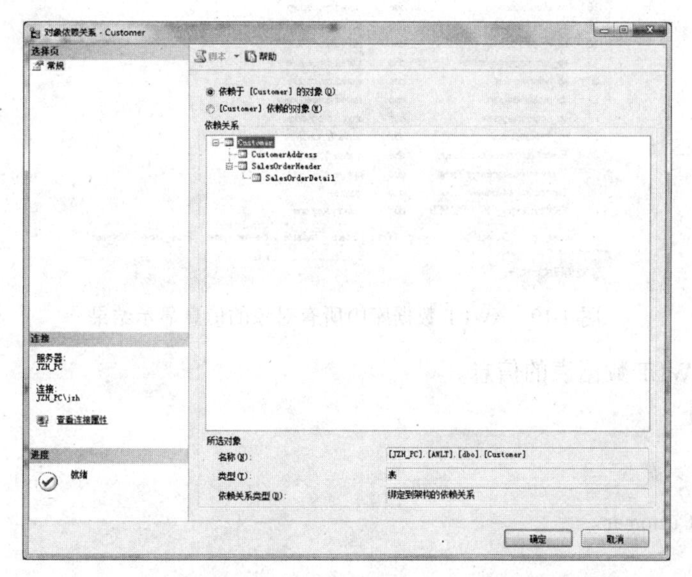

图 4-18　“对象依赖关系”窗口

4.5.4 使用系统存储过程查看表的信息

系统存储过程 sp_help 可以提供指定数据库对象的信息，也可以提供系统或者用户定义的数据类型的信息，其语法格式如下：

```
sp_help [[@objname=]name]
```

sp_help 系统存储过程只用于当前的数据库，其中[objname=]name 子句用于指定对象的名称。如果不指定对象名称，就会列出当前数据库中的所有对象名称、对象的所有者和对象的类型。

例 4-10 （1）显示 AWLT 数据库中所有对象的信息。

程序清单如下：

```
USE AWLT
GO
EXEC sp_help
GO
```

程序的执行结果如图 4-19 所示。

SQLQuery1.sql - JZ...(JZH_PC\jzh (52))*

```
use AWLT
GO
EXEC sp_help
Go
```

结果 消息

	Name	Owner	Object_type
1	Address	dbo	user table
2	Customer	dbo	user table
3	CustomerAddress	dbo	user table
4	Product	dbo	user table
5	ProductCategory	dbo	user table
6	ProductDescription	dbo	user table
7	ProductModel	dbo	user table
8	ProductModelProductDescription	dbo	user table
9	SalesOrderDetail	dbo	user table
10	SalesOrderHeader	dbo	user table
11	sysdiagrams	dbo	user table
12	vGetAllCategories	dbo	user table
13	vProductAndDescription	dbo	user table
14	vProductModelCatalogDescripti...	dbo	user table
15	UK_principal_name	dbo	unique key cns
16	sp_alterdiagram	dbo	stored procedure
17	sp_creatediagram	dbo	stored procedure
18	sp_dropdiagram	dbo	stored procedure
19	sp_helpdiagramdefinition	dbo	stored procedure
20	sp_helpdiagrams	dbo	stored procedure
21	sp_renamediagram	dbo	stored procedure
22	sp_upgraddiagrams	dbo	stored procedure
23	fn_diagramobjects	dbo	scalar function
24	EventNotificationErrorsQueue	dbo	queue
25	QueryNotificationErrorsQueue	dbo	queue
26	ServiceBrokerQueue	dbo	queue
27	PK__sysdiagr__C2B05B610CB...	dbo	primary key cns

User_type	Storage_type	Length	Prec	Scale	Nullable	Default_name	Rule_name	Collation

查询已成功执行。

图 4-19 AWLT 数据库中所有对象的信息显示结果

（2）显示 AWLT 数据表的信息。

程序清单如下：

```
USE AWLT
GO
EXEC sp_help Customer
GO
```

程序的执行结果如图 4-20 所示。

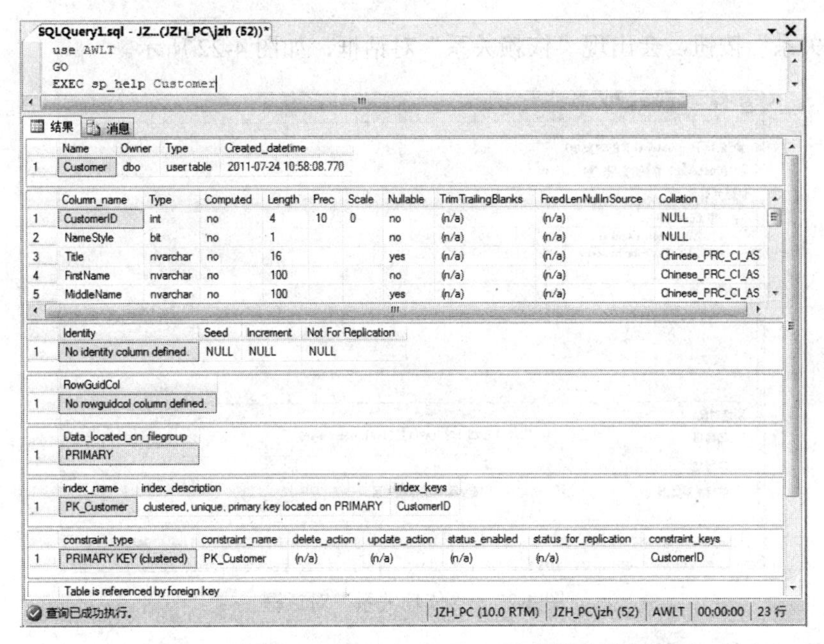

图 4-20　使用 sp_help 显示 Customer 表的信息结果界面

4.6　删除数据表

4.6.1　使用 SSMS 删除数据表

在 SSMS 中，展开指定的数据库，并展开其中的“表”对象，右击要删除的数据表，从弹出的快捷菜单中选择“删除”选项，会出现“删除对象”窗口，如图 4-21 所示。

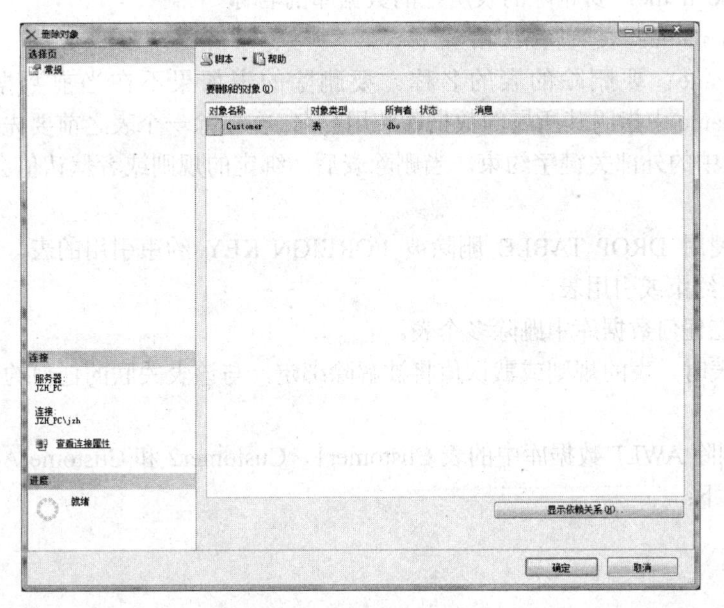

图 4-21　“删除对象”窗口

删除某个数据表之前，应该首先查看它与其他数据库对象之间是否存在依赖关系。单击

“显示依赖关系”按钮，会出现“依赖关系”对话框，如图 4-22 所示。

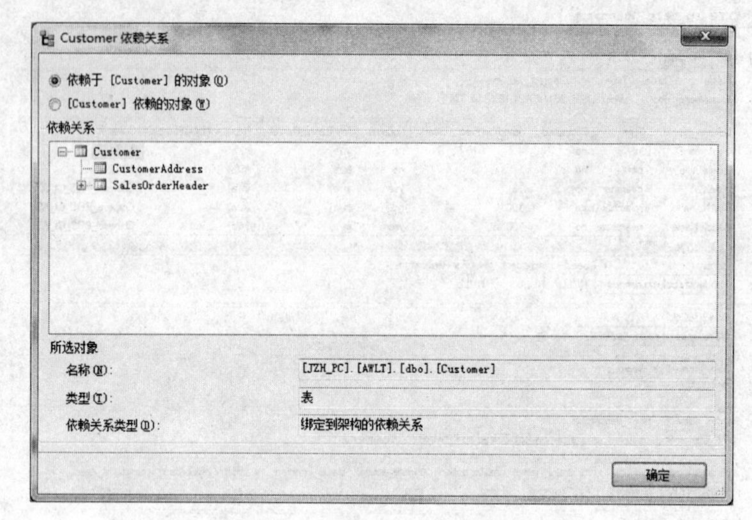

图 4-22 “依赖关系”对话框

在出现的“依赖关系”对话框中可以查看该数据表所依赖的对象和依赖于该数据表的对象，当有对象依赖于该数据表时，该表就不能删除。如果没有依赖于该表的其他数据库对象，则在“删除对象”窗口中单击“确定”按钮，即可删除此数据表。

4.6.2 使用 T-SQL 语句删除数据表

可以使用 T-SQL 中的 DROP TABLE 语句删除一个或多个数据表。其语法格式如下：

```
DROP TABLE [database_name.[schema_name].|schema_name.]table_name[,...n]
```

其中，各参数的说明如下：

- database_name：要删除的表所在的数据库的名称。
- schema_name：表所属架构的名称。
- table_name：要删除的表的名称。要删除的表如果不在当前数据库中，则应在 table_name 中指明其所属的数据库和用户名。在删除一个表之前要先删除与此表相关联的表中的外部关键字约束。当删除表后，绑定的规则或者默认值会自动松绑。

说明：

（1）不能使用 DROP TABLE 删除被 FOREIGN KEY 约束引用的表。必须先删除引用 FOREIGN KEY 约束或引用表。

（2）可以在任何数据库中删除多个表。

（3）删除表时，表的规则或默认值将被解除绑定，与该表关联的任何约束或触发器将被自动删除。

例 4-11 删除 AWLT 数据库中的表 Customer1、Customer2 和 CustomerAddress2。

程序清单如下：

```
USE AWLT
GO

DROP TABLE Customer1,Customer2,CustomerAddress2
GO
```

数据类型描述并约束了数据的种类、所存储数据的长度或大小、数值精度和小数位数。SQL Server 2008 中常用的数据类型：精确数字类型、近似数字类型、日期时间类型、字符串类型、Unicoide 字符串类型、二进制字符串类型和其他数据类型。

精确数字类型分为整数类型、位类型、数值类型和货币类型等四类。

近似数字类型包括 float 和 real 这两类。

日期时间类型包括 time、date、datetime、datetime2、smalldatetime 和 datetimeoffset。

字符串类型包括：char、varchar 和 text 数据类型。

Unicode 字符串类型包括 nchar、nvarchar 和 ntext 数据类型。

二进制字符串类型包括 binary、varbinary 和 image 数据类型。

其他系统数据类型包括 cursor、sql_variant、table、timestamp、uniqueidentifier、xml 数据类型。

用户可以使用 SSMS 或 T-SQL 语句来创建用户自定义数据类型，它的使用与系统数据类型相同。

表是数据库中存储数据的场所。表由行和列组成，每列代表一个属性，每行代表一个记录。创建表一般都要经过定义表结构、设置约束和添加数据几个过程，其中设置约束可以在定义表结构时或定义完成后再建立。定义表结构时，要给出表的每一列的字段名称、数据类型、数据长度、是否为空等。设置约束时，给表中的列添加约束，限制列输入值的取值范围，以保证输入数据的正确性和一致性。在 SQL Server 2008 中可以使用 SSMS 和 T-SQL 语句两种方法创建表。

在 SSMS 中，展开指定的服务器和数据库，打开想要创建新表的数据库，右击“表”对象，并从弹出的快捷菜单中选择“新建表”选项，在表结构设计窗口中输入相关内容。

使用 T-SQL 中的 CREATE 语句创建表，其语法格式如下：

```
CREATE TABLE
    [database_name.[schema_name].|schema_name.]table_name
        ({<column_definition>|<computed_column_definition>}
        [<table_constraint>][,...n])
```

未对列进行赋值，则该列为空值 NULL。空值不同于空字符串或数值零，通常表示值未知。

约束是数据库中保持完整性的机制，它是通过限制列中数据、行中数据和表之间数据来保证数据的完整性和一致性。SQL Server 2008 支持 NOT NULL、DFFAULT、CHECK、PRIMAERY KEY、FOREIGN KEY、UNIQUE 约束。创建、删除和修改约束常用两种方法：使用 SSMS 和 T-SQL 语句。

在 SQL Server 中使用 SSMS 和 T-SQL 语句两种方法来增加、修改和删除字段。

使用 T-SQL 中的 ALTER TABLE 语句修改数据表结构。其语法格式如下：

```
ALTER TABLE [database_name.[schema_name].|schema_name.]table_name
{ ALTER COLUMN column_name
    {[type_schema_name.]type_name[({precision[,scale]|max})]
            [NULL|NOT NULL]
    }|[WITH {CHECK|NOCHECK}] ADD
```

```
{<column_definition>
  |<computed_column_definition>
  |<table_constraint>
}[,...n]
|DROP
{[CONSTRAINT]constraint_name
    |COLUMN column_name
}[,...n]
}
```

使用 SSMS 和系统存储过程查看数据库、数据表属性、数据表结构、表中的记录以及数据表与其他数据库对象之间的依赖关系等。

使用系统存储过程 sp_help 可以提供指定数据库对象的信息，其语法格式如下：

```
sp_help [[@objname=]name]
```

使用 SSMS 和 T-SQL 语句删除数据表。

在 SSMS 中，右击要删除的数据表，从弹出的快捷菜单中选择“删除”选项，会出现“删除对象”窗口。

使用 T-SQL 中的 DROP TABLE 语句删除一个或多个数据表。其语法格式如下：

```
DROP TABLE [database_name.[schema_name].|schema_name.]table_name[,...n]
```

一、填空题

1．数据库中的表由________和________组成。

2．约束是通过限制字段的取值范围和数据表之间的数据依赖关系来保证数据的________。

3．如果主键约束定义在不止一列上，则一列中的值可以重复，但所有列的组合值________。

4. 若表中的约束由单一的字段构成，则可以定义为表级的和列级的约束；若表中的约束由多个字段构成，则只能定义为________。

5．在一个表中可以定义________个主键约束，________个唯一性约束。

6．外键约束主要用来维护两个表之间数据的一致性，实现数据表之间的________完整性。

7．不能使用 DROP TABLE 删除被________约束引用的表。

二、选择题

1．创建一个数据表时，可以指定的约束类型中不包含（　）。

A．主键约束　　　　B．唯一性约束

C．共享性　　　　D．外键约束

2．如何在已经创建好的表上添加一个外键（　）。

A．ALTER TABLE 表名 ADD FOREIGN KEY（键名） REFERENCES 关联表（关联键名）

B．ALTER TABLE 表名 ADD PRIMARY KEY（键名） REFERENCES 关联表（关联键名）

C．ALTER 表名 ADD FOREIGN KEY （键名） REFERENCES 关联键名

D．ALTER 表名 ADD PRIMARY KEY （键名） REFERENCES 关联表（关联键名）

3．下列选项中表示删除数据表 tb_test 中的 col1 列的是（　）。

A．ALTER TABLE tb_test DROP col1

B．ALTER TABLE tb_test DROP column col1

C．ALTER DATABASE tb_test DROP col1

D．ALTER DATABASE tb_test DROP column col1

4．下列关于 CREATE TABLE 创建数据表，叙述正确的是（　）。

A．必须在数据表名称中指定表所属的数据库

B．必须指明数据表的所有者

C．指定的所有者和表名称在数据库中必须唯一

D．省略表名称时，自动创建一个临时表

5．表设计器的“允许空”，用于创建字段的（　）约束。

A．主键　　B．外键　　C．CHECK　　D．空

6．下列字段定义错误的是（　）。

A．学号 varchar(16)　　B．人数 int 4

C．产量 float　　D．价格 decimal(8,2)

三、简答题

1．SQL Server 2008 的系统数据类型分为几大类？常用的数据类型有哪些？

2．SQL Server 2008 中有多少种约束？其作用分别是什么？

3．如何查看数据表的相关信息？

四、应用题

1．在 STUDENT 数据库中，创建一个名为 t_course（课程信息）表，要求如下：

字段名称	字段类型	大小	说明
c_number	char	10	主键
c_name	char	30	
hours	int		
credit	real		

2．在 STUDENT 数据库中，创建一个名为 t_score（学生成绩）表，要求如下：

字段名称	字段类型	大小	取值范围	说明
s_number	char	10	数据来自学生信息表	主键
c_number	char	10	数据来自课程信息表	主键
score	real		0-100	

3．定义图书管理系统数据库“DB_Libary”，其中包含各表的定义如下：

（1）图书类型表，如表 4-7 所示。

表 4-7 图书类型信息表

字段名称	字段类型	大小	描述	说明
BookTypeID	int	4	图书类型编号	主键
BookTypeName	varchar	60	图书类型名称	
BorrowDay	int	4	图书借阅天数	

（2）书架信息表，如表 4-8 所示。

表 4-8 书架信息表

字段名称	字段类型	大小	描述	说明
BookCaseID	int	4	书架编号	主键
BookCaseName	varchar	100	书架名称	

（3）图书信息表，如表 4-9 所示。

表 4-9 图书信息表

字段名称	字段类型	大小	描述	说明
BookBarCode	varchar	50	图书条形码	主键
BookNum	varchar	20	图书编号	
ISBN	varchar	20	图书 ISBN 号	
BookName	varchar	100	书名	
BookType	int	4	图书类型	外键
BookCase	int	4	图架类别	外键
Publisher	varchar	100	出版社名称	
Author	varchar	80	作者名称	
Price	money	8	图书价格	
BorrowSum	int	4	借阅次数	

（4）读者类型表，如表 4-10 所示。

表 4-10 读者类型信息表

字段名称	字段类型	大小	描述	说明
ReaderTypeID	int	4	读者类型编号	主键
TypeName	varchar	60	读者类型名称	
BorrowNum	int	4	借阅图书数量	

（5）读者信息表，如表 4-11 所示。

（6）图书借阅信息表，如表 4-12 所示。

（7）管理员信息表，如表 4-13 所示。

（8）管理员权限设置表，如表 4-14 所示。

表 4-11　读者信息表

字段名称	字段类型	大小	描述	说明
ReaderBarCode	varchar	50	读者条形码	主键
ReaderName	varchar	50	读者名称	
Sex	varchar	10	读者性别	
Birthday	Datetime	10	出生日期	
ReaderType	int	4	读者类型编号	
Certificate	varchar	50	有效证件	
CertificateCode	varchar	50	证件号码	
Tel	varchar	50	联系电话	
Email	varchar	50	电子邮件	
Missing	bit	1	是否挂失	
BorrowCount	int	4	图书借阅次数	
DisorderCount	int	4	违约次数	

表 4-12　图书借阅信息表

字段名称	字段类型	大小	描述	说明
BookBarCode	varchar	50	图书条形码	主键/外键
ReaderBarCode	varchar	50	读者条形码	主键/外键
BookNum	varchar	20	图书编号	
BorrowTime	DatetTime	8	借阅时间	
RetruenTime	DatetTime	8	应还时间	
IsReturn	bit	1	是否归还	

表 4-13　管理员信息表

字段名称	字段类型	大小	描述	说明
UserID	int	4	管理员编号	主键
UserName	varchar	50	管理员名称	
UserPwd	varchar	50	管理员密码	

表 4-14　管理员权限设置表

字段名称	字段类型	大小	描述	说明
UserID	int	4	管理员编号	主键
SystemSet	bit	1	系统设置	
ReaderManage	bit	1	读者管理	
BookManage	bit	1	图书管理	
BookBorrowReturn	bit	1	图书借还	
SystemSearch	bit	1	系统查询	

4．分别为 t_course 表和 t_score 表创建唯一性约束、检查约束、默认约束。

5．给 t_course 表增加一个 memo（备注）字段，类型为 varhcar(200)。

6．使用两种方法删除 t_course 表和 t_score 表。

第 5 章　表中数据的操作

本章学习目标

本章将介绍如何操作表中的数据，包括数据的插入、删除、查询和修改。通过本章的学习，读者应该：

- 掌握如何在 SSMS 中操作表中的数据
- 熟练掌握使用 INSERT 语句插入数据的方法
- 熟练掌握使用 UPDATE 语句更新数据的方法
- 熟练掌握使用 DELETE 语句删除数据的方法
- 熟练掌握使用 SELECT 语句查询数据的方法

5.1　插入数据

5.1.1　使用 SSMS 插入数据

在“对象资源管理器”中展开要修改的数据库，右击要修改的表，在弹出的快捷菜单中选择“编辑前 200 行”菜单项，打开“表数据窗口”，表中记录按行显示，每行一条记录。插入记录将新记录添加到表尾，可以向表中插入多条记录。光标定位到当前表尾的下一行，然后逐列输入。每输入完一列，按 Enter 键，光标自动进入下一列，便可编辑该列。若当前列是表的最后一列，则该列编辑完后按 Enter 键，光标自动进入下一行第一列，此时，上一行输入的数据已经保存，可以增加下一行数据。

若表的某列不允许为空值，则必须输入该列值。若列允许为空值，可不输入该列值，则在表格中将显示“NULL”字样。

输入的数据要和该列的数据类型一致，否则出错。

5.1.2　使用 T-SQL 语句插入数据

使用 T-SQL 中的 INSERT 语句向数据表或者视图中加入数据。其语法格式如下：

```
INSERT [INTO]
{table_name|view_name}
{[(column_list)]
    {VALUES({DEFAULT|NULL|expression}[,...n])
    |derived_table}
```

其中，各参数的说明如下：

- INTO：一个可选的关键字，使用这个关键字可以使语句的意义清晰。
- table_name：要插入数据的表名称。

- view_name：要插入数据的视图名称。
- column_list：要插入数据的一列或多列的列表，说明 INSERT 语句只为指定的列插入数据。其他没指定列的取值情况如下：
  - 如果该列具有 IDENTITY 属性，使用下一个增量标识值。
  - 如果该列具有默认值，使用列的默认值。
  - 如果该列具有 timestamp 数据类型，使用当前的时间戳值。
  - 如果该列允许为空，使用空值。
  - column_list 的内容必须用圆括号将 column_list 括起来，并且用逗号进行分隔。
- VALUES：是插入的数据值的列表。注意：必须用圆括号将值列表括起来，并且数值的顺序和类型要与 column_list 中的数据相对应。
- DEFAULT：使用默认值填充。
- NULL：使用空值填充。
- Expression：常量、变量或表达式。表达式不能包含 SELECT 或 EXECUTE 语句。
- derived_table：任何有效的 SELECT 语句，它返回将插入到表中的数据行。

例 5-1　使用 INSERT 语句向 Address 表中插入一行数据，只包含 AddressLine1、City、StateProvince、CountryRegion、PostalCode 和 ModifiedDate 列。

程序清单如下：

```
USE AWLT
GO
INSERT INTO Address(AddressLine1,City,StateProvince, CountryRegion,PostalCode,ModifiedDate)
    VALUES('yuhua road','Shijiazhuang','Hebei','China', '061000','2012-05-12')
GO
```

例 5-2　使用 INSERT 语句向 Address 表中插入一行数据，所有的字段都要给出值。

程序清单如下：

```
USE AWLT
GO
INSERT Address
    VALUES('133,aimin road','172 xinyuan road','Langfang','Hebei','China','065000','2012-06-01')
GO
```

说明：

（1）如果向一个表中的所有字段都插入数据值，则既可以列出所有字段的名称，也可以省略不写，如上题所示，此时要求给出的值的顺序要与数据表的结构相对应。

（2）在 Address 表中 AddressID 字段是标识列，所以不用指定相应的值。

例 5-3　使用 INSERT 语句向表 Address 中插入一批数据，数据来源于另一个已有的数据表。

程序清单如下：

```
USE AWLT
GO
INSERT INTO Address(AddressLine1,City,StateProvince, CountryRegion,PostalCode,ModifiedDate)
SELECT AddressLine1,City,StateProvince, CountryRegion, PostalCode,ModifiedDate FROM Address2
GO
```

5.2 更新数据

5.2.1 使用 SSMS 更新数据

在表数据的窗口中修改记录数据的方法是：先定位被修改的记录字段，然后对该字段进行修改，修改后将光标移出这一行即可保存修改的内容。

5.2.2 使用 T-SQL 语句更新数据

使用 T-SQL 中的 UPDATE 语句可以修改数据表中特定记录或者字段的值。其语法格式如下：

```
UPDATE
{table_name|view_name
}
[FROM {<table_source>} [,...n]
SET
column_name={expression|DEFAULT|NULL}[,...n]
[WHERE search_condition>]
```

例 5-4 一个带有 WHERE 条件的修改语句。

程序清单如下：

```
USE AWLT
GO
UPDATE Address
SET AddressLine2='heping road'
WHERE PostalCode ='065000'
GO
```

例 5-5 一个简单的修改语句。

程序清单如下：

```
USE AWLT
GO
UPDATE ProductCategory
SET ModifiedDate='2012-06-12'
GO
```

说明：如果没有 WHERE 子句，则 UPDATE 将会修改表中的每一行数据。

5.3 删除数据

5.3.1 使用 SSMS 删除数据

当表中的某些数据不需要时，就需要将其删除。在“对象资源管理器”中删除记录的方法是：在表数据的窗口中定位需要删除的记录行，可单击该行最前面的黑色箭头处选择全行，也可以通过 Ctrl 或 Shift 键辅助选择多条记录，然后右击，选择“删除”菜单项，如图 5-1 所示。

图 5-1 使用 SSMS 删除数据

选择“删除”命令后，将出现一个确认对话框，单击“是”按钮将删除所选择的记录，单击“否”按钮将不删除记录。

5.3.2 使用 T-SQL 语句删除数据

使用 T-SQL 中的 DELETE 语句可以删除数据表中的数据。其语法格式如下：

```
DELETE
    [FROM]
        {table_name WITH (<table_hint_limited> [...n])
         |view_name
        }
    [WHERE
        <search_condition>
    ]
```

例 5-6 一个简单的删除语句。

程序清单如下：

```
USE AWLT
GO
DELETE FROM Address WHERE PostalCode='065000'
GO
```

例 5-7 一个没有 WHERE 条件的删除语句。

程序清单如下：

```
USE AWLT
GO
DELETE FROM Address1
GO
```

说明：当不指定 WHERE 子句时，将删除表中的所有行的数据。要清除表中的所有数据，只留下数据表的定义还可以使用 TRUNCATE 语句。与 DELETE 语句相比，通常 TRUNCATE 执行的速度快，因为 TRUNCATE 是不记录日志的删除表中全部数据的操作。

5.3.3　使用 T-SQL 语句清空数据

使用 T-SQL 中的 TRUNCATE 语句清空数据表中的所有数据，其语句格式如下：

```
TRUNCATE　TABLE table_name
```

例 5-8　使用 TRUNCATE 语句清空表 Address1 中的数据。

程序清单如下：

```
USE AWLT
GO
TRUNCATE TABLE Address1
GO
```

5.4　数据查询

5.4.1　SELECT 语句概述

使用数据库的目的是对数据进行集中高效的存储和管理。可以进行灵活多样的查询、统计和输出等操作；可以通过 SELECT 语句从数据库中检索出符合用户需求的数据；也可以通过其他图形界面的方式实现。但任何从数据库取得数据的操作最终都将体现为 SELECT 语句。如图 5-2 所示，使用 SSMS 界面方式查询 AWLT 数据库 Customer 表中前 1000 行数据，最后转换为查询窗口中的 SELECT 语句。因此，可以说 SELECT 语句是 T-SQL 语言中使用频率最高的语句，也是 T-SQL 语言中一个核心的语句。下面重点介绍 SELECT 语句的使用。

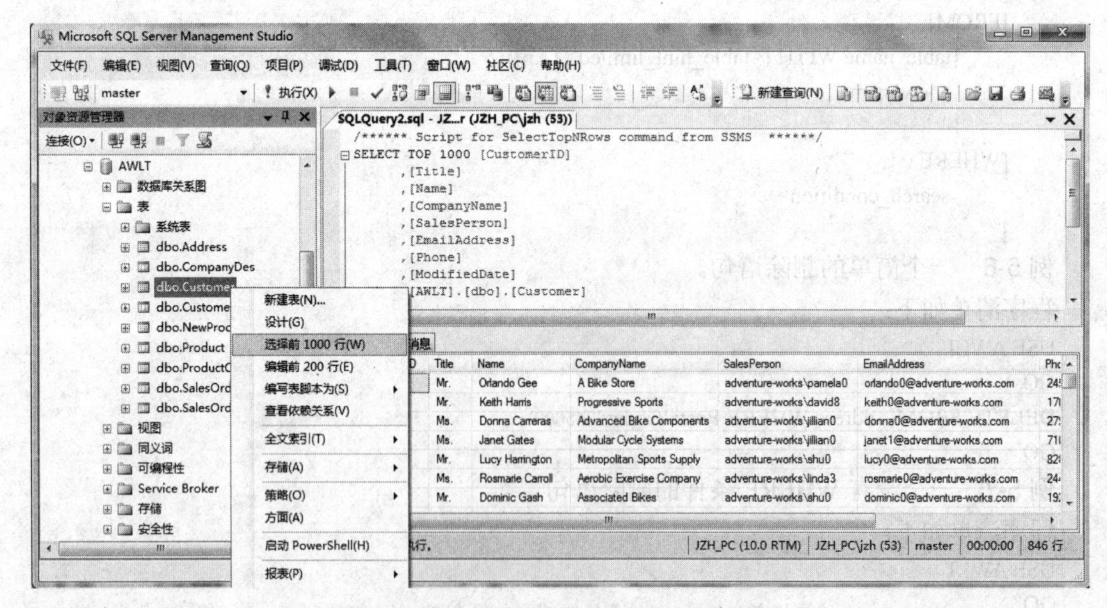

图 5-2　通过 SSMS 查询 Customer 表中数据

SELECT 语句可以根据实际需要从一个或多个表或视图中选择一个或多个行或列，使用灵活但语法较为复杂，包含主要子句的基本格式如下：

```
SELECT select_list                /*指定要选择的列*/
[INTO new_table ]                 /*INTO 子句，指定结果存入新表*/
```

```
FROM table_source                              /*FROM 子句，指定表或视图*/
[WHERE search_condition]                       /*WHERE 子句，指定查询条件*/
[GROUP BY group_by_expression]                 /*GROUP 子句，指定分组表达式*/
[HAVING search_condition]                      /*HAVING 子句，指定分组统计条件*/
[ORDER BY order_expression[ASC|DESC]]          /*ORDER BY 子句，指定排序表达式及顺序*/
```

在 SELECT 语句中至少要包含两个子句：SELECT 和 FROM。SELECT 指定查询的某些选项，FROM 指定查询的表或视图。例如：查询 Address 表中所有的数据，可以写为：

```
SELECT * FROM Address
```

由于 SELECT 语句的复杂性，下面按子句说明详细的语法格式和参数。

5.4.2 查询特定列的信息

从表中查询特定列的信息的 SELECT 语句主要语法格式为：

```
SELECT [ALL|DISTINCT]
    [TOP n[PERCENT][WITH TIES]]
    <select_list>

<select_list>::=
    {  *                                          /*选择当前表或视图的所有列*/
        |{table_name|view_name|table_alias}.*     /*选择指定表或视图的所有列*/
        |{column_name|expression|IDENTITYCOL|ROWGUIDCOL}
            [[AS]column_alias]                    /*选择指定的列 */
        |column_alias=expression                  /* 选择指定列并更改列标题*/
    }[,...n]
```

其中，各参数的说明如下：

- ALL：指定显示所有记录，包括重复行。ALL 是默认设置。
- DISTINCT：指定显示所有记录，但不包括重复行。在使用 DISTINCT 关键字的时候，空值被认为相等。
- TOP n [PERCENT]：指定从查询结果中返回前 n 行。n 是 0 到 4294967295 之间的整数。如果指定 PERCENT，则从结果集中返回前 n%行，此时 n 是 0 和 100 之间的整数。如果指定了 ORDER BY 子句，将返回由 ORDER BY 子句排序的前 n 行（或前百分之 n 行）。
- WITH TIES：指定返回最后 n 条或 n%条（由 TOP n [PERCENT]指定）的记录。如果指定了 ORDER BY 子句，则只能指定 TOP...WITH TIES。
- select_list：指定返回结果中的列。如果有多个列，用逗号分隔。
- *：表示所有列。
- table_name | view_name | table_alias.*：将*的作用域限制为指定的表或视图。
- column_name：指定要返回的列名。限定 column_name 以避免二义性引用，当 FROM 子句中的两个表内有包含重复名的列时会出现这种情况。
- expression：是列名、常量、函数以及由运算符连接的列名、常量和函数的任意组合，或者是子查询。在 expression 中可以使用行聚合函数（又称为统计函数），SQL Server 中常用的函数如表 5-1 所示。

表 5-1 常用的行聚合函数及其功能

行聚合函数格式	功能
COUNT（*）	计算记录个数
COUNT（[DISTINCT|ALL]<列名>）	计算某列值的个数
AVG（[DISTINCT|ALL] <列名>）	计算某列值的平均值
MAX（[DISTINCT|ALL]<列名>）	计算某列值的最大值
MIN（[DISTINCT|ALL]<列名>）	计算某列值的最小值
SUM（[DISTINCT|ALL]<列名>）	计算某列值的和

说明：DISTINCT 表示在计算时去掉列中的重复值。如果不指定 DISTINCT 或指定 ALL（默认），则计算所有指定的值。

- IDENTITYCOL：返回标识列。
- ROWGUIDCOL：返回行全局唯一标识列。
- column_alias：指定列的别名。column_alias 可用于 ORDER BY 子句。然而，不能用于 WHERE、GROUP BY 或 HAVING 子句。如果查询表达式是 DECLARE CURSOR 语句的一部分，则 column_alias 不能用在 FOR UPDATE 子句中。

例 5-9 对 AWLT 数据库中的 Product 表中数据进行操作。

（1）查询表中的所有记录。

程序清单如下：

```
USE AWLT
GO
SELECT * FROM Product
GO
```

返回 Product 表中的所有行（未指定 WHERE 子句）和所有列（使用了*）。

（2）查询前 3 条记录的 ProductID、Name、StandardCost 和 ListPrice 字段。

程序清单如下：

```
USE AWLT
GO
SELECT TOP 3 ProductID,Name,StandardCost,ListPrice FROM Product
GO
```

程序的执行结果如下：

```
ProductID   Name                          StandardCost   ListPrice
----------- ----------------------------- -------------- ----------
706         HL Road Frame - Red, 58       1059.31        1431.50
707         Sport-100 Helmet, Red         13.0863        34.99
708         Sport-100 Helmet, Black       13.0863        34.99
(3 行受影响)
```

（3）查询所有记录的 Color 字段，并去掉重复值。

程序清单如下：

```
USE AWLT
GO
SELECT DISTINCT Color FROM Product
GO
```

程序的执行结果如下：

```
Color
---------------
NULL
Black
Blue
Grey
Multi
Red
Silver
Silver/Black
White
Yellow
(10 行受影响)
```

（4）查询所有记录的 Name（别名为产品名称）、ProductNumber （别名为产品编号）和 ListPrice（别名为价格）字段。

程序清单如下：

```
USE AWLT
GO
SELECT TOP 5 产品名称=Name,ProductNumber 产品编号,ListPrice AS 价格
FROM Product
GO
```

程序的执行结果如下：

```
产品名称                        产品编号          价格
------------------------------ ---------------- ------------
HL Road Frame - Red, 58        FR-R92R-58       1431.50
Sport-100 Helmet, Red          HL-U509-R        34.99
Sport-100 Helmet, Black        HL-U509          34.99
Mountain Bike Socks, M         SO-B909-M        9.50
Mountain Bike Socks, L         SO-B909-L        9.50
(5 行受影响)
```

说明：在上例中使用了别名的三种定义方法，分别为：

- 列别名=列名
- 列名 AS 列别名
- 列名 列别名

注意：列别名的使用范围是列别名只在定义的语句中有效。

（5）查询产品销售年限。

程序清单如下：

```
USE AWLT
GO
SELECT Top 5 Name as 产品名称,YEAR(GETDATE())-YEAR(SellStartDate)as 销售年限
FROM Product
```

程序的执行结果如下：

```
产品名称                                  销售年限
---------------------------------------- --------------
HL Road Frame - Red, 58                  14
Sport-100 Helmet, Red                    11
Sport-100 Helmet, Black                  11
Mountain Bike Socks, M                   11
Mountain Bike Socks, L                   11
(5 行受影响)
```

说明：上面的 SELECT 语句中使用到了两个系统函数，一个是 YEAR()函数，它完成的功能是求一个日期型数据的年份，另一个是 GETDATE()函数，它完成的功能是获取当前的系统日期。

（6）统计红色产品的种类数目。

程序清单如下：

```
USE AWLT
GO
SELECT count(*) FROM Product
WHERE Color='Red'
GO
```

程序的执行结果如下：

```
（无列名）
-----------
38
(1 行受影响)
```

5.4.3 INTO 子句

INTO 子句用于创建新表并将查询结果插入新表中，其语法格式如下：

```
[INTO new_table]
```

其中，参数 new_table 用于指定新表的名称。新创建表的列由 SELECT 子句中指定的列构成，新表的数据行由 WHERE 子句指定。

例 5-10 使用 INTO 子句创建一个新的产品表 NewProducts。

程序清单如下：

```
USE AWLT
GO
SELECT * INTO NewProducts
FROM Product
WHERE ListPrice>25 AND ListPrice<100
GO
SELECT Top 10 Percent ProductID,Name,ListPrice
FROM NewProducts
GO
```

程序的执行结果如下：

```
ProductID      Name                                     ListPrice
-------------- ---------------------------------------- --------------------
707            Sport-100 Helmet, Red                    34.99
708            Sport-100 Helmet, Black                  34.99
```

```
711        Sport-100 Helmet, Blue           34.99
713        Long-Sleeve Logo Jersey, S       49.99
714        Long-Sleeve Logo Jersey, M       49.99
715        Long-Sleeve Logo Jersey, L       49.99
716        Long-Sleeve Logo Jersey, XL      49.99
(7 行受影响)
```

5.4.4　FROM 子句

FROM 子句用于指定要查询的表或视图，其语法格式如下：

```
[FROM{<table_source>}[,...n]]

<table_source>::=
    table_name[[AS]table_alias][WITH(<table_hint>[,...n])]
    |view_name[[AS]table_alias]
    |rowset_function [[AS]table_alias]
    |OPENXML
    |derived_table[AS]table_alias[(column_alias[,...n])]
    |<joined_table>

<joined_table>::=
     <table_source><join_type><table_source>ON<search_condition>
    |<table_source>CROSS JOIN<table_source>
    |<joined_table>

<join_type>::=
    [INNER|{{LEFT|RIGHT|FULL}[OUTER]}]
    [<join_hint>]
    JOIN
```

其中，各参数的说明如下：

- < table_source >：指定用于 SELECT 语句的表、视图、派生表和连接表。
- table_name [[AS] table_alias]：指定表名和可选别名。
- view_name [[AS] table_alias]：指定视图和可选别名。
- rowset_function [[AS] table_alias]：指定行集函数名和可选别名。
- OPENXML：指定提供 XML 上的行集视图。
- WITH (< table_hint > [,...n])：指定一个或更多隐含数据表。
- derived_table [[AS] table_alias]：是一个嵌套 SELECT 语句，可从指定的数据库和表中检索行。
- column_alias：替换结果集内列名。
- <joined_table>：定义两个或多个表的积联合。
- <join_type>：指定联合操作的类型。
- INNER：指定返回参与联合的数据表中所有相匹配的行，丢弃两个表中不匹配的行。如果不指定联接类型，则这是默认设置。
- LEFT [OUTER]：指定返回参与联合的数据表中所有相匹配的行和所有来自左表的不符合指定条件的行。

- RIGHT [OUTER]：指定返回参与联合的数据表中所有相匹配的行和所有来自右表的不符合指定条件的行。
- FULL [OUTER]：指定返回参与联合的数据表中所有相匹配的行和所有来自左、右表的不符合指定条件的行。
- <join_hint>：指定联合隐含或执行运算法则。如果指定了 <join_hint>，也必须明确指定 INNER、LEFT、RIGHT 或 FULL。
- JOIN：表示所指定的数据表或视图需要进行联合。
- ON <search_condition>：指定联合的条件。此条件可指定任何谓词，但通常使用列和比较运算符。
- CROSS JOIN：指定两个交叉产生结果。

例 5-11 查询产品类别表中前 10%的产品类别编号和类别名称。

程序清单如下：

```
USE AWLT
GO
SELECT Top 10 PERCENT ProductCategoryID,Name
FROM ProductCategory
GO
```

程序的执行结果如下：

```
ProductCategoryID        Name
------------------------ ----------------
1                        Bikes
2                        Components
3                        Clothing
4                        Accessories
5                        Mountain Bikes
 (5 行受影响)
```

在 FROM 子句中可以指出连接操作，具体内容见本章后面的连接查询。

5.4.5 WHERE 子句

WHERE 子句是条件子句，用来限定查询的内容。其语句格式如下：

```
WHERE <search_condition>|<old_outer_join>
```

其中，各参数的说明如下：

- search_condition：指定搜索条件。对搜索条件中可以包含的谓词数量没有限制。
- old_outer_join：指定外部联合。是一种不标准的专用语法，不推荐使用。

在 WHERE 子句中，search_condition 是非常复杂和灵活的，其语法格式如下：

```
< search_condition > ::=
    {[NOT] <predicate>|(<searth_condition>)}
        [{AND|OR} [NOT] {<predicate>|(<searth_condition>)}]
    }[,...n]

< predicate >::=
    {expression{=|< >|!=|>|>=|!>|<|<=|!<}expression
        |string_expression [NOT] LIKE string_expression
```

```
        [ESCAPE 'escape_character']
    |expression [NOT] BETWEEN expression AND expression
    |expression IS [NOT] NULL
    |CONTAINS
        ({column|*},'<contains_search_condition>')
    |FREETEXT({column|*},'freetext_string')
    |expression [NOT] IN (subquery|expression[,...n])
    |expression{=|< >|!=|>|>=|!>|<|<=|!<}
        {ALL|SOME|ANY}(subquery)
    |EXISTS(subquery)
}
```

其中的参数 predicate 是返回 TRUE、FALSE 或 UNKNOWN 的表达式，在 WHERE 子句中可以使用比较运算符或逻辑运算符连接起来的表达式。表达式是符号和运算符的一种组合，SQL Server 数据库引擎将处理该组合以获得单个数据值。简单表达式可以是一个常量、变量、列或标量函数，可以用运算符将两个或更多的简单表达式连接起来组成复杂表达式。

1. 使用比较运算符连接的表达式

表达式的一般形式为：

expression operator expression

其中，各参数的说明如下：

- expression：可以是列名、常量、函数、变量、标量子查询，或者是由运算符或子查询连接的列名、常量和函数的任意组合。该表达式还可以包含 CASE 函数。
- operator：比较运算符。WHERE 子句中允许出现的比较运算符有：=（等于）、>（大于）、>=（对于等于）、<（小于）、<=（小于等于）、<>（不等于）、!>（不大于）、!<（不小于）、!=（不等于）。

例 5-12 查询单价小于 50 的产品订单及销售额情况。

程序如下：

```
USE AWLT
GO
SELECT TOP 5 SalesOrderID,ProductID,UnitPrice,LineTotal
FROM SalesOrderDetail
WHERE UnitPrice<50
GO
```

程序的执行结果如下：

```
SalesOrderID    ProductID    UnitPrice    LineTotal
-------------------- ------------------------------------------------
71780           937          48.594       48.594000
71780           867          41.994       251.964000
71780           809          37.152       111.456000
71780           935          24.294       48.588000
71780           869          41.994       293.958000
(5 行受影响)
```

2. 逻辑表达式

在 T-SQL 中可以使用的逻辑运算符有三个：

- NOT：逻辑反，对指定的布尔表达式求反。
- AND：逻辑与，只有当两个条件都是 TRUE 时取值为 TRUE。
- OR：逻辑或，当两个条件中任何一个条件是 TRUE 时取值为 TRUE。

在三个逻辑运算符中，NOT 的优先级最高，AND 次之，OR 最低。在逻辑表达式中有三种可能的取值：TRUE、FALSE、UNKOWN。其中的 UNKOWN 是由值为 NULL 的数据参与逻辑运算得到的结果。

例 5-13 查询单价在 50 和 100 之间的产品的订单及销售额情况。

程序清单如下：

```
USE AWLT
GO
SELECT TOP 5 SalesOrderID,ProductID,UnitPrice,LineTotal
FROM SalesOrderDetail
WHERE UnitPrice<=100 AND UnitPrice>=50
GO
```

程序的执行结果如下：

```
SalesOrderID    ProductID    UnitPrice    LineTotal
--------------- ------------ ------------ ------------
71776           907          63.90        63.900000
71780           810          72.162       72.162000
71782           996          72.894       291.576000
71782           876          72.00        216.000000
71782           948          63.90        63.900000
(5 行受影响)
```

3. BETWEEN 关键字

使用 BETWEEN 关键字可以限定查询范围，其语法格式如下：

```
test_expression [NOT] BETWEEN begin_expression AND end_expression
```

其中，各参数的说明如下：

- test_expression：是用来在由 begin_expression 和 end_expression 定义的范围内进行测试的表达式。test_expression 必须与 begin_expression 和 end_expression 具有相同的数据类型。
- NOT：查询不在指定范围内的数据。
- begin_expression：指定数据取值的上限。
- end_expression：指定数据取值的下限。

例 5-14 查询单价在 900 和 1000 之间的产品的订单及销售额情况。

程序清单如下：

```
USE AWLT
GO
SELECT SalesOrderID,ProductID,UnitPrice,LineTotal
FROM SalesOrderDetail
WHERE UnitPrice between 900 AND 1000
GO
```

程序的执行结果如下：

```
SalesOrderID  ProductID  UnitPrice   LineTotal
------------ ---------- ---------- ---------------
71783         974        986.5742    12568.955308
(1 行受影响)
```

4. IN 关键字

使用 IN 关键字可以确定给定的值是否与子查询或列表中的值相匹配。其语法格式如下：

test_expression [NOT] IN (subquery|expression [,...n])

其中，各参数的说明如下：

- test_expression：任何有效的 Microsoft SQL Server 表达式。
- Subquery：包含某列结果集的子查询。该列必须与 test_expression 有相同的数据类型。
- expression [,...n]：一个表达式列表，用来测试是否匹配。所有的表达式必须和 test_expression 具有相同的类型。

说明：如果 test_expression 与 subquery 返回的任何值相等，或与逗号分隔的列表中的任何 expression 相等，那么结果值就为 TRUE。否则，结果值为 FALSE。

例 5-15 从表 Customer 中查询前 5 个以'Mr.'或'Ms.'称谓的客户电话信息。

程序清单如下：

```
USE AWLT
GO
SELECT Top 5 CustomerID,Title,FirstName,MiddleName,LastName,Phone
FROM Customer
WHERE Title IN ('Mr.','Ms.')
GO
```

程序的执行结果如下：

```
CustomerID  Title  Name              Phone
----------- ------ ----------------- ---------------
1           Mr.    Orlando Gee       245-555-0173
2           Mr.    Keith Harris      170-555-0127
3           Ms.    Donna Carreras    279-555-0130
4           Ms.    Janet Gates       710-555-0173
5           Mr.    Lucy Harrington   828-555-0186
(5 行受影响)
```

5. LIKE 关键字

使用 LIKE 关键字可以确定给定的字符串是否与指定的模式匹配。模式可以包含常规字符和通配符字符。通过模式的匹配，达到模糊查询的效果。其语法格式如下：

match_expression [NOT] LIKE pattern [ESCAPE escape_character]

其中，各参数的说明如下：

- match_expression：任何字符串数据类型的有效 SQL Server 表达式。
- Pattern：指定 match_expression 中的搜索模式，可以包含下列有效 SQL Server 通配符：
  - %：可匹配任意类型和长度的字符串。
  - _（下划线）：可匹配任何单个字符。
  - [ ]：指定范围或集合中的任何单个字符。
  - [^]：不属于指定范围或集合的任何单个字符。
- escape_character：允许在字符串中搜索通配符而不是将其作为通配符使用。

例 5-16 从表 Product 中查询产品名称以'Sport'开头的所有产品信息。

程序清单如下：

```
USE AWLT
GO
SELECT ProductID,Name,ProductNumber,Color,ListPrice
FROM Product
WHERE Name Like 'Sport%'
GO
```

程序的执行结果如下：

```
ProductID   Name                        ProductNumber   Color   ListPrice
----------- --------------------------- --------------- ------- ---------
707         Sport-100 Helmet, Red       HL-U509-R       Red     34.99
708         Sport-100 Helmet, Black     HL-U509         Black   34.99
711         Sport-100 Helmet, Blue      HL-U509-B       Blue    34.99
(3 行受影响)
```

6. NULL 关键字

在 WHERE 子句中不能使用比较运算符对空值进行判断，只能使用空值表达式来判断某个表达式是否为空值。如下所示：

表达式 IS NULL

或

表达式 IS NOT NULL

5.4.6 GROUP BY 子句

GROUP BY 子句将查询结果分组。其语法格式如下：

```
[ GROUP BY [ ALL ] group_by_expression [ ,...n ]
]
```

其中，各参数的说明如下：

- ALL：包含所有的组和结果，甚至包含那些不满足 WHERE 子句指定搜索条件的组和结果。如果指定了 ALL，组中不满足搜索条件的空值也将作为一个组。
- group_by_expression：执行分组的表达式，可以是列或引用列的非聚合表达式。

说明：text、ntext 和 image 类型的列不能用于 group_by_expression。在选择列表内定义的列的别名不能用于指定分组列。此外，SELECT 后面的每一列数据除了出现在统计函数中的列外，都必须在 GROUP BY 子句中应用。

例 5-17 （1）查找数据库中各销售订单的总额。

程序清单如下：

```
USE AWLT
GO
SELECT Top 5 SalesOrderID, SUM(LineTotal) AS SubTotal
FROM SalesOrderDetail
GROUP BY SalesOrderID
GO
```

查询的结果如下：

```
SalesOrderID   SubTotal
-------------- ------------------
```

```
71774           713.796000
71776           63.900000
71780           29923.008000
71782           33319.986000
71783           65683.367986
(5 行受影响)
```

（2）查找订购数量超过 15 件的每种产品的平均价格。

程序清单如下：

```
USE AWLT
GO
SELECT ProductID, AVG(UnitPrice) AS 'Average Price'
FROM SalesOrderDetail
WHERE OrderQty>15
GROUP BY ProductID
GO
```

查询的结果如下：

```
ProductID       Average Price
------------------ ----------------------
715             27.4945
864             34.925
877             4.3725
883             29.6945
976             850.495
(5 行受影响)
```

5.4.7 HAVING 子句

HAVING 子句为分组或集合指定搜索条件，通常与 GROUP BY 子句一起使用。其语法格式为：

```
[HAVING <search_condition>]
```

其中，参数 search_condition 用来指定搜索条件。

说明：当 HAVING 与 GROUP BY ALL 一起使用时，HAVING 子句替代 ALL。在 HAVING 子句中不能使用 text、image 和 ntext 数据类型。

例 5-18　按产品 ID 将 SalesOrderDetail 表中的数据进行分组，显示平均订单数量大于 7 的产品。

程序清单如下：

```
USE AWLT
GO
SELECT ProductID,AVG(OrderQty)
FROM SalesOrderDetail
GROUP BY ProductID
HAVING AVG(OrderQty)>7
GO
```

程序的执行结果如下：

```
ProductID       AvgOrderQty
----------------- ----------------------
```

```
708          8
864          8
867          8
976          8
(4 行受影响)
```

例 5-19 按产品 ID 将 SalesOrderDetail 表进行分组，结果中仅包含订单总金额超过 10000.00 且其平均订单数量少于 3 的产品的组。

程序清单如下：

```
USE AWLT
GO
SELECT ProductID,AVG(OrderQty) AS AverageQuantity, SUM(LineTotal) AS Total
FROM SalesOrderDetail
GROUP BY ProductID
HAVING SUM(LineTotal)>10000.00 AND AVG(OrderQty)<3
GO
```

查询的结果如下：

```
ProductID      AverageQuantity        Total
-------------- ---------------------- ----------------------
779            2                      15311.934000
954            2                      17165.304000
966            2                      17165.304000
(3 行受影响)
```

5.4.8 ORDER BY 子句

ORDER BY 子句用于指定对查询结果排序。如果在 SELECT 子句中同时指定了 TOP，则 ORDER BY 无效。其语法格式如下：

```
[ ORDER BY {order_by_expression [ASC|DESC]}[,...n]]
```

其中，各参数的说明如下：

- order_by_expression：指定要排序的列。可以指定多个列。在 ORDER BY 子句中不能使用 ntext、text 和 image 列。
- ASC：指定按递增顺序，即从最低值到最高值对指定列中的值进行排序。
- DESC：指定按递减顺序，即从最高值到最低值对指定列中的值进行排序。空值被视为最低的值。

例 5-20 以下示例显示在一个 SELECT 语句中使用 GROUP BY、HAVING、WHERE 和 ORDER BY 子句。该语句生成组和汇总值（但是组和汇总值是在消除价格超过 25 且平均订单数量低于 5 的产品之后得出的），并且按 ProductID 升序组织其结果。

程序清单如下：

```
USE AWLT
GO
SELECT ProductID
FROM SalesOrderDetail
WHERE UnitPrice<25.00
GROUP BY ProductID
HAVING AVG(OrderQty)> 5
```

```
ORDER BY ProductID
GO
```

程序的执行结果如下：

```
ProductID
-----------
708
860
870
873
875
877
(6 行受影响)
```

5.4.9　COMPUTE 和 COMPUTE BY 子句

用 COMPUTE 子句可以使用聚合函数生成数据的汇总值。COMPUTE 和 COMPUTE BY 子句之间的区别在于 COMPUTE 不仅显示汇总的信息，还显示详细信息，生成的汇总值显示为另一行。这样在同一结果集就可以同时看到详细信息行与汇总行。

其语法格式如下：

```
[COMPUTE{row_aggregate (column_name)}[,...n]
[BY column_name[,...n]]
]
```

其中，各参数的说明如下：

- row_aggregate：表示聚合函数，可为 AVG、COUNT、MAX、MIN、STDEV、STDEVP、VAR、VARP、SUM 聚合函数。
- column_name：表示计算的列名。column_name 必须出现在选择列表中，并且必须被指定为与选择列表中的某个表达式相同。
- COMPUTE 子句生成合计作为附加的汇总列出现在结果集的最后。当与 BY 一起使用时，COMPUTE 子句在结果集内对指定列进行分类汇总，可在同一查询内指定 COMPUTE BY 子句和 COMPUTE 子句。

例 5-21　查找价格低于 2.00 的所有类型产品的价格总计和预付款总计。

程序清单如下：

```
USE AWLT
GO
SELECT ProductID,OrderQty,UnitPrice,LineTotal
FROM SalesOrderDetail
WHERE UnitPrice<2.00
COMPUTE SUM(UnitPrice),SUM(LineTotal)
GO
```

程序的执行结果如下：

```
ProductID     OrderQty     UnitPrice     LineTotal
------------- ------------ ------------- ---------------
873           6            1.374         8.244000
873           8            1.374         10.992000
```

```
873         6         1.374       8.244000

sum      sum
---------- -------------------
20       27.480000
(4 行受影响)
```

例 5-22 检索单价低于 3.00 的产品的产品类别及订单总计。在 COMPUTE BY 子句中使用了两个不同的聚合函数。

程序清单如下：

```
USE AWLT
GO
SELECT ProductID,LineTotal
FROM SalesOrderDetail
WHERE UnitPrice < 3.00
ORDER BY ProductID, LineTotal
COMPUTE SUM(LineTotal),MAX(LineTotal) BY ProductID
GO
```

程序的执行结果如下：

```
ProductID          LineTotal
------------------- -------------------
870                2.994000
870                17.964000
870                20.958000
870                23.952000
870                29.940000
870                31.199476
870                31.199476
sum                max
------------------- -------------------
158.206952         31.199476
ProductID          LineTotal
------------------- -------------------
873                8.244000
873                8.244000
873                10.992000
sum                max
------------------- -------------------
27.480000          10.992000
(12 行受影响)
```

在同一查询中可以使用 COMPUTE BY 和不带 BY 的 COMPUTE。

例 5-23 按产品类别统计订单数量和金额，然后再统计所有订单数量和金额。

程序清单如下：

```
USE AWLT
GO
SELECT ProductID,OrderQty,UnitPrice,LineTotal
FROM SalesOrderDetail
```

```
WHERE UnitPrice < 3.00
ORDER BY ProductID
COMPUTE SUM(OrderQty),SUM(LineTotal) BY ProductID
COMPUTE SUM(OrderQty),SUM(LineTotal)
GO
```

程序的执行结果如下：

```
ProductID      OrderQty      UnitPrice      LineTotal
-------------- ------------- -------------- -----------------
870            10            2.994          29.940000
870            11            2.8942         31.199476
870            11            2.8942         31.199476
870            7             2.994          20.958000
870            1             2.994          2.994000
870            8             2.994          23.952000
870            6             2.994          17.964000
sum        sum
---------  ---------------
54         158.206952
ProductID      OrderQty      UnitPrice      LineTotal
-------------- ------------- -------------- -----------------
873            6             1.374          8.244000
873            8             1.374          10.992000
873            6             1.374          8.244000
sum         sum
----------  --------------
20          27.480000
sum         sum
----------  --------------
74          185.686952
(13 行受影响)
```

在使用 COMPUTE BY 和不带 BY 的 COMPUTE 时。注意以下几个问题：

（1）不允许 DISTINCT 关键字与行聚合函数一起使用。

（2）COMPUTE 子句中使用的列名必须出现在语句的选择列表中。

（3）同一个语句中不能同时出现 SELECT INTO 和 COMPUTE 子句，这是因为包含 COMPUTE 的语句是以另一个结构生成行。

（4）如果使用 COMPUTE BY，就必须同时使用 ORDER BY 子句。且位于 COMPUTE BY 后的列必须等同于 ORDER BY 后出现的列或是 ORDER BY 后的子集。它们必须具有相同的从左到右的顺序，从同一个表达式开始，并且不能跳过任何表达式。

（5）在 COMPUTE 子句中，不能使用 ntext、text 或 image 数据类型。

5.4.10 连接查询

1. 连接概述

在进行查询时，可以通过连接运算实现从多个表中查询相关数据。连接是关系数据模型的主要特点，也是它区别于其他类型数据库管理系统的一个标志。在关系数据库管理系统中，表建立时各数据之间的关系不必确定，常把一个实体的所有信息存放在一个表中。当检索数据时，通过连接操作查询出存放在多个表中的不同实体的信息。连接操作给用户带来很大的灵活性，可以在任何时候增加新的数据类型，为不同实体创建新的表，而后通过连接进行查询。

连接可以在 SELECT 语句的 WHERE 子句中建立。

例 5-24 在 AWLT 数据库中查询出员工编号为“29612”的销售单，要求给出员工的编号、电话、销售单号、数量、单价、总价。

程序清单如下：

```
USE AWLT
GO
SELECT Customer.CustomerID,Phone,SalesOrderHeader.SalesOrderID,
        OrderQty,UnitPrice,LineTotal
FROM Customer,SalesOrderHeader,SalesOrderDetail
WHERE Customer.CustomerID=SalesOrderHeader.CustomerID
    and SalesOrderHeader.SalesOrderID=SalesOrderDetail.SalesOrderID
    and Customer.CustomerID='29612'
GO
```

程序的执行结果如下：

```
CustomerID    Phone                  SalesOrderID   OrderQty   UnitPrice   LineTotal
------------- ---------------------- -------------- ---------- ----------- ------------
29612         1 (11) 500 555-0138    71885          3          72.00       216.000000
29612         1 (11) 500 555-0138    71885          6          32.394      194.364000
29612         1 (11) 500 555-0138    71885          3          38.10       114.300000
(3 行受影响)
```

在以上语句中，由于员工编号、销售单号字段出现在两个表中，为防止二义性，可以使用如下格式：

表名.列名

以示区分，但表名一般输入时比较麻烦，可在FROM子句中给出相关表的别名，以利于在查询的其他部分中使用。

说明：当两个或多个数据表中有相同名称的字段时，必须要在字段的前面加上“表名.”作为此字段的前缀，否则由于系统不清楚应该使用哪个数据表中的同名字段，因此无法执行此查询，会提示错误信息。

连接也可以在 SELECT 语句的 FROM 子句中指定，在 FROM 子句中指定连接有助于将连接操作与 WHERE 子句中的搜索条件区分开来。所以，在 T-SQL 中推荐使用这种方法。

在 FROM 子句中指定连接的语法格式为：

```
FROM join_table join_type join_table
    [ON (join_condition)]
```

其中，各参数的说明如下：

- join_table：指出参与连接操作的表名，连接可以对同一个表操作，也可以对多表操作，对同一个表操作的连接又称做自连接。
- join_type：指出连接类型，可分为三种：内连接、外连接和交叉连接。

内连接（INNER JOIN）使用比较运算符进行表间某（些）列数据的比较操作，并列出这些表中与连接条件相匹配的数据行。根据所使用的比较方式不同，内连接又分为等值连接、自然连接和不等连接三种。

外连接分为左外连接（LEFT OUTER JOIN 或 LEFT JOIN）、右外连接（RIGHT OUTER JOIN 或 RIGHT JOIN）和全外连接（FULL OUTER JOIN 或 FULL JOIN）三种。与内连接不同的是，外连接不只列出与连接条件相匹配的行，而是列出左表（左外连接时）、右表（右外连接时）或两个表（全外连接时）中所有符合搜索条件的数据行。

交叉连接（CROSS JOIN）没有 WHERE 子句，它返回连接表中所有数据行的笛卡儿积，其结果集合中的数据行数等于第一个表中符合查询条件的数据行数乘以第二个表中符合查询条件的数据行数。

- ON（join_condition）：指出连接条件，它由被连接表中的列和比较运算符、逻辑运算符等构成。

无论哪种连接都不能对 text、ntext 和 image 数据类型的列进行直接连接，但可以对这三种列进行间接连接。

2. 内连接

内连接使用比较运算符进行表间某（些）列的比较操作，并列出与连接条件匹配的数据行，它所使用的比较运算符有=、>、<、>=、<=、! =、<>、=、! >、! <等。根据所使用的比较方式不同，内连接分三种：等值连接、自然连接和不等值连接。

（1）等值连接：在连接条件中使用等于（=）运算符比较被连接列的列值，其查询结果中列出被连接表中的所有列，包括其中的重复列。

例 5-25　在 AWLT 数据库中，查询商品的总销售价及折扣。

程序清单如下：

```
USE AWLT
GO
SELECT Top 5 p.Name AS ProductName,
    NonDiscountSales=(OrderQty *UnitPrice),
    Discounts=((OrderQty *UnitPrice)*UnitPriceDiscount)
FROM Product p INNER JOIN SalesOrderDetail sod
    ON p.ProductID=sod.ProductID
ORDER BY Name DESC
GO
```

程序的执行结果如下：

```
ProductName                        NonDiscountSales    Discounts
---------------------------------- ------------------- --------------
Women's Mountain Shorts, S         251.964             0.00
Women's Mountain Shorts, S         251.964             0.00
Women's Mountain Shorts, S         527.7246            10.5545
Women's Mountain Shorts, S         83.988              0.00
Women's Mountain Shorts, S         293.958             0.00
(5 行受影响)
```

例 5-26　在 AWLT 数据库中，查询并计算每个销售订单中每种产品的收入。

程序清单如下：

```
USE AWLT
GO
```

```
SELECT Top 3 'Total income is',((OrderQty*UnitPrice)*(1.0-UnitPriceDiscount)),
    ' for ',p.Name AS ProductName
FROM Product p INNER JOIN SalesOrderDetail sod
ON p.ProductID=sod.ProductID
GO
```

程序的执行结果如下：

```
ProductName
--------------------------------------------------------------------------------
Total income is 62.982000    for    Sport-100 Helmet, Red
Total income is 209.940000   for    Sport-100 Helmet, Red
Total income is 209.940000   for    Sport-100 Helmet, Red
(3 行受影响)
```

（2）自然连接：在连接条件中使用等于（=）运算符比较被连接列的列值，但它使用选择列表指出查询结果集合中所包括的列，并删除连接表中的重复列。

（3）不等值连接：在连接条件中使用除等于运算符以外的其他比较运算符比较被连接的列的列值。这些运算符包括>、>=、<=、<、!>、!<和<>。

3. 外连接

内连接时返回查询结果集合中的仅是符合查询条件（WHERE 搜索条件或 HAVING 条件）和连接条件的行。内连接消除与另一个表中的任何行不匹配的行；而采用外连接时，它返回到查询结果集合中的不仅包含符合连接条件的行，而且还包括左表（左外连接时）、右表（右外连接时）或两个连接表（完全外连接）中的所有数据行，不满足条件的对应表中的行被填上 NULL 值后也返回到查询结果中。

外连接分为：左外连接、右外连接、完全外连接。

（1）左外连接。左外连接的查询结果集中包含指定左表中的所有行，而不仅仅是连接列所匹配的行。如果左表的某行在右表中没有找到匹配的行，则结果集中的右表的相对应位置为 NULL。

例 5-27 在 AWLT 数据库中，查询产品的销售情况。

程序清单如下：

```
USE AWLT
GO
SELECT Top 5 p.Name,sod.SalesOrderID
FROM Product AS p LEFT OUTER JOIN SalesOrderDetail AS sod
ON p.ProductID = sod.ProductID
ORDER BY p.Name DESC
GO
```

程序的执行结果如下：

```
Name                                      SalesOrderID
----------------------------------------- ---------------------
Women's Tights, S                         NULL
Women's Tights, M                         NULL
Women's Tights, L                         NULL
Women's Mountain Shorts, S                71780
Women's Mountain Shorts, S                71831
(5 行受影响)
```

（2）右外连接。右外连接与左外连接相似，在右外连接查询结果集中包含指定右表中的所有行，如果右表的某行在左表中没有找到匹配的行，则结果集中的左表的相对应位置为 NULL。

（3）完全外连接。完全外连接返回左表和右表中的所有行。当某行在另外一个表中没有匹配行时，则另外一个表与之对应列值为 NULL。如果表之间有匹配行，则整个结果集包含基表的数据值。

例 5-28　在 AWLT 数据库中，查询产品名称以及 SalesOrderDetail 表中任何对应的销售订单。该示例还将返回在 Product 表中没有列出产品的任何销售订单，以及销售订单不同于在 Product 表中列出的销售订单的任何产品。

程序清单如下：

```
USE AWLT
GO
SELECT Top 3 p.Name,sod.SalesOrderID
FROM Product AS p FULL OUTER JOIN SalesOrderDetail AS sod
ON p.ProductID = sod.ProductID
WHERE p.ProductID IS NULL OR sod.ProductID IS NULL
ORDER BY p.Name
GO
```

程序的执行结果如下：

```
Name                                SalesOrderID
----------------------------------- ----------------------
All-Purpose Bike Stand              NULL
Cable Lock                          NULL
Classic Vest, L                     NULL
(3 行受影响)
```

4．交叉连接

交叉连接不带 WHERE 子句，它返回被连接的两个表中所有数据行的笛卡儿积，返回到结果集合中的数据行数等于第一个表中符合查询条件的数据行数乘以第二个表中符合查询条件的数据行数。

例 5-29　返回 Product 和 ProductCategory 这两个表的叉积。所返回的列表包含 ProductID 行和所有 Category 行的所有可能的组合。

程序清单如下：

```
USE AWLT
GO
SELECT Top 5 p.ProductID,c.Name AS Category
FROM Product AS p
CROSS JOIN ProductCategory AS c
ORDER BY p.ProductID,c.Name
GO
```

程序的执行结果如下：

```
ProductID    Category
------------ --------------------
706          Accessories
706          Bib-Shorts
```

```
706        Bike Racks
706        Bike Stands
706        Bottles and Cages
(5 行受影响)
```

5.4.11 子查询

1. 子查询含义

子查询是一个嵌套在 SELECT、INSERT、UPDATE 或 DELETE 语句或其他子查询中的查询。任何允许使用表达式的地方都可以使用子查询，只要它返回的是单个值。子查询也称为内部查询或内部选择，而包含子查询的语句也称为外部查询或外部选择。在使用子查询时，必须用括号把子查询括起来，以便区分外查询和子查询。在一个 SELECT 语句中嵌入另一个完整的 SELECT 语句的查询称为嵌套查询。

子查询返回的数据类型是有限制的，它不能使用 image 和 text 等数据类型，并且子查询返回的数据类型必须和外层查询 WHERE 子句中的数据类型相匹配。

SQL 语言允许多层嵌套，但是在子查询中不允许出现 ORDER BY 子句，ORDER BY 子句只能用在最外层的查询中。

嵌套查询一般按照由里向外的方法处理，即先处理最内层的子查询，然后一层一层向上处理，直到最外层查询。

2. 子查询规则

子查询受下列限制：

- 通过比较运算符引入的子查询选择列表只能包括一个表达式或列名称（对 SELECT * 执行的 EXISTS 或对列表执行的 IN 子查询除外）。
- 如果外部查询的 WHERE 子句包括列名称，它必须与子查询选择列表中的列是兼容的。
- ntext、text 和 image 数据类型不能用在子查询的选择列表中。
- 由于必须返回单个值，所以由未修改的比较运算符（即后面未跟关键字 ANY 或 ALL 的运算符）引入的子查询不能包含 GROUP BY 和 HAVING 子句。
- 包含 GROUP BY 的子查询不能使用 DISTINCT 关键字。
- 不能指定 COMPUTE 和 INTO 子句。
- 只有指定了 TOP 时才能指定 ORDER BY。
- 不能更新使用子查询创建的视图。
- 按照惯例，由 EXISTS 引入的子查询的选择列表有一个星号（*），而不是单个列名。因为由 EXISTS 引入的子查询创建了存在测试并返回 TRUE 或 FALSE 而非数据，所以其规则与标准选择列表的规则相同。

3. 使用子查询

根据子查询的含义，可以看出子查询的使用范围比较广泛，并且使用起来比较灵活，所以很多查询，特别是一些复杂的查询都要用到子查询。

有三种基本的子查询：

（1）使用 IN 的子查询。它的基本语法格式为：

```
WHERE expression [NOT] IN (subquery)
```

其中，NOT 为可选，subquery 为子查询。

使用 IN（或 NOT IN）关键字引入子查询时，允许子查询返回一列零值或多个结果值。它判断 IN 关键字前所指定的列值是否在子查询的结果中，IN 是嵌套查询中最常用的关键字。子查询返回结果之后，外部查询将利用这些结果。

例 5-30　使用带 IN 的子查询实现查找 Wheels 子类别中所有产品的名称。

程序清单如下：

```
USE AWLT
GO
SELECT Name
FROM Product
WHERE ProductCategoryID IN
     (SELECT ProductCategoryID
      FROM ProductCategory
      WHERE Product.ProductCategoryID=ProductCategory.ProductCategoryID
            AND Name='Wheels')
GO
```

程序的执行结果如下：

```
Name
--------------------------------
LL Mountain Front Wheel
ML Mountain Front Wheel
HL Mountain Front Wheel
LL Road Front Wheel
ML Road Front Wheel
HL Road Front Wheel
Touring Front Wheel
LL Mountain Rear Wheel
ML Mountain Rear Wheel
HL Mountain Rear Wheel
LL Road Rear Wheel
ML Road Rear Wheel
HL Road Rear Wheel
Touring Rear Wheel
(14 行受影响)
```

（2）使用比较运算符的子查询。它的基本语法格式为：

```
WHERE expression comparison_operator [ANY|ALL](subquery)
```

其中，comparison_operator 比较运算符：=、<>、>、>=、<、!>、!< 或 <=。与使用 IN 引入的子查询一样，由未修改的比较运算符（即后面不接 ANY 或 ALL 的比较运算符）引入的子查询必须返回单个值而不是值列表。如果这样的子查询返回多个值，SQL Server 将显示一条错误信息。

要使用由未修改的比较运算符引入的子查询，必须对数据和问题的本质非常熟悉，以了解该子查询实际是否只返回一个值。

例 5-31　找出定价高于平均定价的 5 件产品的名称。

程序清单如下：

```
USE AWLT
GO
SELECT Top 5 Name
FROM Product
WHERE ListPrice >
    (SELECT AVG (ListPrice)
     FROM Product)
GO
```

程序的执行结果如下：

```
Name
----------------------------
HL Road Frame - Red, 58
HL Road Frame - Red, 62
HL Road Frame - Red, 44
HL Road Frame - Red, 48
HL Road Frame - Red, 52
 (5 行受影响)
```

可以用 ALL 或 ANY 关键字修改引入子查询的比较运算符。SOME 与 ANY 等效。通过修改的比较运算符引入的子查询返回零个值或多个值的列表，并且可以包括 GROUP BY 或 HAVING 子句。这些子查询可以用 EXISTS 重新表述。

以>比较运算符为例，>ALL 表示大于每一个值。换句话说，它表示大于最大值。>ANY 表示至少大于一个值，即大于最小值。

若要使带有>ALL 的子查询中的行满足外部查询中指定的条件，引入子查询的列中的值必须大于子查询返回的值列表中的每个值。

同样，>ANY 表示要使某一行满足外部查询中指定的条件，引入子查询的列中的值必须至少大于子查询返回的值列表中的一个值。

下面的查询提供了一个由 ANY 修改的比较运算符引入的子查询的示例。

例 5-32 查找定价高于或等于任何产品子类别的最高定价的产品。

程序清单如下：

```
USE AWLT
GO
SELECT Top 5 Name
FROM Product
WHERE ListPrice >= ANY
    (SELECT MAX (ListPrice)
     FROM Product
     GROUP BY ProductCategoryID)
GO
```

程序的执行结果如下：

```
Name
-------------------------------
HL Road Frame - Red, 58
Sport-100 Helmet, Red
Sport-100 Helmet, Black
Mountain Bike Socks, M
```

Mountain Bike Socks, L
(5 行受影响)

对于每个产品子类别，内部查询查找最高定价。外部查询查看所有这些值，并确定定价高于或等于任何产品子类别的最高定价的单个产品。如果 ANY 更改为 ALL，查询将只返回定价高于或等于内部查询返回的所有定价的那些产品。如果子查询不返回任何值，那么整个查询将不会返回任何值。

=ANY 运算符与 IN 等效。但是，<>ANY 运算符则不同于 NOT IN：<>ANY 表示不等于 a，或者不等于 b，或者不等于 c。NOT IN 表示不等于 a、不等于 b 并且不等于 c。<>ALL 与 NOT IN 表示的意思相同。

（3）使用 EXISTS 的子查询。使用 EXISTS 关键字引入子查询后，子查询的作用就相当于进行存在测试。外部查询的 WHERE 子句测试子查询返回的行是否存在。子查询实际上不产生任何数据，它只返回 TRUE 或 FALSE 值。

它的基本语法格式为：

```
WHERE [NOT] EXISTS (subquery)
```

例 5-33　使用 EXISTS 实现查找 Wheels 子类别中所有产品的名称。

程序清单如下：

```
USE AWLT
GO
SELECT Name
FROM Product
WHERE EXISTS
    (SELECT *
     FROM ProductCategory
     WHERE Product.ProductCategoryID=ProductCategory.ProductCategoryID
         AND Name='Wheels')
GO
```

执行结果同例 5-27。

注意，使用 EXISTS 引入的子查询在以下方面与其他子查询略有不同：

- EXISTS 关键字前面没有列名、常量或其他表达式。
- 由 EXISTS 引入的子查询的选择列表通常都是由星号（*）组成。由于只是测试是否存在符合子查询中指定条件的行，因此不必列出列名。

由于通常没有备选的、非子查询的表示法，因此 EXISTS 关键字很重要。尽管一些使用 EXISTS 创建的查询不能以任何其他方法表示，但许多查询都可以使用 IN 或者由 ANY 或 ALL 修改的比较运算符来获取类似结果。

5.4.12　联合查询

联合查询是指将两个或两个以上的 SELECT 语句通过 UNION 运算符连接起来的查询，联合查询可以将两个或更多查询的结果组合为单个结果集，该结果集包含联合查询中所有查询的全部行。

使用 UNION 组合两个查询的结果集有两个基本规则：

- 所有查询中的列数和列的顺序必须相同。
- 数据类型必须兼容。

其语法格式如下：

```
{<query specification>|(<query expression>)}
UNION [ALL]
<query specification|(<query expression>)
[UNION [ALL]<query specification|(<query expression>)
[...n]]
```

其中，各参数的说明如下：

- < query_specification > | (< query_expression >)：参与查询的 SELECT 语句。
- ALL：在结果中包含所有的行，包括重复行。如果没有指定，则删除重复行。

例 5-34 由 Product 表创建表 FCProduct。对表 Product 和表 FCProduct 进行联合查询。

程序清单如下：

```
USE AWLT
GO
SELECT ProductID, Name
INTO FCProduct
FROM Product
WHERE Color IN('Blue','Red','Yellow')
GO
SELECT ProductID,Name
FROM Product
WHERE Color IN('Blue','Black')
UNION
SELECT ProductID,Name
FROM FCProduct
ORDER BY Name
GO
```

程序的执行结果如下：

```
ProductID    Name
------------ ------------------------------
866          Classic Vest, L
865          Classic Vest, M
864          Classic Vest, S
863          Full-Finger Gloves, L
862          Full-Finger Gloves, M
…
(188 行受影响)
```

说明：在联合查询中，查询结果的列标题是第一个查询语句中的列标题，要对查询结果进行排序时，也必须使用第一个查询语句中的列名、列标题或列序号。

在数据库中，数据操作主要包括插入、更新、删除和查找，插入数据通过 INSERT 语句实现、更新数据通过UPDATE语句完成、删除数据使用DELETE语句实现、查询数据通过SELECT语句达到。

可以使用SSMS和T-SQL语句对表中的数据进行编辑，包括插入、更新和删除操作。

使用SSMS插入数据，在“对象资源管理器”中展开要修改的数据库，右击要修改的表，从弹出菜单中选择相关菜单项，在出现的窗口中完成数据的插入任务。

使用T-SQL中的INSERT语句插入数据，其语法格式如下：

```
INSERT [INTO]
{table_name|view_name}
{[(column_list)]
      {VALUES({DEFAULT|NULL|expression}[,...n])
|derived_table}
```

使用SSMS更新数据，在表数据的窗口中定位被修改的记录字段，然后对该字段进行修改，修改后将光标移出这一行即可保存修改的内容。

使用T-SQL中的UPDATE语句可以修改表中数据，其语法格式如下：

```
UPDATE
{table_name|view_name
}
[FROM {<table_source>} [,...n]
SET
column_name={expression|DEFAULT|NULL}[,...n]
[WHERE search_condition>]
```

使用SSMS删除数据，在表数据的窗口中定位需要删除的记录行，可单击该行最前面的黑色箭头处选择全行，也可以通过Ctrl或Shift键辅助选择多条记录，然后右击鼠标，选择“删除”菜单项。

使用T-SQL中的DELETE语句删除数据表中的数据，其语法格式如下：

```
DELETE
    [FROM]
        {table_name WITH (<table_hint_limited> [...n])
         |view_name
        }
    [WHERE
        <search_condition>
    ]
```

使用T-SQL中的TRUNCATE语句清空数据表中的所有数据，其语句格式如下：

```
TRUNCATE    TABLE table_name
```

使用SELECT语句进行数据查询，SELECT语句功能非常强大，它的语法结构比较复杂，基本结构为SELETCT-FROM-WHERE，输出字段、数据来源和查询条件等基本子句。

SELECT语句完成查询后，对查询结果按SELECT子句后指定的形式进行显示，若要对查询结果进行处理，需要其他子句配合，这些子句有INTO（重定向输出）、ORDER BY（排序输出）、UNION（合并输出）、GROUP（分组统计）和HAVING（筛选）。

WHERE子句中指定查询条件，只有符合条件的数据才能被输出。

一个表的查询一般都比较简单，多表查询相对复杂，必须处理表和表之间的连接关系，在FROM子句中提供一种称为连接的子句。连接分为内连接、外连接和交叉连接。内连接包括等值连接、非等值连接和自然连接。外连接分为左外连接、右外连接和全外连接。

有时一个SELECT语句不能完成查询任务，需要另外一个SELECT语句的结果作为查询条件，即需要在一个 SELECT 语句中出现另外一个 SELECT 语句，这种查询称为嵌套查询。

习题五

一、填空题

1. 使用 T-SQL 中的________语句向数据表或者视图中加入数据。

2. 如果没有 WHERE 子句，则 UPDATE 将会修改表中的________。

3. 要清除表中的所有数据，只留下数据表的定义可以使用________语句或________语句。

4. 消除列重复的关键字是________。

5. 在嵌套查询中 WHERE 之后可使用 ANY 和 ALL 两个关键字，其中________表示子查询结果中的所有值，________表示子查询结果中的某个值。

6. ________子句用于创建新表并将查询结果插入新表中。

7. 联合查询是指将两个或两个以上的 SELECT 语句通过________运算符连接起来的查询。

二、选择题

1. 关系代数中的投影运算对应 SELECT 语句中（　）子句，选择运算对应 SELECT 语句中的（　）子句。

A．SELECT　　B．FROM　　C．WHERE　　D．GROUP BY

2. WHERE 子句的条件表达中，可以匹配单个字符的通配符是（　）。

A．*　　B．%　　C．-　　D．?

3. 与 WHERE G BETWEEN 60 AND 100 语句等价的子句是（　）。

A．WHERE G>60 AND G<100　　B．WHERE G >=60 AND G<100

C．WHERE G>60 AND G<=100　　D．WHERE G>=60 AND G<=100

4. 创建一个名为“customers”的新表，同时要求新表中包含表“clients”的所有记录，可以实现该功能的 SQL 语句是（　）。

A．SELECT * INTO customers FROM clients

B．SELECT INTO customers FROM clients

C．INSERT INTO customers SELECT * FROM clients

D．INSERT customers SELECT * FROM clients

5. 查询语句 SELECT COUNT(*) FROM STUDENT 的运行结果为（　）。

A．STUDENT 表中记录的列数　　B．STUDENT 表中记录的行数

C．STUDENT 表中记录的行、列总数　　D．入学分数和

6. 字符串常量使用（　）作为定界符。

A．单引号　　B．双引号　　C．方括号　　D．花括号

7. 语句 SELECT * FROM 图书信息表 WHERE 书名 LIKE ‘ab\%cd%’ ESCAPE ‘\’实现的功能是（　）。

A．在图书信息表中查找书名中包含“ab”和“cd”的图书信息

B．在图书信息表中查找书名中包含“ab%cd”的图书信息

C．在图书信息表中查找书名以“ab”开头并包含“cd”的图书信息

D．在图书信息表中查找书名以“ab%cd”开头的图书信息

8．在 SQL Server 中，TRUNCATE TABLE 命令可以删除（　　），但表的结构及其列、约束、索引等保持不变。

A．当前记录　　B．所有记录　　C．指定记录　　D．有外键约束引用的表

9．下列对于列别名的定义方法错误的是（　　）。

A．列别名=列名　　B．列名=列别名　　C．列名 AS 列别名　　D．列名 列别名

10．语句 SELECT number AS 学号，name AS 姓名，mark AS 总学分 FROM tb_student WhERE 专业名='计算机' 实现的功能是（　　）。

A．查询 tb_student 表中计算机系学生的学号、姓名和总学分

B．查询 tb_student 表中计算机系学生的 number、name 和 mark

C．查询 tb_student 表中学生的学号、姓名和总学分

D．查询 tb_student 表中计算机系学生的所有记录

11．在 SQL Server 中，用于对查询结果进行排序的 SQL 语句是（　　）。

A．ORDER BY　　B．GROUP BY　　C．IN　　D．EXISTS

12．语句 SELECT 学号,AVG(成绩) AS 平均成绩　FROM XS_KC GROUP BY 学号 HAVING AVG(成绩)>=85 实现的功能是（　　）。

A．查找 XS_KC 表中平均成绩在 85 分以上的学生的学号和平均成绩

B．查找平均成绩在 85 分以上的学生

C．查找 XS_KC 表中各科成绩在 85 分以上的学生

D．查找 XS_KC 表中各科成绩在 85 分以上的学生的学号和平均成绩

三、应用题

1．用 T-SQL 语句创建表 5-2 所示的学生基本信息表和表 5-3 所示的学生成绩表。

表 5-2　T_STUDENT 表中的数据

S_NUMBER	S_NAME	SEX	BIRTHDAY	POLITY
B0951101	张小航	男	1989-12-20	党员
B0951102	王文广	男	1989-5-16	团员
B0951103	李艳红	女	1989-6-12	群众
B0951104	张丽霞	女	1989-7-22	群众
B0951105	王强	男	1989-11-26	党员
B0951106	张保田	男	1989-7-5	群众
B0951107	李博文	男	1989-8-9	团员
B0951108	刘芳芳	女	1990-4-14	党员
B0951109	李海	男	1989-2-16	团员
B0951110	常江宁	男	1989-3-21	群众

表 5-3　T_SCORE 表中的数据

S_NUMBER	C_NUMBER	SCORE
B0951101	10010218	82
B0951102	10010218	75
B0951103	10010218	93

续表

S_NUMBER	C_NUMBER	SCORE
B0951104	10010218	81
B0951105	10010218	68
B0951106	10010218	77
B0951107	10010218	52
B0951108	10010218	85
B0951109	10010218	73
B0951110	10010218	87
B0951101	30020215	77
B0951102	30020215	84
B0951103	30020215	56

2．分别利用 SSMS 和 INSERT 语句向两个表中输入一些数据。

3．分别利用 SSMS 和 UPDATE 语句在两个表中更新一些数据。

4．分别利用 SSMS 和 DELETE 语句删除两个表中的一些数据。

5．用 T-SQL 语句创建表 5-4 所示的课程基本信息表。

表 5-4　T_COURSE 表中的数据

C_NUMBER	C_NAME	HOURS	CREDIT
10010218	高等数学	140	4
40050405	基于 ACCESS 数据库设计	64	3
20050421	专业英语	54	2.5
40051060	关系型数据库原理	48	2
40050419	ORACLE 数据库系统设计	72	3.5
30020108	模拟电子技术	84	4
30020215	单片机原理	64	3

6．针对上面的三个表，利用 SELECT 查询下列问题：

（1）查询所有学生的基本信息，并按学号排序。

（2）查询所有女学生的信息。

（3）求女学生的人数。

（4）查询所有男学生的姓名、出生日期、年龄。

（5）查询所有学生的学号、姓名、选修课程名称和成绩。

（6）查询某个指定姓名的学生的成绩。

（7）查询不及格学生的学号、姓名、所学的课程名及成绩。

（8）按课程号进行分组，求每门课程选修的人数。

第 6 章　视图的创建与使用

本章学习目标

在数据库中，为了检索到符合用户需求的数据，往往需要同时对数据库中的多个表进行检索，用到其中的一部分数据，这种检索在应用系统中被广泛使用，而且检索的字段和条件比较固定。这时，就可以创建视图来代替这样的检索，而不必每次使用的时候都输入复杂的 SQL 语句。本章主要介绍 SQL Server 2008 中视图的创建和使用方法。通过本章的学习，读者应该：

- 了解视图和数据表之间的主要区别
- 了解视图的优点
- 熟练掌握创建、修改和删除视图的方法
- 掌握查看视图信息的方法
- 掌握通过视图修改数据表的方法

6.1　概述

6.1.1　视图的概念

视图是一种数据库对象，是从一个或者多个数据表或视图中导出的虚表，视图所对应的数据并不真正地存储在视图中，而是存储在所引用的数据表中，视图的结构和数据是对数据表进行查询的结果。

视图被定义后便存储在数据库中，在显示时视图和真实的表一样也包括几个被定义的数据列和多个数据行，但通过视图看到的数据其实是存放在基本表中的数据。对视图中数据的操作与对表中数据的操作一样，可以对其进行查询、插入、更新和删除，但对数据的操作要满足一定的条件。通过视图进行数据修改时，其实修改的是相应基本表中的数据，同时，若基本表的数据发生变化，这种变化也会自动地反映到视图中。

6.1.2　视图的优点

在 SQL Server 2008 中，当创建了数据库以后，可以根据用户的实际需要创建视图，它使用户对数据库中数据的操作更灵活、更安全。创建并使用视图的主要优点如下：

（1）简化数据操作。视图可以简化用户处理数据的方式。因为在定义视图时，如果将经常被使用的复杂查询定义为视图，这样在每一次执行相同的查询时就不必重新写这些复杂的查询语句，只要一条简单的查询视图语句即可实现。视图向用户隐藏了表与表之间复杂的连接条件。

（2）着重于特定数据。视图使用户能够着重于他们所感兴趣的特定数据和所负责的特定任务。不必要的数据或敏感数据可以不出现在视图中。

（3）提供了一个简单而有效的安全机制。视图作为一种安全机制，可以通过限制用户使用数据来实现。通过视图，用户只能查看和修改他们所能看到的数据，其他数据库或表中的数据既不可见也不可访问。如果某一用户想要访问视图的结果集，则必须授予其访问权限。视图所引用表的访问权限与视图权限的设置互不影响。

（4）自定义数据。视图允许不同用户以不同方式查看数据，即使在他们同时使用相同的数据时也是如此。这在具有不同目的和技术水平的用户共用同一数据库时尤其有用。例如，可创建一个视图以仅检索由客户经理处理的客户数据。该视图可以根据使用它的客户经理的登录 ID 决定检索哪些数据。

6.2 创建视图

创建视图之前，应考虑以下基本原则：

- 只能在当前数据库中创建视图。
- 视图名称必须遵循标识符命名规则，且对每个架构都必须唯一。该名称不得与该架构包含的任何表的名称相同。
- 可以依据现有视图创建新的视图。SQL Server 2008 允许嵌套视图，但嵌套不得超过 32 层。
- 定义视图的查询不能包含 COMPUTE 子句、COMPUTE BY 子句或 INTO 关键字。
- 定义视图的查询不能包含 ORDER BY 子句，除非在 SELECT 语句的选择列表中还有一个 TOP 子句。
- 下列情况下必须指定视图中每列的名称：
  - ➢ 视图中的任何列都是从算术表达式、内置函数或常量派生而来。
  - ➢ 视图中有两列或多列原来具有相同名称（通常由于视图定义包含联接，因此来自两个或多个不同表的列具有相同的名称）。
  - ➢ 希望为视图中的列指定一个与其源列不同的名称（也可以在视图中重命名列）。无论重命名与否，视图列都会继承其源列的数据类型。
- 若要创建视图，必须获取由数据库所有者授予的操作执行权限。

在 SQL Server 2008 中创建视图常用的操作方法有两种：使用 SSMS 和 T-SQL 语句。

6.2.1 使用 SSMS 创建视图

例 6-1 在 AWLT 数据库中创建一个视图，要求查询所有客户的销售情况，包括客户姓名、销售订单编号和总销售额字段，并按总销售额字段升序排序。

使用 SSMS 创建视图的具体操作步骤如下：

（1）在 SSMS 中，展开指定的服务器和 AWLT 数据库，并右击其中的“视图”文件夹，从弹出的快捷菜单中选择“新建视图”选项，如图 6-1 所示。

（2）会出现“添加表”对话框，如图 6-2 所示。在这里选择创建视图所要使用的数据表或已有的视图，这里分别选择“Customer”表和“SalesOrderHeader”表，并单击“添加”按钮，然后单击“关闭”按钮，关闭此窗口。

（3）此时在 SSMS 中可以看到创建视图的窗口，如图 6-3 所示。在此窗口中，既可以在窗口的下部键入建立视图的 T-SQL 语句，也可以用鼠标在上部的数据表中选择视图中要使用的字段。选中“输出”复选框，可以在输出结果中显示该字段；在“筛选器”中输入限制条件，可以限制输出的记录。在定义视图的查询语句中该限制条件对应 WHERE 子句。

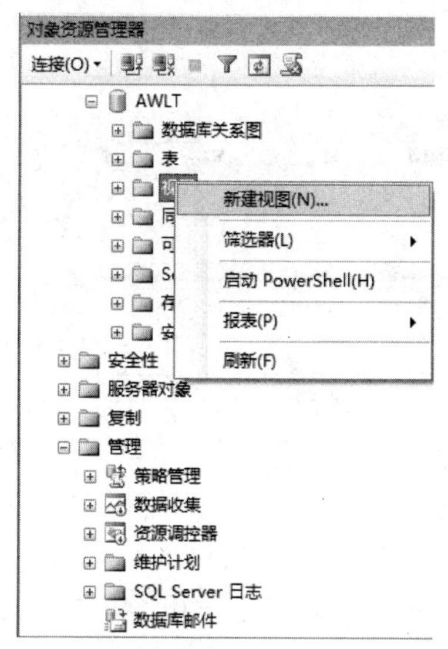

图 6-1　新建视图选择窗口

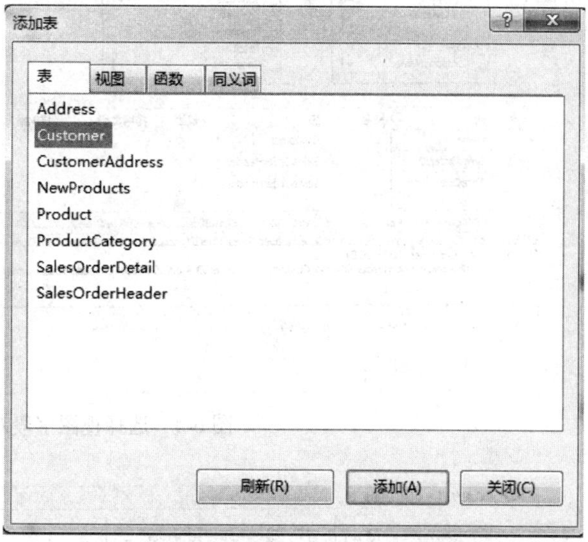

图 6-2　“添加表”对话框

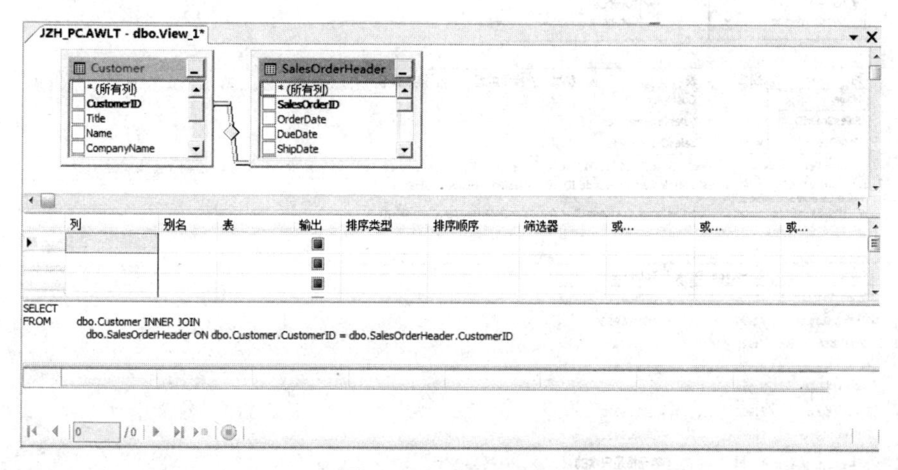

图 6-3　新建视图窗口

（4）完成此题的要求可以用两种方法：

方法一：在 SSMS 中设置相关选项，设置结果如图 6-4 所示。设置好后，SQL Server 会自动生成相关的 T-SQL 语句。

方法二：在 SSMS 的 T-SQL 语句窗口中直接输入以下语句：

```
SELECT Name,SalesOrderID,TotalDue
FROM SalesOrderHeader,Customer
WHERE SalesOrderHeader.CustomerID=Customer.CustomerID
ORDER BY TotalDue
```

（5）要运行并输出该视图的结果，可以单击 SSMS 中工具栏上的 ! 按钮，或者右击窗口空白区域，在弹出的快捷菜单中选择“执行 SQL”选项，系统会在窗口的下部显示视图的执行结果，如图 6-5 所示。

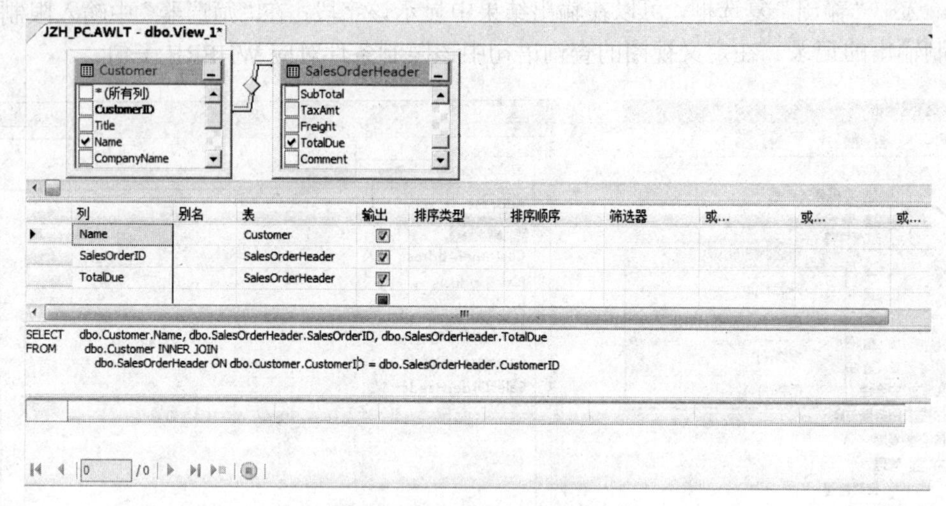

图 6-4　选择视图字段对话框

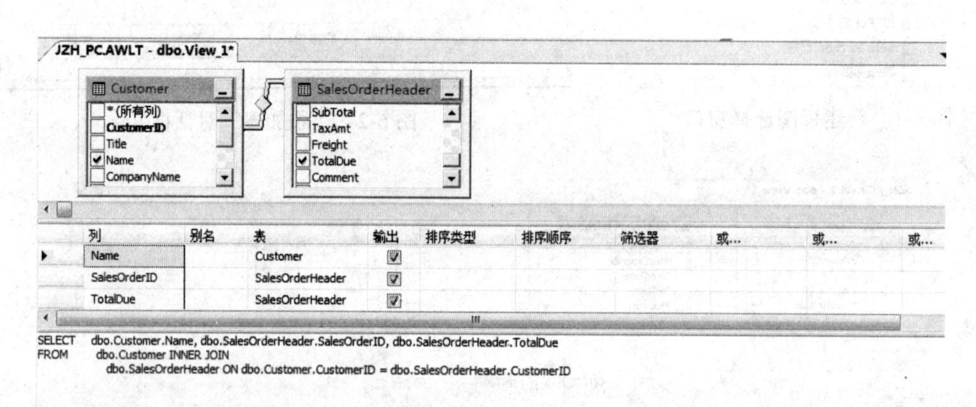

图 6-5　视图的执行结果窗口

（6）单击工具栏中的“保存”按钮，系统会弹出“选择名称”对话框。在该对话框中输入“vw_SalesOrder_Customer”作为视图名，并单击“确定”按钮，即可完成本例中视图的创建。

6.2.2　使用 T-SQL 语句创建视图

除了可以直观地使用 SSMS 创建视图外，也可以使用 T-SQL 中的 CREATE VIEW 语句创建视图，其语法格式如下：

```
CREATE VIEW [schema_name.]view_name[(column[,...n])]
[WITH ENCRYPTION]
```

```
AS select_statement
[WITH CHECK OPTION][;]
```

其中，各参数的说明如下：

- schema_name：指定视图所属架构的名称。
- view_name：指定视图的名称。视图名称必须符合有关标识符的规则。可以选择是否指定视图所有者名称。
- column：指定视图中的列使用的名称。仅在下列情况下需要列名：列是从算术表达式、函数或常量派生的；两个或更多的列可能具有相同的名称（通常是由于联接的原因）；视图中的某个列的指定名称不同于其派生来源列的名称。如果未指定 column，则视图列将获得与 SELECT 语句中的列相同的名称。
- AS：指定视图要执行的操作。
- select_statement：定义视图的 SELECT 语句。该语句可以使用多个表和其他视图。
- CHECK OPTION：强制针对视图执行的所有数据修改语句都必须符合在 select_statement 中设置的条件。通过视图修改行时，WITH CHECK OPTION 可确保提交修改后，仍可通过视图看到数据。
- ENCRYPTION：对 sys.syscomments 表中包含 CREATE VIEW 语句文本的项进行加密。

例 6-2　在 AWLT 数据库中创建一个视图 vw_ProductInfo，要求查询产品类别编号为 35 的产品基本信息，包括产品编号、产品名称、颜色、大小和重量字段。

程序清单如下：

```
USE AWLT
GO
CREATE VIEW vw_ProductInfo
AS
SELECT ProductID,Name,Color,Size,Weight
FROM Product
WHERE ProductCategoryID=35
GO
```

在 SSMS 中执行上面的程序，会生成新视图 vw_ProductInfo。为了查看视图中的数据，在 SSMS 中输入下面的语句：

```
SELECT * FROM vw_ProductInfo
```

程序的执行结果如下：

```
ProductID    Name                   Color   Size    Weight
----------   -------------------   ------  ------  -------
707  Sport-100  Helmet, Red         Red     NULL    NULL
708  Sport-100  Helmet, Black       Black   NULL    NULL
711  Sport-100  Helmet, Blue        Blue    NULL    NULL
 (3 行受影响)
```

该例使用简单 SELECT 语句创建视图，当需要频繁地查询列的某种组合时，简单视图非常有用。

例 6-3　在 AWLT 数据库中创建一个视图 vw_ProductSellInfo，要求查询产品类别编号为 35 的产品销售信息，包括产品编号、产品名称、销售订单详细信息编号和销售数量字段，并加密视图的定义。

程序清单如下：

```
USE AWLT
GO
CREATE VIEW vw_ProductSellInfo
WITH ENCRYPTION
AS
SELECT Product.ProductID,Name,SalesOrderDetailID,OrderQty
FROM Product,SalesOrderDetail
WHERE ProductCategoryID=35 AND
      SalesOrderDetail.ProductID=Product.ProductID
GO
```

在 SSMS 中执行上面的程序，会生成新视图 vw_ProductSellInfo。在 SSMS 中输入下面的语句：

```
SELECT * FROM vw_ProductSellInfo
```

程序的执行结果如下：

```
ProductID     Name                         SalesOrderDetailID     OrderQty
-----------   -------------------------    --------------------   ------------
708           Sport-100 Helmet, Black      110690                 7
711           Sport-100 Helmet, Blue       110708                 6
707           Sport-100 Helmet, Red        110709                 3
…
 (20 行受影响)
```

例 6-4 在 AWLT 数据库中创建一个视图 vw_ProductSellQty，要求查询 2000 年 12 月 31 日以后销售的各产品的产品编号和销售总数量。

程序清单如下：

```
USE AWLT
GO
CREATE VIEW vw_ProductSellQty
AS
SELECT TOP 10 ProductID,SUM(OrderQty) AS TotalQuantity
FROM SalesOrderDetail,SalesOrderHeader
WHERE SalesOrderDetail.SalesOrderID=SalesOrderHeader.SalesOrderID
      AND OrderDate>CONVERT(DATETIME,'20001231',101)
GROUP BY ProductID
GO
```

在上面的程序代码中使用了系统内置函数，并且必须为派生列指定一个别名。

在 SSMS 中执行上面的程序，生成 vw_ ProductSellQty 新视图。输入下面的语句：

```
SELECT * FROM vw_ProductSellQty
```

程序的执行结果如下：

```
ProductID     TotalQuantity
-----------   ----------------
707           35
708           51
711           38
…
(10 行受影响)
```

6.3　查看视图

在 SQL Server 中，创建视图后可以通过 SSMS 和系统存储过程来查看视图信息。

6.3.1　使用 SSMS 查看视图信息

使用 SSMS 查看视图信息的具体操作步骤如下：

（1）在 SSMS 中，选择指定的服务器和数据库，这里选择 AWLT 数据库，展开其中的“视图”选项，可以显示出 AWLT 数据库中的所有视图，如图 6-6 所示。

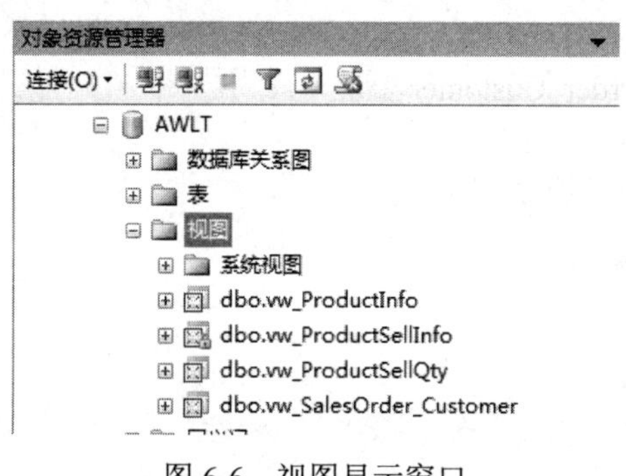

图 6-6　视图显示窗口

（2）要想查看某个视图详细的信息，可以用鼠标右击要查看的视图，在弹出的快捷菜单中选择“属性”选项，会打开“视图属性”对话框。在弹出的“视图属性”对话框中可以查看视图的详细信息。

（3）如果从弹出的快捷菜单中选择“查看依赖关系”选项，在弹出的“对象依赖关系”对话框中可以查看该视图依赖的对象和依赖于该视图的对象。

（4）如果要查看视图的输出数据，可以在 SSMS 中，右击某个视图的名称，从弹出的快捷菜单中选择“选择前 1000 行”选项，在 SSMS 中就会显示该视图的输出数据。

6.3.2　使用系统存储过程查看视图信息

系统存储过程 sp_help 可以显示数据库对象的特征信息，sp_depends 可以显示数据库对象所依赖的对象，它们可以在任何数据库对象上运行。sp_helptext 可以用于显示视图、触发器或存储过程等在系统表中的定义。它们的语法格式分别如下：

```
sp_helptext [@objname=]'name'[,[@columnname=]computed_column_name]
```

其中，各参数说明如下：

- [@objname=]'name'：架构范围内的用户定义对象的限定名称和非限定名称。仅当指定限定对象时才需要引号。如果提供的是完全限定名称（包括数据库名称），则数据库名称必须是当前数据库的名称。对象必须在当前数据库中。name 的数据类型为 nvarchar(776)，无默认值。
- [@columnname=]'computed_column_name'：要显示其定义信息的计算列的名称。必须将包含列的表指定为 name。column_name 的数据类型为 sysname，无默认值。

```
sp_depends [@objname=]'<object>'
```

```
<object>::=
{database_name.[schema_name].|schema_name.object_name}
```

其中，各参数的说明如下：

- database_name：数据库的名称。
- schema_name：对象所属架构的名称。
- object_name：要检查其依赖关系的数据库对象。该对象可以是表、视图、存储过程、用户定义函数或触发器。object_name 的数据类型为 nvarchar(776)，无默认值。

例 6-5 （1）使用系统存储过程 sp_help 显示 vw_SalesOrder_Customer 视图的特征信息。

程序清单如下：

```
USE AWLT
GO
EXEC sp_help vw_SalesOrder_Customer
GO
```

程序的执行结果如图 6-7 所示。

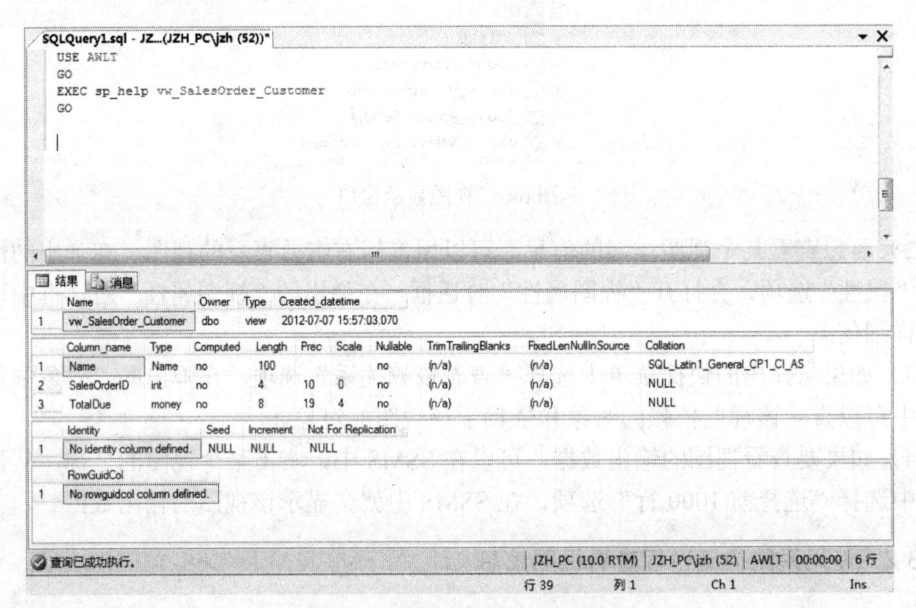

图 6-7　显示视图基本信息对话框

（2）使用 sp_helptext 显示 vw_ProductInfo 视图在系统表中的定义。

程序清单如下：

```
USE AWLT
GO
EXEC sp_helptext vw_ProductInfo
GO
```

程序的执行结果如图 6-8 所示。

注意：如果在创建视图时对视图的定义进行了加密，则不能查看视图的定义信息。

（3）查看加密视图 vw_ProductSellInfo 的定义信息。

程序清单如下：

```
USE AWLT
GO
```

```
EXEC sp_helptext vw_ProductSellInfo
GO
```

程序的执行结果如图 6-9 所示。

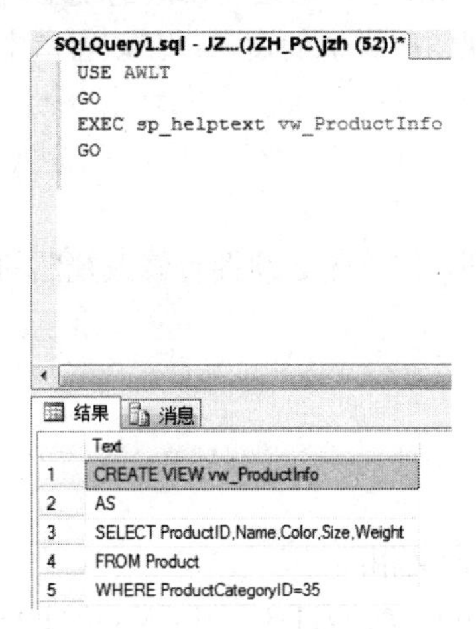

图 6-8　显示视图定义信息对话框

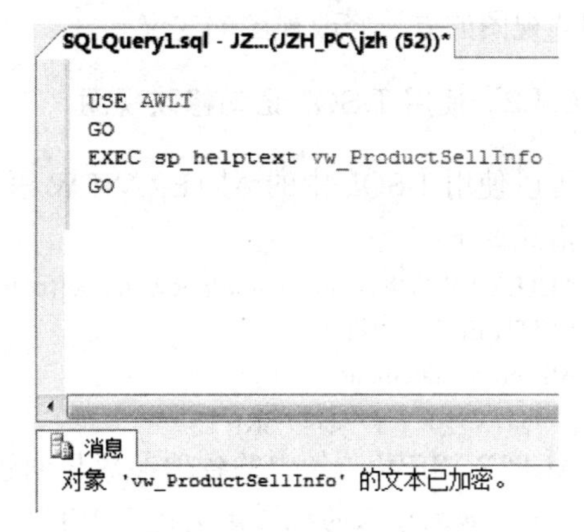

图 6-9　查看已加密视图的显示信息对话框

（4）使用 sp_depends 显示 vw_ProductSellQty 视图所依赖的对象。

程序清单如下：

```
USE AWLT
GO
EXEC sp_depends vw_ProductSellQty
GO
```

程序的执行结果如图 6-10 所示。

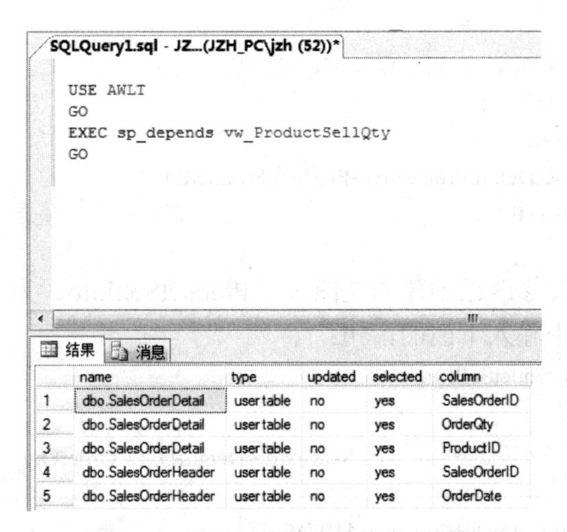

图 6-10　显示视图相关性信息对话框

6.4　修改视图

如果已定义的视图不能满足用户要求时，可以使用 SSMS 或 T-SQL 中的 ALTER VIEW 语句修改视图的定义。

6.4.1 使用 SSMS 修改视图

使用 SSMS 可以很方便地修改视图的定义。在 SSMS 中，右击要修改的视图名称，从弹出的快捷菜单中选择“设计”选项，则会出现与创建视图时类似的窗口。在该窗口中，可以按照创建视图的方法修改视图的定义。

6.4.2 使用 T-SQL 语句修改视图

可以使用 T-SQL 中的 ALTER VIEW 语句修改视图，但首先必须拥有修改视图的权限。其语法格式如下：

```
ALTER VIEW [schema_name.]view_name[(column[,...n])]
[WITH ENCRYPTION]
AS select_statement
[WITH CHECK OPTION][;]
```

ALTER VIEW 语句中的各项参数与创建视图时的含义相同。

注意： 如果原来的视图定义是用 WITH ENCRYPTION 或 WITH CHECK OPTION 创建的，那么只有在 ALTER VIEW 中也包含这些选项时，这些选项才有效。

例 6-6 修改视图 vw_ProductSellInfo，在该视图中增加一个新的条件，要求只显示定购数量大于 10 的产品的基本信息。

程序清单如下：

```
USE AWLT
GO
ALTER VIEW vw_ProductSellInfo
WITH ENCRYPTION
AS
SELECT Product.ProductID,Name,SalesOrderDetailID,OrderQty
FROM Product,SalesOrderDetail
WHERE ProductCategoryID=35
        AND SalesOrderDetail.ProductID=Product.ProductID
        AND OrderQty>10
GO
```

执行上面的程序，会修改已创建的视图 vw_ProductSellInfo。为了查看修改后的视图包含的数据记录，在 SSMS 中输入下面的语句：

```
SELECT * FROM vw_ProductSellInfo
```

程序的执行结果如下：

```
ProductID     Name                          SalesOrderDetailID     OrderQty
------------  ----------------------------  ---------------------  -----------------
711           Sport-100 Helmet, Blue        110749                 15
708           Sport-100 Helmet, Black       110752                 11
708           Sport-100 Helmet, Black       110795                 12
708           Sport-100 Helmet, Black       111082                 12
(4 行受影响)
```

由以上程序的执行结果可以看出，修改后的视图包含的数据记录只是定购数量大于 10 的产品的产品编号、产品名称、销售订单详细信息编号和销售数量。

6.5　使用视图

通过视图可以方便地检索到任何所需要的数据信息。但是视图的作用并不仅仅局限于检索记录，可以通过视图修改基本表的数据，其方式与使用 INSERT、UPDATE 和 DELETE 语句在表中修改数据一样。使用视图修改数据时，需要注意以下几点：

- 任何修改（包括 INSERT、UPDATE 和 DELETE 语句）都只能引用一个基本表的列。
- 在视图中修改的列必须直接引用表列中的基础数据。它们不能通过其他方式派生，例如通过聚合函数或通过表达式计算出来的列。
- 被修改的列不受 GROUP BY、HAVING 或 DISTINCT 子句的影响。
- 如果在视图定义中使用了 WITH CHECK OPTION 子句，则不能在视图的 select_statement 中的任何位置使用 TOP，而且所有在视图上执行的数据修改语句都必须符合定义视图的 SELECT 语句中所设置的条件，并且修改行时需注意不让它们在修改完成后从视图中消失。任何可能导致行消失的修改都会被取消，并显示错误。
- INSERT 语句必须为不允许空值并且没有 DEFAULT 定义的基本表中的所有列指定值。
- 在基本表的列中修改的数据必须符合对这些列的约束，例如为空性、约束及 DEFAULT 定义等。例如，如果要删除一行，则相关表中的所有基础 FOREIGN KEY 约束必须仍然得到满足，删除操作才能成功。

6.5.1　插入数据

使用视图可以插入新的数据记录，但应该注意的是，新插入的数据实际上是存放在与视图相关的基本表中。

1．使用 SSMS 通过视图插入数据

在 SSMS 中，打开要插入数据的视图，在返回的数据记录的最下面一行中直接插入新记录即可。

2．使用 T-SQL 语句通过视图插入数据

例 6-7　在 AWLT 数据库下创建一个新的数据表，并在该数据表上创建一个视图，使用 INSERT 语句向该视图中插入一条记录。

程序清单如下：

```
USE AWLT
GO
CREATE TABLE Table1(
column_1 int,
column_2 varchar(30)
)
GO
CREATE VIEW vw_Test
AS
SELECT column_2,column_1
FROM Table1
GO
```

在 SSMS 中执行上面的语句，会生成新的视图 vw_Test。在 SSMS 中执行以下语句：

```
INSERT INTO vw_Test VALUES('Row 1',1)
```

上述语句执行成功后，会向表 Table1 中添加一条新的数据记录。可以使用 SELECT 语句在视图和表中查到该条记录。

例如，在 SSMS 中输入以下查询语句，从视图中查询数据：

```
SELECT column_1,column_2
FROM vw_Test
```

程序的执行结果如下：

```
column_1        column_2
--------------  -----------------
1               Row 1
 (1 行受影响)
```

也可以直接从 Table1 表中查询记录，显示的结果与使用视图显示的结果相同。

该例在 INSERT 语句中指定一个视图名，但将新行插入到该视图的基本表中。INSERT 语句中 VALUES 列表的顺序必须与视图的列顺序相匹配。

注意：如果视图创建时定义了限制条件或者基本表的列允许空值或有默认值，而插入的记录不满足该条件时，仍然可以向表中插入记录，只是用视图检索时不会显示出新插入的记录。如果不想让这种情况发生，则可以使用 WITH CHECK OPTION 选项限制插入不符合视图规则的数据记录。这样，在插入记录时，如果记录不符合限制条件就不能插入。

例 6-8 创建一个包含限制条件的视图 vw_NotAllowR，限制条件为查询上题创建的表 Table1 中 column_2 列以字母 R 开头的所有记录。然后插入了一条不满足限制条件的记录，再用 SELECT 语句检索视图和表。

程序清单如下：

```
USE AWLT
GO
CREATE VIEW vw_NotAllowR
AS
SELECT column_2,column_1
FROM Table1
WHERE column_2 LIKE 'R%'
GO
```

向视图中插入一条不符合条件的记录，并查询表 Table1，在 SSMS 中输入以下语句：

```
INSERT INTO vw_NotAllowR
VALUES('HANG2',2)
GO
SELECT column_2,column_1
FROM Table1
GO
```

程序的执行结果如下：

```
column_2        column_1
--------------  -----------------
Row 1           1
HANG2           2
 (2 行受影响)
```

但由于新插入的记录不满足创建视图 vw_NotAllowR 的条件，因此当查询视图 vw_NotAllowR 中的记录时，此条记录不会显示出来，查询结果如下所示：

```
column_2         column_1
---------------- ------------------
Row 1            1
 (1 行受影响)
```

例 6-9　在例子 6-8 的基础上添加 WITH CHECK OPTION 选项。

程序清单如下：

```
USE AWLT
GO
CREATE VIEW vw_NotAllowR_Only
AS
SELECT column_2, column_1
FROM Table1
WHERE column_2 LIKE 'R%'
WITH CHECK OPTION
GO
INSERT INTO vw_NotAllowR_Only
VALUES('HANG3',3)
GO
```

运行该程序将显示如下出错信息：

```
消息 550，级别 16，状态 1，第 1 行
试图进行的插入或更新已失败，原因是目标视图或者目标视图所跨越的某一视图指定了 WITH CHECK OPTION，而该操作的一个或多个结果行又不符合 CHECK OPTION 约束。
语句已终止。
```

6.5.2　更新数据

使用视图可以更新数据记录，但应该注意的是，更新的只是数据库中基本表中的数据记录。

1. 使用 SSMS 通过视图更新数据

在 SSMS 中，打开要更新记录的视图，在返回的数据记录窗口中直接修改记录即可。

2. 使用 T-SQL 语句通过视图更新数据

例 6-10　修改视图 vw_NotAllowR 中 column_1 的值为 1 的记录的 column_2 列的值为“Row 2”。

程序清单如下：

```
USE AWLT
GO
update vw_NotAllowR
set column_2='Row 2'
WHERE column_1=1
GO
```

执行上面的程序，如果程序执行成功，系统会返回以下信息：

```
(1 行受影响)
```

在 SSMS 中打开该视图，显示结果如下所示：

```
column_2        column_1
--------------- ----------------
Row 2           1
```

6.5.3 删除数据

使用视图可以删除数据记录，但应该注意的是，删除的是数据库中基本表中的数据记录。

1. 使用 SSMS 通过视图删除数据

在 SSMS 中，打开要删除记录的视图，在返回的数据记录窗口中直接删除记录即可。

2. 使用 T-SQL 语句通过视图删除数据

使用视图删除记录时，可以直接使用 T-SQL 语句中的 DELETE 语句删除视图中的记录。但应该注意，如果有删除条件，则 WHERE 条件中使用到的字段必须是在视图中定义过的字段。

例 6-11 在视图 vw_NotAllowR_Only 中，先插入一条记录，然后删除此条记录。

程序清单如下：

```
USE AWLT
GO
INSERT INTO vw_NotAllowR_Only
VALUES('Row 3',3)
GO
DELETE FROM vw_NotAllowR_Only
WHERE column_1=3
GO
```

在 SSMS 中执行上面的程序，程序会先插入一条 column_1 为 3 的新记录，然后通过 DELETE 语句从视图中删除这条记录，也就是删除了基本表中的相应记录。

6.6 删除视图

对于不再使用的视图，可以使用 SSMS 或 T-SQL 中的 DROP VIEW 语句删除它。

6.6.1 使用 SSMS 删除视图

使用 SSMS 可以很方便地删除视图。在对象资源管理器窗口中，选择相应数据库下要删除的视图，右击该视图名称，从弹出的快捷菜单中选择“删除”选项，会出现“删除对象”对话框。在“删除对象”对话框中单击“确定”按钮，即可删除该视图。

注意：在确认删除之前，应该查看视图的依赖关系窗口，查看是否有数据库对象依赖于将被删除的视图。如果存在这样的对象，那么首先确定是否还有必要保留该对象，如果不必继续保存，可以直接删除掉该视图，否则只能放弃删除。

6.6.2 使用 T-SQL 语句删除视图

可以使用 T-SQL 中的 DROP VIEW 语句删除视图，其语法格式如下：

```
DROP VIEW {view_name}[,...n]
```

可以使用该语句同时删除多个视图，只需在要删除的各视图名称之间用逗号隔开即可。

例 6-12 删除视图 vw_NotAllowR 和视图 vw_NotAllowR_Only。

程序清单如下：

```
USE AWLT
GO
DROP VIEW vw_NotAllowR, vw_NotAllowR_Only
GO
```

在 SSMS 中执行上面的语句，即可同时删除视图 vw_NotAllowR 和 vw_NotAllowR_Only。展开对象资源管理器窗口中 AWLT 数据库下的视图，会发现上述这两个视图已从数据库中删除了。

视图是一种数据库对象，是从一个或者多个数据表或视图中导出的虚表，视图所对应的数据并不真正地存储在视图中，而是存储在所引用的数据表中，视图的结构和数据是对数据表进行查询的结果。对视图中数据的操作与对表中数据的操作一样，可以对其进行查询、插入、更新和删除，但对数据的操作要满足一定的条件。若基本表的数据发生变化，这种变化也会自动地反映到视图中。

在 SQL Server 2008 中，使用视图有以下优点：

（1）视图可以简化用户处理数据的方式。

（2）视图使用户能够着重于他们所感兴趣的特定数据和所负责的特定任务。

（3）视图作为一种安全机制，可以通过限制用户使用数据来实现。

（4）视图允许不同用户以不同方式查看数据，即使在他们同时使用相同的数据时也是如此。

在 SQL Server 2008 中创建视图常用两种方法：使用 SSMS 和 T-SQL 语句。

（1）在 SSMS 中通过界面操作完成视图的创建。

（2）使用 T-SQL 中的 CREATE VIEW 语句来创建视图。其语法格式如下：

```
CREATE VIEW [schema_name.]view_name[(column[,...n])]
[WITH ENCRYPTION]
AS select_statement
[WITH CHECK OPTION][;]
```

通过 SSMS 或 T-SQL 中的 ALTER VIEW 语句可以修改视图，但首先必须拥有修改视图的权限。ALTER VIEW 的语法格式与创建视图的语法格式类似，只是将 CREATE VIEW 改为 ALTER VIEW，视图名称必须是已经存在的，其他内容与创建视图相同。

对于不再使用的视图，可以使用 SSMS 或 T-SQL 中的 DROP VIEW 语句删除它。

使用 DROP VIEW 语句可以同时删除多个视图，其语法格式如下：

```
DROP VIEW {view_name}[,...n]
```

在 SQL Server 中，创建视图后可以通过 SSMS 和系统存储过程来查看视图信息。

（1）在 SSMS 中，可以用鼠标右击要查看的视图，在弹出的快捷菜单中选择相应选项来查看视图的详细信息、依赖关系、视图中的数据。

（2）系统存储过程 sp_help 可以显示数据库对象的特征信息，sp_depends 可以显示数据库对象所依赖的对象，sp_helptext 可以用于显示视图、触发器或存储过程等在系统表中的定义。

使用视图修改数据时，需要注意以下几点：

（1）任何修改（包括 INSERT、UPDATE 和 DELETE 语句）都只能引用一个基本表的列。

（2）在视图中修改的列必须直接引用表列中的基础数据。

（3）被修改的列不受 GROUP BY、HAVING 或 DISTINCT 子句的影响。

（4）如果在视图定义中使用了 WITH CHECK OPTION 子句，则不能在视图的 select_statement 中的任何位置使用 TOP，而且所有在视图上执行的数据修改语句都必须符合定义视图的 SELECT 语句中所设置的条件，并且修改行时需注意不让它们在修改完成后从视图中消失。

（5）INSERT 语句必须为不允许空值并且没有 DEFAULT 定义的基本表中的所有列指定值。

（6）在基本表的列中修改的数据必须符合对这些列的约束。

一、填空题

1．视图是从一个或者多个数据表或视图中导出的________。

2．数据库中只存放视图的________。

3．视图的修改可以引用________基表的列。

4．在视图中通过表达式计算出来的列________直接修改。

5．T-SQL 语言中创建视图应使用________语句。

二、简答题

1．视图和数据表之间的主要区别是什么？

2．使用视图的优点有哪些？

三、应用题

1．创建一个视图，完成如下功能：查询每种产品的基本信息，包括产品编号、产品名称和产品类别名称字段。

2．创建一个视图，完成如下功能：查询每个客户的销售信息，包括客户编号、公司名称、产品编号、产品名称、销售数量、详细订单详细信息编号。

3．创建一个视图，完成如下功能：查询 Address 表中国家为“UN”的所有地址信息。向该视图中插入一条新的记录；修改插入的新的记录；修改后删除该条记录。完成每一步操作后查看基本表 Address 中的数据。

4．查看第 2 题创建的视图的依赖对象。

5．删除第 1 题和第 3 题创建的视图。

第 7 章　索引的创建与使用

本章学习目标

数据库中的索引与书籍中的目录类似。在一本书中，利用目录可以快速查找所需章节，而无需阅读整本书。在数据库中，为了从大量的数据中迅速找到所需的数据，也采用了类似书籍目录的索引技术，使得数据查询时不必扫描整个数据库，就可以迅速找到所需的数据，从而大大节省了在数据库中查找数据的时间，提高了工作效率。本章主要介绍 SQL Server 2008 中索引的创建与应用方法。通过本章的学习，读者应该：

- 理解索引的概念
- 了解索引的优点
- 掌握索引的分类
- 熟练掌握创建、修改和删除索引的方法

7.1　索引概述

索引是数据库中一种特殊类型的对象，它与表有着紧密的关系。索引可以用来提高表中数据查询的速度，并且能够实现某些数据完整性（例如记录的唯一性）。

7.1.1　索引的概念

索引是根据表中一列或若干列，按照一定顺序建立的列值与记录行之间的对应关系表。一个列上的索引包含了该列上的所有列值，和列值形成一一对应的关系。在列上创建了索引之后，查找数据时可以直接根据该列上的索引找到对应行的位置，从而快速地查找到数据。

SQL Server 2008 将索引组织为 B 树，索引内的每一页包含一个页首，页首后面跟着索引行。每个索引行都包含一个键值以及一个指向较低级页或数据行的指针。索引的每个页称为索引节点。B 树的顶端节点称为根节点，索引的底层节点称为叶节点，根和叶之间的任何索引级统称为中间级。

7.1.2　索引的优点

使用索引可以大大提高系统的性能，其具体表现在：

（1）可以大大加快数据检索速度。

（2）通过创建唯一索引，可以保证数据记录的唯一性。

（3）在使用 ORDER BY 和 GROUP BY 子句进行检索数据时，可以显著减少查询中分组和排序的时间。

（4）可以加速表与表之间的连接，这一点在实现数据的参照完整性方面有特别的意义。

（5）可以在查询的过程中使用优化隐藏期来提高系统的性能。

但是，索引带来的查找效率提高是有代价的，因为索引也要占用存储空间，而且为了维护索引的有效性，当往数据表中插入新的数据或者更新数据时，数据库还要执行额外的操作来维护索引。所以，过多的索引不一定能提高数据库性能，必须科学地设计索引，才能带来数据库性能的提高。

7.1.3 索引的分类

SQL Server 2008 支持在表中任何列（包括计算列）上定义索引，在 SQL Server 2008 中提供的索引类型主要有以下几类：聚集索引、非聚集索引、唯一索引、包含性列索引、索引视图、全文索引、筛选索引以及 XML 索引。

1. 聚集索引

聚集索引是指表中数据行的物理存储顺序与索引列顺序完全相同。聚集索引由上下两层结构组成，如图 7-1 所示，上层为索引页，包含表中的索引页面，用于数据检索；下层为数据页，包含实际的数据页面，存放着表中的数据。当为一个表的某列创建聚集索引时，表中的数据会根据索引列的顺序再进行重新排序，然后再存储到磁盘上。因此，每个表只能创建一个聚集索引。聚集索引一般创建于表中经常检索的列或者按顺序访问的列上，因为聚集索引对表中的数据进行了排序，当使用聚集索引找到包含的第一个值后，其他连续的值就在附近了。除个别表外，数据表都应该创建聚集索引，以提高数据的查询性能。默认情况下，SQL Server 为主键自动建立聚集索引。

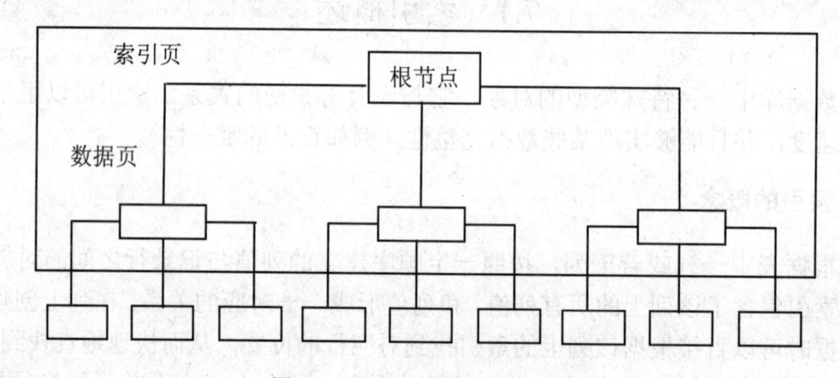

图 7-1 聚集索引的结构示意图

2. 非聚集索引

非聚集索引不改变表中数据行的物理存储位置，数据与索引分开存储，通过索引带有的指针与表中的数据发生联系，如图 7-2 所示。

在图 7-2 中，假设“系部”表的数据是按表（b）中数据的顺序存储，表（a）是为系部表“系部代码”列建立的索引，其中第一列为索引系部代码，后一列是每条记录在表中的存储位置（通常称作指针）。现在查找系部代码为 01 的信息。如果全表扫描需要从第一条记录扫描到最后一条记录；如果利用索引，先在索引表中找到系部代码 01，然后根据索引表中的指针地址（假设为 8）到系部表中直接找到第 8 条记录，这样提高了检索速度。

一个表中最多只能有一个聚集索引，但可有一个或多个非聚集索引。当在 SQL Server 上创建索引时，可指定是按升序还是降序存储键值。

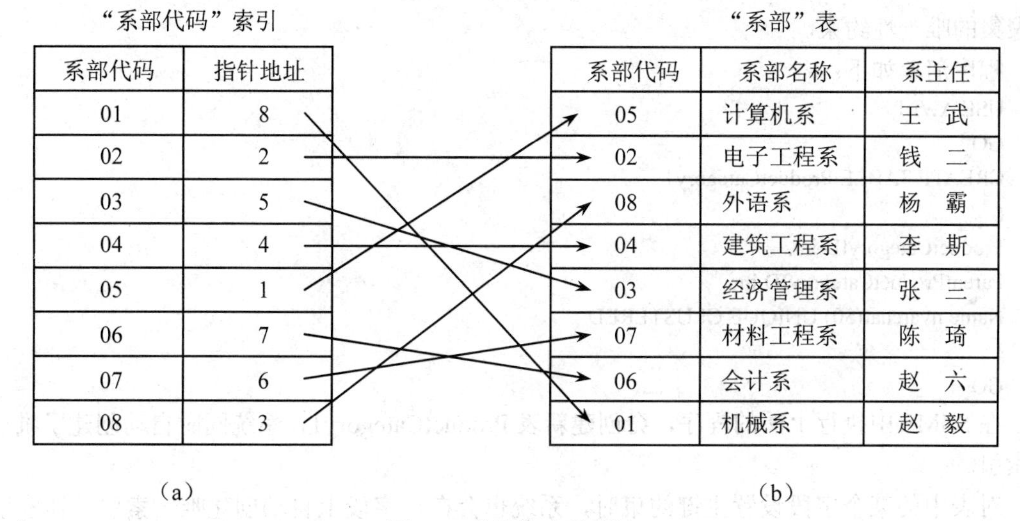

“系部代码”索引
系部代码 指针地址
01 8
02 2
03 5
04 4
05 1
06 7
07 6
08 3
“系部”表
系部代码 系部名称 系主任
05 计算机系 王 武
02 电子工程系 钱 二
08 外语系 杨 霸
04 建筑工程系 李 斯
03 经济管理系 张 三
07 材料工程系 陈 琦
06 会计系 赵 六
01 机械系 赵 毅
(a)
(b)

图 7-2　非聚集索引示例

如果一个表中既要创建聚集索引，又要创建非聚集索引时，应先创建聚集索引，然后再创建非聚集索引，因为创建聚集索引时将改变数据记录的物理存储顺序。

3. *唯一的索引*

索引可以是唯一的，这意味着不会有两行记录相同的索引键值，这样的索引称为唯一索引。当唯一性是数据本身应考虑的特点时，可创建唯一索引。索引也可以不是唯一的，即多个行可以共享同一键值。如果索引是根据多列组合创建的，这样的索引称为复合索引。

聚集索引和非聚集索引都可以是唯一索引。

4. *几种特殊类型的索引*

除了上述几种类型的索引以外，SQL Server 2008 还支持下面几种特殊类型的索引。

（1）XML 索引。XML 索引是一种特殊类型的索引，既可以是聚集索引也可以是非聚集索引，在创建 XML 索引之前必须存在基于该用户表的主键的聚集索引，并且这个键限制为 15 列。XML 索引必须创建在表的 XML 列上，先创建一个 XML 主索引，然后才能创建多个辅助 XML 索引。

（2）筛选索引。筛选索引是一种经过优化的非聚集索引，适用于从表中选择少数行的查询。筛选索引使用筛选谓词对表中的部分数据进行索引。设计良好的筛选索引可以提高查询性能，降低存储成本和维护成本。例如可以为非 NULL 数据行创建一个筛选索引，它仅从非 NULL 值中进行选择查询。

（3）空间索引。空间索引定义在一个包含地理数据的表列上。每个表可以拥有多达 249 个空间索引。

7.2　创建索引

在 SQL Server 2008 中，索引可以由系统自动创建，也可以由用户手工创建。

系统在创建表中的其他对象时可以附带地创建新索引，例如新建表时，如果创建主键或者唯一性约束，系统会自动创建相应的索引。

例 7-1　在 AWLT 数据库中创建一个新表 ProductCategory1，并将其中的 Name 字段设置为聚集的唯一性约束。

程序清单如下：

```
USE AWLT
GO
CREATE TABLE ProductCategory1
(
ProductCategoryID int,
ParentProductCategoryID int,
Name nvarchar(50) UNIQUE CLUSTERED
)
GO
```

在 SSMS 中执行上面的程序，会创建新表 ProductCategory1，系统同时自动创建了唯一聚集索引。

对表中的某个字段设置主键约束时，系统也会在该字段上自动创建唯一索引，该索引可以是聚集的，也可以是非聚集的。系统自动创建的索引名也会因为创建主键的场所和方法不同而有所不同。

如果在 SSMS 中用鼠标设置主键，系统会自动创建一个唯一的聚集索引，索引名为“PK_表名”。如果是使用 T-SQL 语句添加主键约束，也会创建一个唯一索引，但索引名称为“PK_表名_xxxxxxxx”，其中 x 由系统自动生成。这个索引可能是聚集的，也可能是非聚集的，取决于在 PRIMARY KEY 后面使用的关键字，如果使用 NONCLUSTERED 关键字，会生成非聚集的唯一索引；如果使用 CLUSTERED 关键字，会生成聚集的唯一索引。不使用关键字时，如果此表存在聚集索引，则生成非聚集的唯一索引，否则生成聚集的唯一索引。

例 7-2 在 AWLT 数据库中创建一个新表 Address1，并将其中的 AddressID 字段设置为主键。

程序清单如下：

```
USE AWLT
GO
CREATE TABLE Address1
(
AddressID INT PRIMARY KEY,
AddressLine1 nvarchar(60) NOT NULL,
AddressLine2 nvarchar(60),
City nvarchar(30),
PostalCode nvarchar(15)
)
GO
```

在 SSMS 中执行上面的程序，会创建新的数据表 Address1，系统同时自动创建了唯一聚集的索引。

除了系统自动生成的索引外，用户也可以根据实际需要，使用 SSMS 和 T-SQL 语句创建索引。

创建索引时要注意：

- 只有表或视图的所有者才能创建索引，并且可以随时创建。
- 创建聚集索引时，数据库上必须有足够的空闲空间。

- 在使用 CREATE INDEX 语句创建索引时，必须指定索引名称、表以及所应用的列的名称。
- 在一个表中最多可以创建 999 个非聚集索引。默认情况下，创建的索引是非聚集索引。
- 复合索引的列的最大数目为 16。

7.2.1　使用 SSMS 创建索引

使用 SSMS 直接创建索引可以使用两种方法：

方法一：

例 7-3　在 AWLT 数据库中，为表 Customer 创建一个唯一、非聚集索引 IX_Customer_EmaiAddress，索引字段为 EmaiAddress。

（1）在 SSMS 中，展开指定的服务器和 AWLT 数据库，展开要创建索引的 Customer 表，并右击其中的“索引”文件夹，从弹出的快捷菜单中选择“新建索引”选项，如图 7-3 所示。

（2）在打开的“新建索引”对话框中，输入索引名为“IX_Customer_EmaiAddress”，在索引类型旁边的下拉列表框中选择“非聚集索引”选项，并单击“添加”按钮，打开“选择列”窗口，在其中选中“EmaiAddress”字段前面的复选框，如图 7-4 所示。如果是复合索引，可以在“选择列”对话框中同时勾选多个字段前面的复选框。

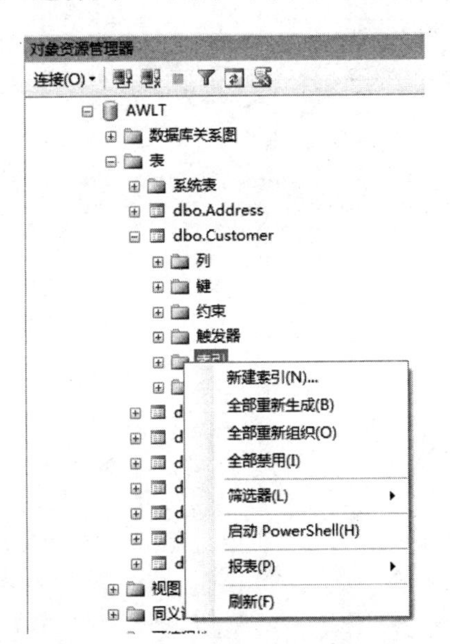

图 7-3　新建索引选择菜单

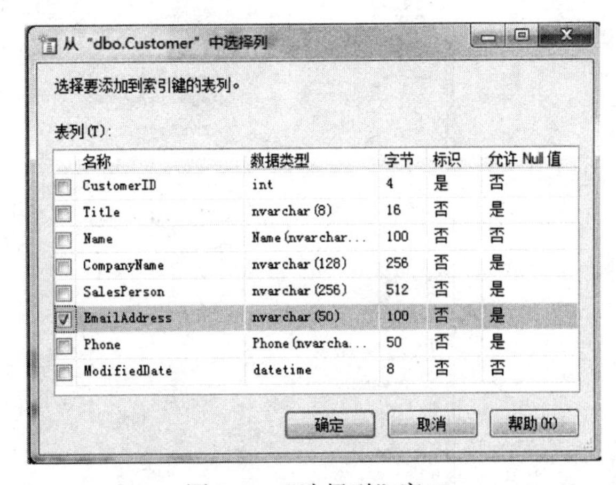

图 7-4　“选择列”窗口

（3）单击“确定”按钮，关闭“选择列”对话框，在“新建索引”窗口中将“EmaiAddress”字段的排序顺序改为“降序”，设置结果如图 7-5 所示。

（4）如果要设置其他选项，可以单击“新建索引”窗口左上角的“选项”，在这里可以根据实际需要勾选相应的选项，如图 7-6 所示。

（5）全部设置完成后，单击“确定”按钮，就创建了“IX_Customer_EmaiAddress”索引。

方法二：

例 7-4　在 AWLT 数据库中，为表 Customer 创建一个唯一、非聚集索引 IX_Customer_Name，索引字段为 Name。

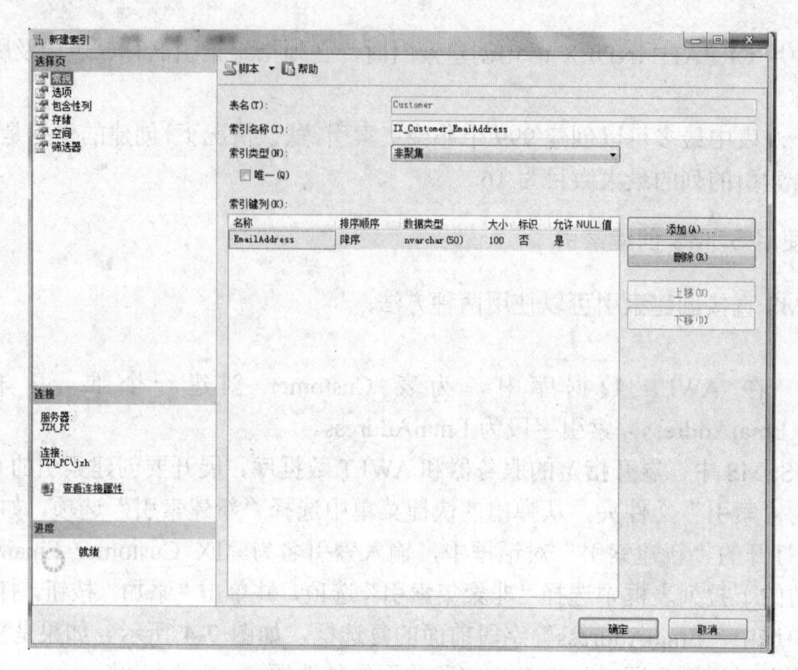

图 7-5 新建索引设置结果窗口

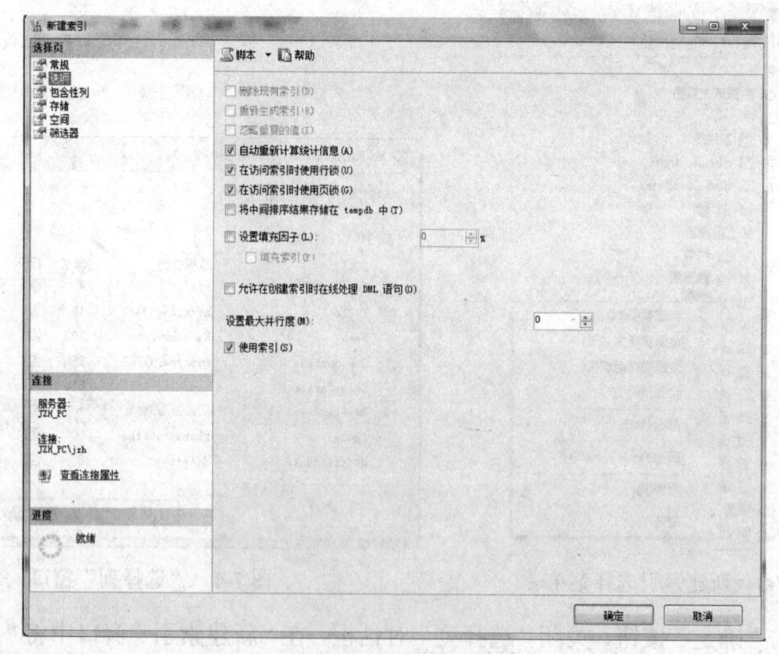

图 7-6 新建索引—选项窗口

（1）进入表结构设计窗口，在窗口中右击鼠标，从快捷菜单中选择“索引/键”，会打开“索引/键”对话框，如图 7-7 所示。

（2）在“索引/键”对话框中，可以看到已经创建的索引，也可以添加新索引或删除已有的索引。在该对话框中选择“添加”按钮，然后单击“(常规)”下面对应的“列”旁边的□按钮，打开添加索引列的对话框，选择“Name”字段，排序顺序默认为“升序”，设置的结果如图 7-8 所示。

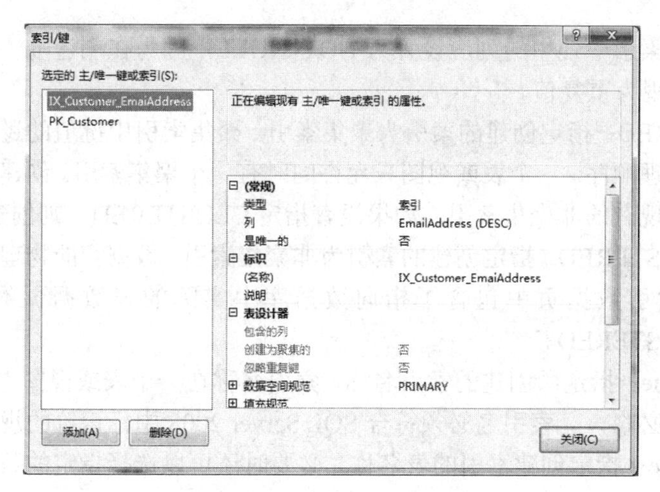

图 7-7　“索引/键”对话框

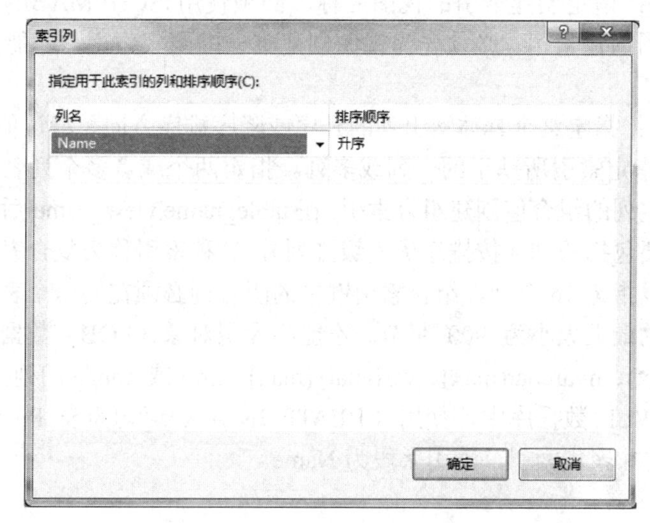

图 7-8　“索引列”对话框

（3）单击“确定”按钮，关闭“索引列”对话框。在“索引/键”对话框中给这个索引起一个名称 IX_Customer_Name，并单击“关闭”按钮。在表结构的设计窗口中保存所做的设置，就建立好了上面的索引。

7.2.2　使用 T-SQL 语句创建索引

使用 T-SQL 中的 CREATE INDEX 语句可以创建索引。使用 CREATE INDEX 语句既可以创建一个可改变表的物理顺序的聚集索引，也可以创建提高查询性能的非聚集索引，其语法格式如下：

```
CREATE [UNIQUE][CLUSTERED|NONCLUSTERED] INDEX index_name
    ON table_name|view_name(column[ASC|DESC][,...n])
```

其中，各参数的说明如下：

- UNIQUE：指定为表或视图创建唯一索引，即不允许两行具有相同的索引键值。视图的聚集索引必须唯一。数据库引擎都不允许为已包含重复值的列创建唯一索引，否则，数据库引擎会显示错误消息。必须先删除重复值，然后才能为一列或多列创建唯一索引。唯一索引中使用的列应设置为 NOT NULL，因为在创建唯一索引时，会将多个NULL 值视为重复值。

- CLUSTERED：指定创建的索引为聚集索引。聚集索引中键值的逻辑顺序决定表中对应行的物理顺序。一个表或视图只允许同时有一个聚集索引。创建聚集索引时会重新生成表中现有的非聚集索引。如果没有指定 CLUSTERED，则创建非聚集索引。
- NONCLUSTERED：指定创建的索引为非聚集索引。数据行的物理排序独立于索引排序。其索引数据页中包含了指向数据库中实际的表数据页的指针。默认值为NONCLUSTERED。
- index_name：指定所创建的索引名称。索引名称在一个表或视图中必须唯一，但在数据库中不必唯一。索引名必须符合 SQL Server 2008 中标识符的规则。
- table_name：指定创建索引的表名称。必要时还可以选择指定的数据库名称和所有者名称。
- view_name：指定创建索引的视图名称。必须使用 SCHEMABINDING 定义视图，才能为视图创建索引。必须先为视图创建唯一的聚集索引，才能为该视图创建非聚集索引。
- ASC|DESC：指定某个具体索引列的升序或降序排序方向。默认值为升序（ASC）。
- Column：指定索引所基于的一列或多列。指定两个或者多个列名组成一个索引时，可以为指定列的组合值创建组合索引。在 table_name|view_name 后的圆括号中列出组合索引中要包括的列（按排序优先级排列），这种索引称为复合索引。一个复合索引中最多可以指定 16 个列，组合索引键中的所有列必须在同一个表或视图中。组合索引值允许的最大大小为 900 字节。不能将大型对象（LOB）数据类型 ntext、text、varchar(max)、nvarchar(max)、varbinary(max)、xml 或 image 的列指定为索引的键列。

例 7-5 在 AWLT 数据库中，使用 CREATE INDEX 语句为表 Product 创建一个名为 IX_Product_Name 的非聚集索引，索引字段为 Name。

程序清单如下：

```
USE AWLT
GO
CREATE INDEX IX_Product_Name
ON Product (Name)
GO
```

例 7-6 在 AWLT 数据库中，使用 CREATE INDEX 语句为表 Product 创建一个名为 IX_Product_SellStartDate_Color 的复合索引，索引字段为 SellStartDate 字段和 Color 字段，按 SellStartDate 字段降序，Color 字段升序。

程序清单如下：

```
USE AWLT
GO
CREATE INDEX IX_Product_SellStartDate_Color
on Product(SellStartDate DESC, Color ASC)
GO
```

7.3　查看索引

在对表创建了索引之后，可以根据实际需要通过 SSMS 和系统存储过程查看表中的索引信息。

7.3.1　使用 SSMS 查看索引信息

方法一：

（1）在 SSMS 中，展开指定的服务器、数据库和创建索引的表，并单击其中的“索引”，可以显示出该表上的所有索引，如图 7-9 所示。

（2）要想查看某个索引的详细信息，可以用鼠标右击要查看的索引，在弹出的快捷菜单中选择“属性”选项，会打开“索引属性”对话框，在弹出的“索引属性”对话框中可以查看索引的详细信息。

（3）如果从弹出的快捷菜单中选择“查看依赖关系”选项，在弹出“对象依赖关系”对话框中可以查看该索引依赖的对象和依赖于该索引的对象。

方法二：

进入表结构设计窗口，在窗口中右击鼠标，从快捷菜单中选择“索引/键”，在“索引/键”对话框中，可以看到已经创建的索引，在“选定的主/唯一键或索引”中选择要查看的索引的名称，在右侧就可以看到选中的索引的详细信息。

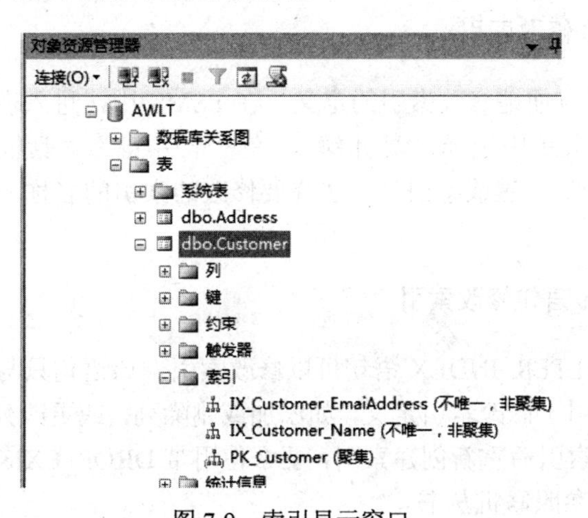

图 7-9　索引显示窗口

7.3.2　使用系统存储过程查看索引信息

系统存储过程 sp_helpindex 可以返回表的所有索引信息，其语法格式如下：

```
sp_helpindex [@objname=]'name'
```

其中，[@objname=]'name'参数用于指定当前数据库中的表的名称。

例 7-7　使用系统存储过程查看 Customer 表的索引信息。

程序清单如下：

```
USE AWLT
GO
```

```
sp_helpindex Customer
GO
```

程序的执行结果如图 7-10 所示。

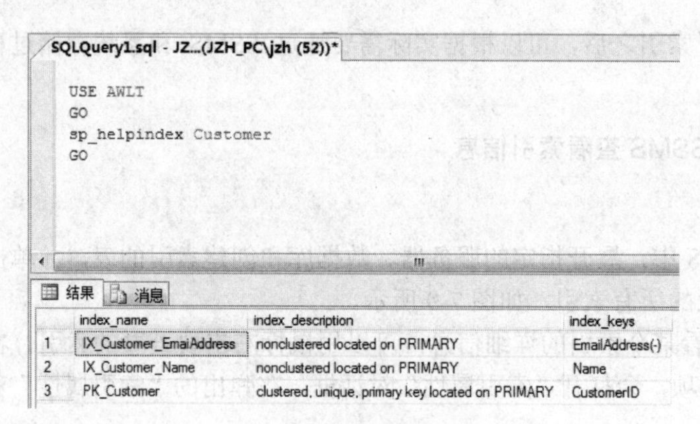

图 7-10 查看索引信息显示结果

7.4 修改索引

在对表创建了索引之后，可以根据实际需要修改已有的索引，修改索引的常用方法主要有两种：使用 SSMS 和 T-SQL 语句。

7.4.1 使用 SSMS 修改索引

使用 SSMS 可以很方便地修改索引的定义。在 SSMS 中，进入表结构的设计窗口，在窗口中右击鼠标，从快捷菜单中选择“索引/键”，在“索引/键”对话框中，可以看到已经创建的索引，在“选定的主/唯一键或索引”中选择要修改的索引的名称，在右侧就可以修改选中的索引的信息。

7.4.2 使用 T-SQL 语句修改索引

使用 T-SQL 中的 ALTER INDEX 语句可以修改索引。该语句只与维护有关，而与结构无关。也就是该语句不能用于修改索引定义，如添加或删除列，或更改列的顺序。如果需要修改索引的组成，要么删除索引后重新创建索引，要么使用带 DROP_EXISTING=ON 选项的索引。具体语法及参数说明请参照联机丛书。

7.5 删除索引

使用索引可以提高查询效率，但是如果一个表上索引过多，则当修改表中的记录时会增加服务器维护索引的时间。所以，当表中某个索引不需要时，应该把它从数据库中删除。删除索引常用的操作方法有两种：使用 SSMS 和 T-SQL 语句。

7.5.1 使用 SSMS 删除索引

使用 SSMS 删除索引可以使用两种方法：

方法一：

在 SSMS 中，展开指定的服务器、数据库、查看索引所在的表和要查看的索引，并右击需要删除的索引名称，从弹出的快捷菜单中选择“删除”命令，在“删除对象”对话框中单击“确定”按钮，即可删除选定的索引。

方法二：

进入表结构的设计窗口，在窗口中右击鼠标，从快捷菜单中选择“索引/键”，在“索引/键”对话框中，可以看到已经创建的索引，在“选定的主/唯一键或索引”中选择要删除的索引的名称，单击“删除”按钮，即可删除选中的索引。

7.5.2　使用 T-SQL 语句删除索引

使用 T-SQL 中的 DROP INDEX 语句可以删除表中的索引，其语法格式如下：

```
DROP INDEX table_name.index_name|view_name.index_name[,...n]
```

其中：

- table_name | view_name：用于指定索引列所在的表或索引视图。
- index_name：用于指定要删除的索引名称。

注意：DROP INDEX 命令不能删除由 CREATE TABLE 或者 ALTER TABLE 语句创建的主键或者唯一性约束索引。对于通过设置主键约束或者唯一性约束创建的索引，可以通过删除约束的方法删除索引。

例 7-8　删除表 Customer 中的名为 IX_Customer_Name 的索引。

程序清单如下：

```
USE AWLT
GO
DROP INDEX Customer.IX_Customer_Name
GO
```

索引是根据表中一列或若干列，按照一定顺序建立的列值与记录行之间的对应关系表。一个列上的索引包含了该列上的所有列值，和列值形成一一对应的关系。在列上创建了索引之后，查找数据时可以直接根据该列上的索引找到对应行的位置，从而快速地查找到数据。

使用索引可以大大提高系统的性能，具体表现在：可以大大加快数据检索速度；通过创建唯一索引，可以保证数据记录的唯一性；在使用 ORDER BY 和 GROUP BY 子句进行检索数据时，可以显著减少查询中分组和排序的时间；可以加速表与表之间的连接；可以在查询的过程中使用优化隐藏期来提高系统的性能。

SQL Server 2008 支持在表中任何列上定义索引，在 SQL Server 2008 中提供的索引类型主要有：聚集索引、非聚集索引、唯一索引、包含性列索引、索引视图、全文索引、筛选索引以及 XML 索引。其中最常用的是聚集索引、非聚集索引和唯一索引。

（1）聚集索引是指表中数据行的物理存储顺序与索引列顺序完全相同。每个表只能创建一个聚集索引。聚集索引一般创建于表中经常检索的列或者按顺序访问的列上。默认情况下，SQL Server 为主键自动建立聚集索引。

（2）非聚集索引不改变表中数据行的物理存储位置，数据与索引分开存储，通过索引带有的指针与表中的数据发生联系。一个表中最多只能有一个聚集索引，但可有一个或多个非聚集索引。当在 SQL Server 上创建索引时，可指定是按升序还是降序存储键值。

（3）当唯一性是数据本身应考虑的特点时，可创建唯一索引。索引也可以不是唯一的，即多个行可以共享同一键值。如果索引是根据多列组合创建的，这样的索引称为复合索引。聚集索引和非聚集索引都可以是唯一索引。

在 SQL Server 2008 中，索引可以由系统自动创建，也可以由用户手工创建。

（1）系统在创建表中的其他对象时可以附带地创建新索引，例如新建表时，如果创建主键或者唯一性约束，系统会自动创建相应的索引。

（2）使用 SSMS 创建索引有两种方法：一种方法是在 SSMS 中展开指定的服务器、数据库和要创建索引的表，右击其中的“索引”文件夹，从弹出的快捷菜单中选择“新建索引”选项，在打开的“新建索引”对话框中完成索引的创建；一种方法是进入表结构设计窗口，在窗口中右击鼠标，从快捷菜单中选择“索引/键”，在“索引/键”对话框中，可以看到已经创建的索引，也可以添加新索引或删除已有的索引。

（3）使用 T-SQL 中的 CREATE INDEX 语句来创建索引。其语法格式如下：

```
CREATE [UNIQUE][CLUSTERED|NONCLUSTERED] INDEX index_name
    ON table_name|view_name(column[ASC|DESC][,...n])
```

在对表创建了索引之后，可以根据实际需要通过 SSMS 的两种方法和系统存储过程 sp_helpindex 查看表中的索引信息。系统存储过程 sp_helpindex 可以返回表的所有索引信息，其语法格式如下：

```
sp_helpindex [@objname=]‘name’
```

在对表创建了索引之后，可以根据实际需要使用 SSMS 的两种方法修改已有的索引。

还可以使用 SSMS 和 T-SQL 中的 DROP INDEX 语句删除索引。DROP INDEX 语句的语法格式如下：

```
DROP INDEX table_name.index_name|view_name.index_name[,...n]
```

习题七

一、填空题

1．使用索引可以大大加快________速度。

2．在 SQL Server 中，通常不需要用户建立索引，而是通过使用________约束和________约束，由系统自动建立索引。

3．按照存储结构的不同，索引分为________和________。

4．索引可以提高 SELECT 语句中 ORDER BY 子句和________子句的执行速度。

二、选择题

1．“CREATE UNIQUE INDEX AAA ON 学生表（学号）”将在学生表上创建名为 AAA 的（　）。

A．唯一索引　　B．聚集索引　　C．复合索引　　D．唯一聚集索引

2．下面对索引的相关描述正确的是（　）。

A．经常被查询的列不适合建索引　　B．列值唯一的列适合建索引

C．有很多重复值的列适合建索引　　D．是外键或主键的列不适合建索引

3．下面关于聚集索引和非聚集索引说法正确的是（　　）。

A．每个表只能建立一个聚集索引

B．非聚集索引需要较多的硬盘空间和内存

C．一张表上不能同时建立聚集索引和非聚集索引

D．一个复合索引只能是聚集索引

三、简答题

1．使用索引有哪些优点？

2．聚集索引和非聚集索引各有什么特点？

3．使用 T-SQL 语句创建索引的语句是什么？

四、应用题

1．为表 ProductCategory 创建一个唯一的非聚集索引，索引字段为 Name 字段。

2．为表 SalesOrderHeader 创建一个复合索引，索引字段为 OrderDate 和 TotalDue，并按 TotalDue 字段降序。

3．查看第 1 题创建的索引的信息。

4．删除第 1 题和第 2 题创建的索引。

第 8 章　T-SQL 语言

T-SQL 语言是 SQL 语言的一种实现形式，它包含了标准的 SQL 语言部分。在 T-SQL 语言中使用标准 SQL 语言编写的应用程序和脚本，可以移植到其他的数据库管理系统中执行。但由于标准 SQL 语言形式简单，不能满足实际应用中的编程需要，因此，T-SQL 语言另外增加了一些非标准 SQL 语言中的内容。本章主要介绍 T-SQL 语言的基础知识。通过本章的学习，读者应该：

- 了解批处理的概念
- 了解 T-SQL 语言中常量的使用方法
- 掌握 T-SQL 语言中变量的声明及使用方法
- 掌握 T-SQL 语言中的常用运算符及其优先级
- 掌握 T-SQL 语言中的常用系统函数及使用方法
- 掌握 T-SQL 语言中的用户定义函数的创建及使用方法
- 掌握 T-SQL 语言中的流程控制语句的种类及用法

8.1　批处理

为了提高程序的执行效率，在 T-SQL 语言编写的程序中，可以使用 GO 语句将多条 SQL 语句进行分隔，两个 GO 语句之间的 SQL 语句作为一个批处理。

在一个批处理中可以包含一条或多条 SQL 语句，称为一个语句组。所有的批处理命令都使用 GO 语句作为结束的标志。当编译器读到 GO 时，它会把前面所有的语句当作一个批处理来处理。SQL Server 服务器将批处理编译成一个可执行单元（称为执行计划），从应用程序一次性地发送到 SQL Server 服务器进行执行。

8.1.1　批处理使用规则

关于批处理，有许多规则必须遵从：

- CREATE DEFAULT、CREATE FUNCTION、CREATE PROCEDURE、CREATE RULE、CREATE SCHEMA、CREATE TRIGGER 和 CREATE VIEW 语句不能在批处理中与其他语句组合使用。批处理如果以 CREATE 语句开始，所有跟在该批处理后的其他语句将被解释为第一个 CREATE 语句定义的一部分。
- 不能在同一个批处理中更改表结构，然后引用新列。
- 如果 EXECUTE 语句是批处理中的第一句，则可省略 EXECUTE 关键字。如果 EXECUTE 语句不是批处理中的第一条语句，则需要 EXECUTE 关键字。

8.1.2　批处理错误处理

当批处理的编译错误（如出现语法错误等）时，使执行计划无法编译。因此，不会执行批处理中的任何语句。

当批处理中的所有语句编译通过后，在运行时遇到错误的处理方法如下：

- 大多数运行时错误将停止执行批处理中当前语句和它之后的语句。
- 某些运行时错误（如违反约束）仅停止执行当前语句，而继续执行批处理中其他所有语句。
- 在遇到运行时错误的语句之前执行的语句不受影响。唯一例外的情况是批处理位于事务中并且错误导致事务回滚。在这种情况下，所有在运行时错误之前执行的未提交数据修改都将回滚。

8.1.3　批处理示例

例 8-1　在程序中使用 GO 语句。

程序清单如下：

```
--第一个批处理完成打开 AWLT 数据库的操作
USE AWLT
GO    /* GO 是批处理结束标志*/
--第二个批处理创建一个视图 vw_Product
CREATE VIEW vw_Product
AS
SELECT ProductNumber,Name
FROM Product
GO
--第三个批处理查询视图 vw_Product 中的所有数据
SELECT * FROM vw_Product
GO
```

因为 CREATE VIEW 必须是批处理中的唯一语句，所以需要 GO 语句将 CREATE VIEW 语句与 USE 语句和 SELECT 语句隔离。

注意：GO 语句本身并不是 T-SQL 语言的组成部分，它只是一个用于表示批处理结束的前端标志。

8.2　注释

注释，也称为注解，是写在程序代码中的说明性文字，它们对程序的结构及功能进行文字说明。注释内容不被系统编译，也不被程序执行。使用注释对代码进行说明，不仅能使程序易读易懂，而且有助于日后的管理和维护。注释通常用于记录程序名称、作者姓名和主要代码更改的日期，注释还可以用于描述复杂的计算或者解释编程的方法。

在 SQL Server 中，有两种类型的注释字符：

（1）单行注释：使用两个连在一起的减号“--”作为注释符，注释文字写在注释符的后面，以最近的回车符作为注释的结束。

（2）多行注释：使用“/*　*/”作为注释符，“/*”用于注释文字的开头，“*/”用于注释文字的结尾。

当然，单行注释也可以使用“/* */”，只需将注释行以“/*”开头并以“*/”结尾即可。反之，段落注释也可以使用“--”，只需使段落注释的每一行都以“--”开头即可。

例 8-2 在程序中使用注释。

程序清单如下：

```
--本程序是一个使用注释的例子。
USE AWLT      --打开 AWLT 数据库
GO
/*下面的 SQL 语句完成在 Product 表中查询
ProductCategoryID 为 25 的产品的 Name、
ProductNumber 和 ListPrict 三个字段的记录，
要求按 ListPrict 的降序排序*/
SELECT Name,ProductNumber,ListPrict
FROM Product
WHERE ProductCategoryID=25
ORDER BY ListPrict DESC
GO
```

8.3 常量和变量

8.3.1 常量

常量，也称为文字值或标量值，是表示一个特定数据值的符号。常量的格式取决于它所表示的值的数据类型。

根据常量的不同类型，分为字符串常量、整型常量、实型常量、日期时间常量、货币常量、唯一标识常量等。各类常量举例说明如下。

1. 字符串常量

字符串常量是指括在单引号内并由字母（a～z、A～Z）、数字（0～9）以及特殊字符组成的符号串。如果单引号中的字符串包含一个嵌入的单引号，可以使用两个单引号表示嵌入的单引号。空字符串用中间没有任何字符的两个单引号表示。

2. Unicode 字符串

Unicode 字符串的格式与普通字符串相似，但它前面有一个 N 标识符（N 代表 SQL-92 标准中的区域语言），N 前缀必须是大写字母。例如，'Jack'是字符串常量，而 N'Jack'则是 Unicode 常量。

3. 二进制常量

二进制常量具有前辍 0x，并且是十六进制数字串，这些常量不括在引号内。如 0xAE，0x（空的二进制字符串）。

4. bit 常量

bit 常量使用数字 0 或 1 表示，并且不括在引号中。如果使用一个大于 1 的数字，则该数字将转换为 1。

5. datetime 常量

datetime 常量使用特定格式的字符日期值来表示，并使用单引号括起来。如'December 5,

2010'，'5 December, 2010'，'101205'，'12/5/10'等。

6. integer 常量

integer 常量用不包含小数点的数字串表示，不用引号括起来。integer 常量必须全部为数字，不能包含小数。如 1234。

7. decimal 常量

decimal 常量由包含小数点的数字串来表示，不需要用引号括起来。如 1894.1204，2.0。

8. float 和 real 常量

float 和 real 常量使用科学记数法来表示的小数形式。如 101.5E5，0.5E-2。

9. money 常量

money 常量以前缀为小数点或货币符号的数字串表示，money 常量不使用引号括起。如 $12，$542023.14。

10. uniqueidentifier 常量

uniqueidentifier 常量是表示 GUID 的字符串，可以使用字符或二进制字符串格式指定。如 '6F9619FF-8B86-D011-B42D-00C04FC964FF'，0xff19966f868b11d0b42d00c04fc964ff。

8.3.2 变量

变量是程序设计语言中必不可少的组成部分，用它保存程序运行过程中的中间值，也可以在语句之间传递数据。T-SQL 语言中的变量是用于保存单个特定类型数据值的对象，也称为局部变量。因为 T-SQL 语言中的变量具有局部作用域，所以只在定义它的批处理或过程中可见。T-SQL 语言中的变量是由用户根据需要自己定义的。

注意：T-SQL 语言中的某些系统函数的名称以“@@”打头，虽然在 SQL Server 的早期版本中，这些系统函数被称为全局变量，但它们不是变量，也不具备变量的行为。以“@@”打头的函数是系统函数，它们的语法遵循函数的规则。

1. 变量的声明

T-SQL 语言中的变量在声明和引用时要在其名称前加上标志“@”，而且必须先用 DECLARE 语句声明后才可以使用。声明变量的语法格式为：

```
DECLAER {@local_variable data_type [=value]} [,…n]
```

其中，各参数的说明如下：

- @local_variable：指定变量的名称。变量名必须以符号@开头，并且变量名必须符合 SQL Server 的命名规则。
- data_type：用于设置变量的数据类型和长度。可以是除 text、ntext 或 image 之外的任何系统数据类型或用户定义的数据类型。
- value：给变量赋值。可以是常量也可以是变量，但必须与变量声明的类型匹配，或者可隐式转换为该类型。

2. 变量的赋值

使用 DECLARE 语句声明变量之后，系统会将其初始值设为 NULL，如果想要设定变量的值，可以使用 SET 语句或者 SELECT 语句给其赋值。其语法格式为：

```
SET {@local_variable=expression}
```

或

```
SELECT {@local_variable=expression}[,...n]
```

其中，各参数的说明如下：

- @local_variable：指定需要赋值的变量。该变量必须是用 DECLARE 语句已声明的。
- expression：任何有效的 SQL Server 表达式。

注意：SELECT 语句可以同时给多个变量赋值。如果 expression 为列名，则返回多个值，此时将返回的最后一个值赋给变量；如果 SELECT 语句没有返回值，变量将保留当前值；如果 expression 是不返回值的子查询，则将变量设置为 NULL。

3. 变量使用举例

例 8-3 声明一个变量@CurrentDateTime，将 GETDATE()函数的值赋值给该变量，然后输出@CurrentDateTime 变量的值。

程序清单如下：

```
DECLARE @CurrentDateTime char(30)                    --声明变量@CurrentDateTime
SELECT   @CurrentDateTime=GETDATE()                  --给变量@CurrentDateTime 赋值
SELECT @CurrentDateTime AS '当前的日期和时间'       --显示变量@CurrentDateTime 的值
GO
```

程序的执行结果如下：

```
当前的日期和时间
------------------------------
07 15 2011    9:37PM
(1 行受影响)
```

注意：变量只在声明它的批处理或过程中有效，因此，在上例中的程序中间不能写入 GO 语句。

例 8-4 查询 Product 表中所有产品的信息，将返回的记录数赋给变量@RowsReturn。

程序清单如下：

```
--打开 AWLT 数据库
USE AWLT
GO
DECLARE @RowsReturn int                                      --声明变量@RowsReturn
SET @RowsReturn=(SELECT COUNT(*) FROM Product)               --给变量@RowsReturn 赋值
SELECT @RowsReturn AS 'SELECT 返回的记录数'                  --显示变量@RowsReturn 的值
GO
```

程序的执行结果如下：

```
SELECT 返回的记录数
-------------
294
(1 行受影响)
```

例 8-5 在 SELECT 语句中使用由 SET 赋值的变量。

程序清单如下：

```
--打开 AWLT 数据库
USE AWLT
GO
DECLARE @find varchar(30)              --声明变量@find
SET @find='Te%'                        --给变量@find 赋值
/*  也可以在声明变量的时候赋值 DECLARE @find varchar(30)='Te%' */
/*根据变量@find 的值进行查询*/
```

```
SELECT Name,Phone
FROM Customer
WHERE Name LIKE @find
GO
```

程序的执行结果如下：

```
Name                    Phone
----------------------- ----------------------
Teanna Cobb             661-555-0168
Ted Bremer              962-555-0166
Teresa Atkinson         129-555-0110
…
(7 行受影响)
```

例 8-6　使用 SELECT 语句给局部变量赋值。

程序清单如下：

```
USE AWLT                --打开 AWLT 数据库
GO
DECLARE @MaxPrice money,@MinPrice money                          --声明变量
SELECT @MaxPrice=MAX(ListPrice),@MinPrice=MIN(ListPrice)         --给变量赋值
FROM Product
WHERE SellEndDate<GetDate()
/*根据变量@MaxPrice 和@MinPrice 的值进行查询，查询产品的名称、销售价格和停止销售日期*/
SELECT Name,ListPrice,SellEndDate
FROM Product
WHERE ListPrice=@MaxPrice OR ListPrice=@MinPrice
GO
```

程序的执行结果如下：

```
Name                               ListPrice       SellEndDate
---------------------------------- --------------- ------------------------------------
Mountain Bike Socks, M             9.50            2002-06-30 00:00:00.000
Mountain Bike Socks, L             9.50            2002-06-30 00:00:00.000
Road-150 Red, 62                   3578.27         2002-06-30 00:00:00.000
…
(7 行受影响)
```

例 8-7　给局部变量赋空值。

程序清单如下：

```
--打开 AWLT 数据库
USE AWLT
GO
DECLARE @AddressID int                        --声明变量@ AddressID
/*给变量@AddressID 赋空值（因为 Address 表中不存在 City 值为'abc'的记录）*/
SELECT @AddressID=AddressID
FROM Address
WHERE City='abc'
SELECT @AddressID AS AddressID                --显示变量@AddressID 的值
GO
```

程序的执行结果如下：

```
AddressID
-------------
NULL
 (1 行受影响)
```

8.4 运算符

运算符用来指定要在一个或多个表达式中执行的操作。在 SQL Server 2008 中，运算符主要有以下七大类：算术运算符、赋值运算符、按位运算符、比较运算符、逻辑运算符、字符串串联运算符和一元运算符。

8.4.1 算术运算符

算术运算符包括加（+）、减（-）、乘（*）、除（/）和取模（%）。算术运算符可以完成对两个表达式的数学运算。对于加、减、乘、除这四种算术运算符，两个表达式可以是数字数据类型中的任何类型；加（+）和减（-）运算符还可用于对 datetime 和 smalldatetime 值执行算术运算；对于取模运算符，要求进行计算的数据的数据类型为整数和货币数据类型类别中任意一种数据类型的有效表达式，或者为 numeric 数据类型，取模算术运算符可以和列名、数值常量或任何具有整数和货币数据类型或numeric数据类型的有效表达式组合一起用于SELECT语句的选择列表中。

8.4.2 赋值运算符

T-SQL 语言中只有一个赋值运算符，即等号（=）。赋值运算符能够将数据值指派给特定的对象。另外，还可以使用赋值运算符在列标题和为列定义值的表达式之间建立关系。

8.4.3 按位运算符

按位运算符包括按位与（&）、按位或（|）和按位异或（^）。位运算符在两个表达式之间进行位操作，这两个表达式可以为整数类型中的任何数据类型。要求在位运算符左右两侧的操作数不能同时是二进制字符串数据类型中的某种数据类型。

8.4.4 比较运算符

在 SQL Server 2008 中，比较运算符包括：等于（=）、大于（>）、大于或等于（>=）、小于（<）、小于或等于（<=）、不等于（<>或!=）、不小于（!<）、不大于（!>）。

比较运算符用于测试两个表达式是否相同，其比较的结果是布尔值，即 TRUE、FALSE 以及 UNKNOWN。除了 text、ntext 或 image 数据类型的表达式外，比较运算符可以用于所有的表达式。

8.4.5 逻辑运算符

逻辑运算符用于对某些条件进行测试，以获得其真假情况。逻辑运算返回布尔值，值为 TRUE、FALSE 或 UNKNOWN。

SQL Server 2008 提供的逻辑运算符如表 8-1 所示。

表 8-1　逻辑运算符

运算符	含义
ALL	如果一组的比较都为 TRUE，那么就为 TRUE
AND	如果两个布尔表达式都为 TRUE，那么就为 TRUE
ANY	如果一组的比较中任何一个为 TRUE，那么就为 TRUE
BETWEEN	如果操作数在某个范围之内，那么就为 TRUE
EXISTS	如果子查询包含一些行，那么就为 TRUE
IN	如果操作数等于表达式列表中的一个，那么就为 TRUE
LIKE	如果操作数与一种模式相匹配，那么就为 TRUE
NOT	对任何其他布尔运算符的值取反
OR	如果两个布尔表达式中的一个为 TRUE，那么就为 TRUE
SOME	如果在一组比较中，有些为 TRUE，那么就为 TRUE

8.4.6　字符串串联运算符

加号（+）是字符串串联运算符，可以用它将两个或多个字符串串联起来。默认情况下，空的字符串将被解释为空字符串。例如，'abc'+'' +'def'被存储为'abcdef'。

8.4.7　一元运算符

一元运算符包括正（+）、负（-）和位非（~）。一元运算符只对一个表达式执行操作，正（+）和负（-）运算符可以用于 numeric 数据类型表达式，位非（~）运算符只能用于整数类型表达式。

8.4.8　运算符的优先级

当一个复杂的表达式中包含多种运算符时，运算符优先级决定执行运算的先后次序，执行的顺序可能严重地影响所得到的值。在 SQL Server 2008 中，运算符的优先级从高到低如表 8-2 所示。

表 8-2　运算符的优先等级

级别	运算符
1	~（位非）
2	*（乘）、/（除）、%（取模）
3	+（正）、-（负）、+（加）、(+ 连接)、-（减）、&（位与）、^（位异或）、|（位或）
4	=、>、<、>=、<=、<>、!=、!>、!<（比较运算符）
5	NOT
6	AND
7	ALL、ANY、BETWEEN、IN、LIKE、OR、SOME
8	=（赋值）

当一个表达式中的两个运算符具有相同的运算符优先级别时，将按照它们在表达式中的

位置对其从左到右进行求值。

在表达式中可以使用括号改变运算顺序。在有括号的表达式中，首先对括号中的内容进行求值，从而产生一个值，然后括号外的运算符才可以使用这个值。

8.5 系统内置函数

SQL Server 2008 提供了许多内置函数，可以在 T-SQL 语言程序中使用这些内置函数，方便完成一些特殊的运算和操作。T-SQL 语言提供了四种内置的函数：行集函数、聚合函数、排名函数和标量函数。

下面主要介绍标量函数，标量函数的特点是：输入参数的类型为基本类型，返回值也是基本类型。SQL Server 2008 包含如下几类标量函数：配置函数、系统函数、系统统计函数、数学函数、字符串函数、日期和时间函数、游标函数、文本和图像函数、元数据函数和安全函数。

下面简单介绍一些常用的标量函数，其他内置函数的详细信息请参照联机丛书。

8.5.1 配置函数

配置函数用来返回当前的配置信息。常用的配置函数有：

1. @@LANGUAGE

功能：返回系统当前所用语言的名称。

2. @@MAX_CONNECTIONS

功能：返回 SQL Server 实例允许同时进行的最大用户连接数。返回的数值不一定是当前配置的数值。

3. @@OPTIONS

功能：返回有关当前 SET 选项的信息。

4. @@SERVICENAME

功能：返回 SQL Server 正在其下运行的注册表项的名称。若当前实例为默认实例，则 @@SERVICENAME 返回 MSSQLSERVER；若当前实例是命名实例，则该函数返回该实例名。

5. @@VERSION

功能：返回当前的 SQL Server 安装的版本、处理器体系结构、生成日期和操作系统。

8.5.2 系统函数

系统函数用来对 SQL Server 中的值、对象和设置进行操作并返回有关信息。常用的系统函数有：

1. CASE 函数

CASE 函数用于多重选择的情况。可以根据条件表达式的值进行判断，并将其中一个满足条件的结果表达式返回。CASE 有两种使用形式：一种是简单 CASE 函数，另一种是搜索 CASE 函数。

（1）简单 CASE 函数。简单 CASE 函数的语法格式为：

```
CASE input_expression
  WHEN when_expression THEN result_expression
```

```
    [...n]
    [ELSE else_result_expression]
END
```

功能：计算 input_expression 表达式的值，并与每一个 when_expression 表达式的值比较，若相等，则返回对应的 result_expression 表达式的值；否则，返回 else_result_expression 表达式的值。

其中，参数 input_expression 和 when_expression 的数据类型必须相同，或者可隐式转换。

注意：在一个简单 CASE 语句中，一次只能有一个 WHEN 子句指定的结果表达式返回，如果同时有多个 when_expression 表达式与 input_expression 表达式的值相同，则只有第一个与 input_expression 表达式的值相同的 WHEN 子句指定的结果表达式返回。

（2）搜索 CASE 函数。搜索 CASE 函数的语法格式为：

```
CASE
    WHEN Boolean_expression THEN result_expression
    [...n]
    [ELSE else_result_expression]
END
```

功能：按指定顺序为每个 WHEN 子句的 Boolean_expression 表达式求值，返回第一个取值为 TURE 的 Boolean_expression 表达式对应的 result_expression 表达式的值；如果没有取值为 TURE 的 Boolean_expression 表达式，则当指定 ELSE 子句时，返回 else_result_expression 表达式的值；若没有指定 ELSE 子句，则返回 NULL。

其中，参数 Boolean_expression 为布尔表达式，result_expression 和 else_result_expression 可为任意有效的 SQL Serrver 表达式。

注意：在一个搜索 CASE 表达式中，一次只能返回一个 WHEN 子句指定的结果表达式，即返回第一个为真的 WHEN 子句指定的结果表达式。

2．CAST 和 CONVERT 函数

一般情况下，SQL Server 会自动处理某些数据类型的转换。例如，如果比较 char 和 datetime 表达式、smallint 和 int 表达式、或不同长度的 char 表达式，SQL Server 可以将它们自动转换，这种转换被称为隐式转换。但是，无法由 SQL Server 自动转换的或者是 SQL Server 自动转换的结果不符合预期结果的，就需要使用转换函数做显式转换。转换函数有两个：CONVERT 和 CAST。

CAST 函数允许把一个数据类型强制转换为另一种数据类型，其语法格式为：

```
CAST(expression AS data_type[(length)])
```

CONVERT 函数允许用户把表达式从一种数据类型转换成另一种数据类型，还允许把日期转换成不同的样式，其语法格式为：

```
CONVERT(data_type[(length)],expression[,style])
```

其中，style 选项能以不同的格式显示日期和时间。如果将 datetime 或者 smalldatetime 转换为字符数据，style 用于给出转换后的字符格式。日期样式 style 的取值如表 8-3 所示。

3．COALESCE(expression[,...n])

功能：返回参数表中第一个非空表达式的值，如果所有参数均为 NULL，则 COALESCE 返回 NULL。

其中，参数 expression 可为任何类型的表达式，所有表达式必须是相同类型，或者可以隐式转换为相同类型。

表 8-3 style 参数取值表

不带世纪（yy）	带世纪（yyyy）	标准	输出格式
-	0 或者 100	默认值	mon dd yyyy hh:miAM（或 PM）
1	101	美国	mm/dd/yyyy
2	102	ANSI	yy.mm.dd
3	103	英国/法国	dd/mm/yy
4	104	德国	dd.mm.yy
5	105	意大利	dd-mm-yy
6	106	-	dd mon yy
7	107	-	mon dd, yy
8	108	-	hh:mi:ss
-	9 或者 109	默认值+毫秒	mon dd yyyy hh:mi:ss:mmmAM（或 PM）
10	110	美国	mm-dd-yy
11	111	日本	yy/mm/dd
12	112	ISO	yymmdd yyyymmdd
-	13 或者 113	欧洲+毫秒	dd mon yyyy hh:mi:ss:mmm（24h）
14	114	-	hh:mi:ss:mmm（24h）

4. DATALENGTH(expression)

功能：返回用于表示任何表达式的字节数。

其中，参数 expression 为任何数据类型的表达式。

5. ISNUMERIC(expression)

功能：确定表达式是否为有效的数值类型。如果表达式的值为有效的整数、浮点数、money 或 decimal 类型时返回 1；否则返回 0。

6. @@ERROR

功能：返回执行的上一条 T-SQL 语句的错误号。如果前一个 T-SQL 语句执行没有错误，则返回 0；否则返回错误号。

8.5.3 数学函数

数学函数用于对数字表达式进行数学运算并返回运算结果。数学函数可以 SQL Server 提供的数字数据（decimal、integer、float、real、money、smallmoney、smallint 和 tinyint）进行处理。常用的数学函数有：

1. ABS(numeric_expression)

功能：返回指定数值表达式的绝对值。

其中，参数 numeric_expression 为精确数字或近似数字数据类型类别（bit 数据类型除外）的表达式。

2. CEILING(numeric_expression)

功能：返回大于或等于指定数值表达式的最小整数。

3. FLOOR(numeric_expression)

功能：返回小于或等于指定数值表达式的最大整数。

4. RAND([seed])

功能：返回从 0 到 1 之间的随机 float 值。

其中，参数 seed 为提供种子值的整数表达式（tinyint、smallint 或 int），如果未指定 seed，则 Microsoft SQL Server 数据库引擎随机分配种子值；对于指定的种子值，返回的结果始终相同。

5. ROUND(numeric_expression,length[,function])

功能：将给定的数值四舍五入到指定的长度或精度。

其中，参数 length 为 numeric_expression 的舍入精度。length 必须是整型的表达式。如果为正数，则舍入到指定的小数位数；如果为负数，则将小数点左边部分舍入到指定的长度。参数 function 是要执行的操作的类型。function 必须为整型。如果省略 function 或其值为 0（默认值），则将舍入 numeric_expression；如果指定了 0 以外的值，则将截断 numeric_expression。

8.5.4　字符串函数

字符串函数可以对二进制数据、字符串和表达式执行不同的运算，可以在 SELECT 语句的 SELECT 和 WHERE 子句以及表达式中使用字符串函数。常用的字符串函数有：

1. ASCII(character_expression)

功能：返回字符表达式中最左侧的字符的 ASCII 代码值。

其中，参数 character_expression 为 char 或 varchar 类型的表达式。

2. CHAR(integer_expression)

功能：将 int ASCII 代码转换为字符。

其中，参数 integer_expression 为介于 0 和 255 之间的整数。如果该整数表达式不在此范围内，将返回 NULL 值。

3. LEFT(character_expression, integer_expression)

功能：返回字符串中从左边开始指定个数的字符。

其中，参数 character_expression 为字符或二进制数据表达式，可以是常量、变量或列，也可以是除 text 或 ntext 外任何能够隐式转换为 varchar 或 nvarchar 的数据类型，否则，使用 CAST 函数对其进行显式转换。参数 integer_expression 为正整数，指定 character_expression 将返回的字符数。如果值为负，则将返回错误；如果为 bigint 且包含一个较大值，则 character_expression 必须是大型数据类型，如 varchar(max)。

相对应的有返回字符串中从右边开始指定个数的字符的 RIGHT 函数，其参数与 LEFT 函数相同。

4. LTRIM(character_expression)

功能：返回删除了前导空格之后的字符表达式。

其中，参数 character_expression 为字符数据或二进制数据的表达式。可以是常量、变量或列，但必须属于某个可隐式转换为 varchar 的数据类型（text、ntext 和 image 除外）。否则，使用 CAST 函数显式转换 character_expression。

相对应的有返回删除了尾随空格之后的字符表达式的 RTRIM 函数，其参数与 LTRIM 函数相同。

5. SUBSTRING(value_expression,start_expression,length_expression)

功能：返回表达式中指定的部分数据。

其中，参数 expression 可为字符串、二进制串、text、image 字段或表达式。参数 Start_expression 和 Length_expression 分别指定子串的开始位置和长度。

8.5.5 日期和时间函数

日期和时间函数用于对日期和时间数据进行各种不同的处理和运算，并返回一个字符串、数字值或日期和时间值。与其他函数一样，可以在 SELECT 语句的 SELECT 和 WHERE 子句以及表达式中使用日期和时间函数。

1. GETDATE()

功能：按 SQL Server 标准内部格式返回当前的日期和时间。返回类型为 datetime。

2. DATEADD(datepart, number,date)

功能：以 datepart 指定的方式，返回 date 加上 number 之和。datepart 的取值如表 8-4 所示。

表 8-4 有效的 datepart 取值

datepart	缩写
year	yy, yyyy
quarter	qq, q
month	mm, m
dayofyear	dy, y
day	dd, d
week	wk, ww
weekday	dw, w
hour	hh
minute	mi, n
second	ss, s
millisecond	ms
microsecond	mcs
nanosecond	ns

其中，number 是一个表达式，是与 date 的 datepart 相加的整数，用户定义的变量是有效的。如果指定一个带小数的值，则将小数截去且不进行舍入。date 是一个表达式，可以为 time、date、smalldatetime、datetime、datetime2 或 datetimeoffset 值。如果表达式是字符串文字，则它必须为 datetime 值。为避免不确定性，请使用四位数年份。

3. DATEDIFF(datepart,date1,date2)

功能：以 datepart 指定的方式，返回 date2 与 date1 之差。

参数同 DATEADD。

4. YEAR(date)

功能：返回指定日期的年份数。

5. MONTH(date)

功能：返回指定日期的月份数。

6. DAY(date)

功能：返回指定日期的天数。

7. ISDATE(expression)

功能：确定输入的表达式是否为有效的日期或时间值。如果输入的表达式是 datetime 或 smalldatetime 数据类型的有效日期或时间值，则返回 1；否则返回 0。

其中，expression 是除 text、ntext 或 image 表达式以外的任意表达式，可隐式转换为 nvarchar 以评估是否为 datetime 或 smalldatetime 数据类型的有效日期或时间值。

8.5.6　元数据函数

元数据用于描述数据库和数据库对象，元数据函数用于返回数据库和数据库对象的有关信息。常用的元数据函数有：

1. COL_LENGTH('table','column')

功能：返回表中列的定义长度（以字节为单位）。

其中，参数 table 指定要确定其列长度信息的表的名称，是 nvarchar 类型的表达式。参数 column 指定要确定其长度的列的名称，是 nvarchar 类型的表达式。

2. COL_NAME(table_id,column_id)

功能：根据指定的对应表标识号和列标识号返回列的名称。

其中，参数 table_id 指定包含列的表的标识号，类型为 int。参数 column_id 指定列的标识号，类型为 int。

3. DB_ID(['database_name'])

功能：返回数据库标识（ID）号。

其中，参数 database_name 用于返回对应的数据库 ID 的数据库名称，数据类型为 sysname。如果省略 database_name，则返回当前数据库 ID。

4. DB_NAME([database_id])

功能：返回数据库名称。

其中，参数 database_id 指定要返回的数据库的标识号（ID），数据类型为 int，无默认值。如果未指定 ID，则返回当前数据库名称。

5. OBJECT_ID('[database_name . [<schema_name].|schema_name.]
　object_name'[,'object_type'])

功能：返回架构范围内对象的数据库对象标识号。

其中，参数 object_name 指定要使用的对象，参数 object_type 指定架构范围的对象类型，数据类型为 varchar 或 nvarchar。

8.6　用户定义函数

在实际编程过程中，除了可以直接使用系统提供的内置函数以外，SQL Server 2008 还允许用户根据需要自己定义函数。根据用户定义函数返回值的类型，可将用户定义函数分为：

（1）标量值函数：用户定义函数返回值为标量值，这样的函数称为标量值函数。

（2）表值函数：返回值为整个表的用户定义函数称为表值函数。根据函数主体的定义方式，表值函数可分为内联表值函数和多语句表值函数。若用户自定义函数包含单个 SELECT 语句且该语句可更新，则该函数返回的表也可更新，这样的函数称为内联表值函数；若用户定义函数包含多个 SELECT 语句，则该函数返回的表不可更新，这样的函数称为多语句表值函数。

用户定义函数不支持输出参数，不能修改全局数据库状态。

8.6.1 标量值函数

标量值函数返回一个确定类型的标量值，其返回值类型为 text、ntext、image、cursor、timestamp 和 table 类型外的其他数据类型。函数体语句定义在 BEGIN-END 语句内，在 RETURNS 子句中定义返回值的数据类型，并且函数的最后一条语句必须为 RETURN 语句。

创建标量值函数常用的操作方法有两种：使用 SSMS 和 T-SQL 语句。

1. 使用 SSMS 创建标量值函数

例 8-8 创建一个标量值函数 fun_Qtr，要求返回给定日期的季度和年份。

使用 SSMS 创建标量值函数的步骤如下：

（1）在 SSMS 中，选择指定的服务器和数据库，展开数据库中“可编程性”文件夹下的“函数”文件夹，右击其中的“标量值函数”，在弹出的快捷菜单中选择“新建标量值函数”选项，如图 8-1 所示。

（2）会出现创建标量值函数的文本框，如图 8-2 所示。

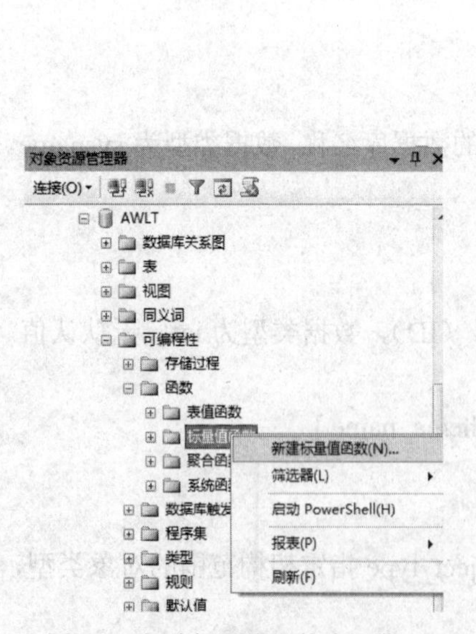

图 8-1 新建标量值函数选择窗口

图 8-2 新建标量值函数对话框

在文本框中可以看到，系统自动给出了创建标量值函数的格式模板语句，可以根据模板格式进行修改来创建新的标量值函数。

（3）在创建标量值函数的窗口中，单击“查询”菜单，选择“指定模板参数的值”，会弹出“指定模板参数的值”对话框，如图 8-3 所示。

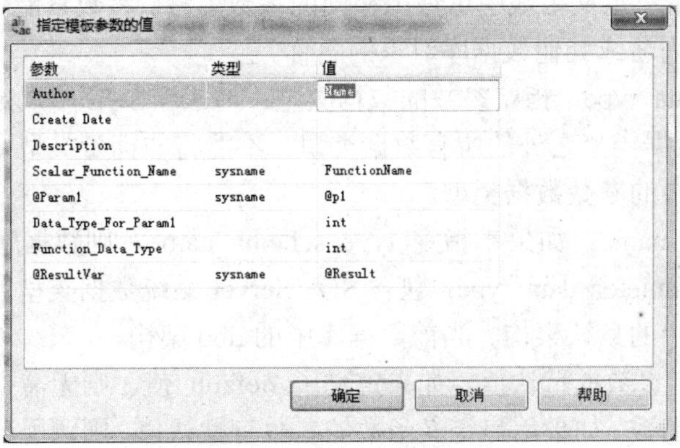

图 8-3　指定模板参数的值对话框

（4）在“指定模板参数的值”对话框中将“Scalar_Function_Name”参数对应的名称修改为“fun_Qtr”，“@Param1”对应的参数名修改为“@InDate”，“Data_Type_For_Param1”对应的参数类型修改为“varchar(10)”，“Function_Data_Type”对应的函数返回值类型修改为“varchar(10)”，单击“确定”按钮，关闭此对话框。在创建标量值函数的窗口中将对应的 BEGIN-END 内的语句修改为以下程序代码：

```
RETURN 'FY'+CAST(YEAR(@InDate) AS varchar)+ 'Q'+ CAST(DATEPART(qq, @InDate) AS varchar)
```

（5）输入完毕后，单击窗口工具栏上的“执行”按钮执行以上程序段，就会创建一个新的标量值函数“fun_Qtr”。

该函数以一种通常用于报表的方式格式化了返回值。用户定义的标量值函数不止能够格式化返回值，任何不修改数据的 T-SQL 语句集都可以用来计算标量值然后返回。

2. 使用 T-SQL 语句创建标量值函数

可以使用 T-SQL 中的 CREATE FUNCTION 语句创建标量值函数，其语法格式如下：

```
CREATE FUNCTION[schema_name.]function_name    /*函数名部分*/
([{@parameter_name [AS] [type_schema_name.]parameter_data_type
    [=default][READONLY]}[,...n]])   /*形参定义部分*/
RETURNS return_data_type          /*返回参数的类型*/
[WITH ENCRYPTION]                 /*函数选项定义*/
[AS]
BEGIN
   function_body                  /*函数体部分*/
  RETURN scalar_expression        /*返回语句*/
END[;]
```

其中，各参数的说明如下：

- schema_name：指定用户定义函数所属架构的名称。
- Function_name：指定用户定义函数名。函数名必须符合标识符规则，对其架构来说，该函数名在数据库中必须是唯一的。
- @parameter_name：指定用户定义函数中的参数。SQL Server 中的用户定义函数可声明一个或多个参数，一个用户定义函数最多可以有 2,100 个参数。执行函数时，如果未定义参数的默认值，则用户必须提供每个已声明参数的值。用@作为第一个字符来指定参数名称，参数名称必须符合有关标识符的命名规则。参数是对应于函数的局部参数，其他用户定义函数中可使用相同的参数名称。参数只能代替常量，而不能用于代替表名、列名或其他数据库对象的名称。

- parameter_data_type：指定参数的数据类型。对于 T-SQL 用户定义函数，允许使用除 timestamp 数据类型之外的所有数据类型。不能将非标量类型 cursor 和 table 指定为 T-SQL 函数中的参数数据类型。
- type_schema_name：如果未指定 type_schema_name，则数据库引擎将按以下顺序查找 scalar_parameter_data_type：包含 SQL Server 系统数据类型名称的架构、当前数据库中当前用户的默认架构、当前数据库中的 dbo 架构。
- default：指定参数的默认值。如果定义了 default 值，则无需指定此参数的值即可执行用户定义函数。如果用户定义函数的参数有默认值，则调用该用户定义函数以检索默认值时，必须指定关键字 DEFAULT。
- READONLY：指示不能在用户定义函数定义中更新或修改参数。如果参数类型为用户定义的表类型，则应指定 READONLY。
- return_data_type：指定标量用户定义函数的返回值。对于 T-SQL 用户定义函数，可以使用除 timestamp 数据类型之外的所有数据类型。不能将非标量类型 cursor 和 table 指定为 T-SQL 用户定义标量函数中的返回数据类型。
- function_body：一系列 T-SQL 语句，这些语句一起使用的计算结果为标量值。在多语句表值函数中，这些语句将填充 TABLE 返回变量。
- scalar_expression：指定标量值函数返回的标量值。
- ENCRYPTION：指示数据库引擎会将 CREATE FUNCTION 语句的原始文本转换为模糊格式，模糊代码的输出在任何目录视图中都不能直接显示。对系统表或数据库文件没有访问权限的用户不能检索模糊文本。

例 8-9 创建一个标量值函数 fun_GetTotalOrderQty，用来计算给定产品的定购总数量。

程序清单如下：

```
USE AWLT
GO
CREATE FUNCTION fun_GetTotalOrderQty(@ProductID int)
RETURNS int
AS
BEGIN
  DECLARE @ret int
  SELECT @ret=SUM(OrderQty)
  FROM SalesOrderDetail
  WHERE ProductID=@ProductID
  IF (@ret IS NULL)
    SET @ret=0
  RETURN @ret
END
GO
```

3. 标量值函数的调用

可以在 T-SQL 语句中允许使用标量表达式的任何位置调用返回标量值（与标量表达式的

数据类型相同）的任何函数。必须使用至少由两部分组成名称的函数来调用标量值函数，即架构名.函数名。调用用户定义标量值函数的基本语法格式为：

变量=架构名.函数名称(实际参数列表)

注意：在调用返回数值的用户定义标量值函数时，一定要在函数名称的前面加上架构名.，否则会出现“'函数名称'不是可以识别的函数名”的错误提示信息。默认的架构为 dbo。

下面举例说明如何使用用户定义的标量值函数。

例 8-10　调用函数 fun_Qtr，将 2012 年第一季度某个指定日期显示为 FY2012Q1。

程序清单如下：

```
USE AWLT
GO
PRINT dbo.fun_Qtr('2012-3-20')
GO
```

程序的执行结果如下：

```
FY2012Q1
```

例 8-11　在允许标量表达式的任何地方使用标量值函数。

程序清单如下：

```
USE AWLT
GO
SELECT dbo.fun_Qtr(OrderDate) AS OrderQuarter,SUM(TotalDue) AS TotalSales
FROM SalesOrderHeader
GROUP BY dbo.fun_Qtr(OrderDate)
ORDER BY dbo.fun_Qtr(OrderDate)
GO
```

程序的执行结果如下：

```
OrderQuarter      TotalSales
------------------- -------------------
FY2004Q2          956303.5949
(1 行受影响)
```

例 8-12　与流程控制语句一起使用标量值函数。

程序清单如下：

```
USE AWLT
GO
IF dbo.fun_GetTotalOrderQty(809)<500
BEGIN
  --给出提示信息
  PRINT '该产品订购数量较少！'
END
```

程序的执行结果如下：

```
该产品订购数量较少！
```

8.6.2　内联表值函数

内联表值函数返回一个表形式的返回值，即它返回的是一个表。内联表值函数没有由 BEGIN-END 语句括起来的函数体，其返回的表是由一个位于 RETURN 子句中的 SELECT 命令从数据库中筛选出来的。内联表值函数的功能相当于一个参数化的视图。

创建内联表值函数常用的操作方法有两种：使用 SSMS 和 T-SQL 语句。

1. 使用 SSMS 创建内联表值函数

使用 SSMS 创建内联表值函数的方法同标量值函数。在第（1）步中选择“表值函数”中的“新建内联表值函数”。

2. 使用 T-SQL 语句创建内联表值函数

使用 T-SQL 语句创建内联表值函数的语法格式如下：

```
CREATE FUNCTION [schema_name.]function_name /*函数名部分*/
([{@parameter_name [AS][type_schema_name.] parameter_data_type
        [=default] [READONLY]} [,...n]]) /*形参定义部分*/
RETURNS TABLE /*返回值为表类型*/
[WITH ENCRYPTION] /*函数选项定义*/
[AS]
    RETURN [(]select_stmt[)]
[;]
```

其中：

RETURNS 子句仅包含关键字 TABLE，表示此函数返回一个表。内联表值函数的函数体仅有一个 RETURN 语句，并通过参数 select-stmt 指定的 SELECT 语句返回内嵌表值。语法格式中的其他参数同标量值函数的定义类似。

下面举例说明如何创建内联表值函数。

例 8-13　创建一个内联表值函数 fun_SalesByCustomer，查询给定商店的的各产品销售情况。要求返回各产品的产品编号、产品名称及销售总金额。

程序清单如下：

```
USE AWLT
GO
CREATE FUNCTION fun_SalesByCustomer(@CustomerID int)
RETURNS TABLE
AS
RETURN
(
    SELECT Product.ProductID,Name,SUM(LineTotal) AS 'YTD Total'
    FROM Product,SalesOrderDetail,SalesOrderHeader
    WHERE Product.ProductID=SalesOrderDetail.ProductID
    AND SalesOrderHeader.SalesOrderID=SalesOrderDetail.SalesOrderID
    AND SalesOrderHeader.CustomerID=@CustomerID
    GROUP BY Product.ProductID,Name
)
GO
```

3. 内联表值函数的调用

内联表值函数只能通过 SELECT 语句调用，调用时不需指定架构名。

例 8-14　调用函数 fun_SalesByCustomer。

程序清单如下：

```
USE AWLT
GO
```

```
SELECT * FROM fun_SalesByCustomer(29847)
GO
```

程序的执行结果如下：

```
ProductID   Name                                YTD Total
----------- ----------------------------------- ----------
822         ML Road Frame-W - Yellow, 38        356.898000
836         ML Road Frame-W - Yellow, 48        356.898000
(2 行受影响)
```

8.6.3 多语句表值函数

多语句表值函数可以看作是标量值函数和内联表值函数的结合体。它的返回值也是一个表，但它和标量值函数一样有一个用 BEGIN-END 语句括起来的函数体，返回值的表中的数据是由函数体中的语句插入的。由此可见，多语句表值函数可以进行多次查询，对数据进行多次筛选与合并。

创建多语句表值函数常用的操作方法有两种：使用 SSMS 和 T-SQL 语句。

1. 使用 SSMS 创建多语句表值函数

使用 SSMS 创建多语句表值函数的方法同标量值函数。在第（1）步中选择“表值函数”中的“新建多语句表值函数”。

2. 使用 T-SQL 语句创建多语句表值函数

使用 T-SQL 语句创建多语句表值函数的语法格式如下：

```
CREATE FUNCTION [schema_name.]function_name         /*函数名部分*/
([{@parameter_name [AS][type_schema_name.] parameter_data_type
  [=default] [READONLY]}[,...n]])         /*形参定义部分*/
RETURNS @return_variable TABLE table_type_definition      /*返回值的表*/
[WITH ENCRYPTION]        /*函数选项定义*/
[AS]
BEGIN
  function_body               /*函数体部分*/
  RETURN
END[;]
```

其中：

```
<table_type_definition>::=
({column_definition column_constraint|computed_column_definition}
  [table_constraint][,...n])
```

说明：@return_variable 为表变量，用于存储作为函数值返回的记录集。table_type_definition 指定定义表结果的语句。语法格式中的其他参数项同标量值函数和内联表值函数的定义。

下面举例说明如何创建多语句表值函数。

例 8-15 该例创建一个类似于上一节中创建的 fun_SalesByCustomer 函数。首先创建表变量，然后使用上一节创建的标量函数来更新表变量，让它包含总的存货清单。

```
USE AWLT
GO
CREATE FUNCTION fun_SalesByCustomerMS(@CustomerID int)
RETURNS @table TABLE(
    ProductID int PRIMARY KEY,
```

```
    ProductName nvarchar(50) NOT NULL,
    TotalSales numeric(38,6) NOT NULL,
    TotalInventory int NOT NULL
)
AS
BEGIN
  INSERT INTO @table
  SELECT Product.ProductID,Name,SUM(LineTotal) AS Total,0
  FROM Product,SalesOrderDetail,SalesOrderHeader
  WHERE Product.ProductID=SalesOrderDetail.ProductID AND
    SalesOrderDetail.SalesOrderID=SalesOrderHeader.SalesOrderID AND
    SalesOrderHeader.CustomerID=@CustomerID
  GROUP BY Product.ProductID,Name
  UPDATE @table
  SET TotalInventory=dbo.fun_GetTotalOrderQty(ProductID)
  RETURN
END
GO
```

3. 多语句表值函数的调用

多语句表值函数的调用与内联表值函数的调用方法相同。

例 8-16 调用函数 fun_SalesByCustomerMS。

程序清单如下：

```
USE AWLT
GO
SELECT * FROM fun_SalesByCustomerMS(30019)
GO
```

程序的执行结果如下：

```
ProductID    ProductName                   TotalSales     TotalInventory
------------ ----------------------------- -------------- --------------
782          Mountain-200 Black, 38        1376.994000    26
867          Women's Mountain Shorts, S    251.964000     48
869          Women's Mountain Shorts, L    83.988000      27
(3 行受影响)
```

8.6.4 修改用户定义函数

如果已有的用户定义函数不能满足用户要求时，可以根据需要修改用户定义的函数。修改用户定义函数的常用操作方法有两种：使用 SSMS 和 T-SQL 语句。

1. 使用 SSMS 修改用户定义函数

在 SSMS 中，右击要修改的函数名称，从弹出的快捷菜单中选择“修改”选项，会出现函数的设计窗口。该窗口与创建函数时的窗口类似，可以按照创建函数的方法修改函数的定义。

2. 使用 T-SQL 语句修改用户定义函数

可以使用 T-SQL 中的 ALTER FUNCTION 语句修改用户定义函数，但首先必须拥有修改用户定义函数的权限。该语句的语法以及语法中各项参数的含义与创建用户定义函数时相同，只是将创建函数的 CREATE FUNCTION 语句改为修改函数的 ALTER FUNCTION 语句。

注意：函数名必须是已经存在的用户定义的函数名。另外，不能用 ALTER FUNCTION 语句修改用户定义函数的类型。

8.6.5 删除用户定义函数

对于不再使用的用户定义函数，可以使用 SSMS 或 T-SQL 语句删除它。

1. 使用 SSMS 删除用户定义函数

在 SSMS 中，右击要删除的函数名称，从弹出的快捷菜单中选择“删除”选项，会出现“删除对象”对话框，在“删除对象”对话框中选中要删除的用户定义函数，单击“确定”按钮，即可删除该用户定义函数。

2. 使用 T-SQL 语句删除用户定义函数

使用 T-SQL 中的 DROP FUNCTION 语句可以从当前数据库中删除一个或多个用户定义函数。其语法格式如下：

```
DROP FUNCTION {[schema_name.]function_name}[,...n]
```

注意：要删除用户定义函数，先要删除与之相关的对象。

例 8-17 删除 AWLT 数据库中的用户定义函数 fun_Qtr 和 fun_ GetTotalOrderQty。

程序清单如下：

```
USE AWLT
GO
DROP FUNCTION fun_Qtr,dbo.fun_GetTotalOrderQty
GO
```

8.7 流程控制语句

程序设计时常常需要用到各种流程控制语句，用来改变计算机的执行流程以满足程序设计的需要。T-SQL 语言也提供了流程控制语句来控制 SQL 语句、语句块或者存储过程的执行流程。在 SQL Server 2008 中，可以使用的流程控制语句有 BEGIN…END、IF…ELSE、WHILE…CONTINUE…BREAK、GOTO、WAITFOR、RETURN、TRY…CATCH 等。

8.7.1 BEGIN…END 语句块

BEGIN…END 语句用于将多条 SQL 语句组合成一个语句块，并将它们视为一个单元进行处理。在条件语句和循环语句等流程控制语句中，当符合特定条件需要执行两个或者多个语句时，就应该使用 BEGIN…END 语句将这些语句组合在一起。SQL Server 2008 允许嵌套使用 BEGIN…END 语句。BEGIN…END 语句的语法格式如下：

```
BEGIN
    {sql_statement|statement_block}
END
```

其中：sql_statement|statement_block 为任何有效的 SQL 语句或语句组。

8.7.2 IF…ELSE 语句

IF…ELSE 语句是条件判断语句，当条件表达式成立时执行某段程序，条件不成立时执行另一段程序。其中，ELSE 子句是可选的，如果没有 ELSE 子句，当条件不成立时什么也不做。

SQL Server 2008 允许嵌套使用 IF…ELSE 语句，嵌套层数取决于可用内存。IF…ELSE 语句的语法格式如下：

```
IF Boolean_expression
    {sql_statement|statement_block}
[ELSE
    {sql_statement|statement_block}]
```

其中，Boolean_expression 为返回 TRUE 或 FALSE 的布尔表达式。如果布尔表达式中含有 SELECT 语句，则必须用括号将 SELECT 语句括起来。

例 8-18 判断@@ERROR 的值是否为 0，如果结果为 0，给出提示“前面的语句没有发生错误！”；否则给出提示信息“前面的语句发生一个错误！”。

程序清单如下：

```
USE AWLT
GO
IF @@ERROR<>0
    BEGIN
        PRINT '前面的语句发生一个错误！'
    END
ELSE
    PRINT '前面的语句没有发生错误！'
GO
```

8.7.3 WHILE…CONTINUE…BREAK 语句

WHILE…CONTINUE…BREAK 语句的功能是重复执行 SQL 语句或语句块。当 WHILE 后面的条件为真时，就重复执行语句。其中，CONTINUE 可以使程序跳过 CONTINUE 关键字后面的语句，回到 WHILE 循环的第一行重新开始执行。BREAK 则使程序完全跳出循环，结束 BREAK 语句所在层的 WHILE 循环的执行。其语法格式如下：

```
WHILE Boolean_expression
    {sql_statement|statement_block}
    [BREAK]
    {sql_statement|statement_block}
    [CONTINUE]
    {sql_statement|statement_block}
```

例 8-19 在 Product 表中查询产品的平均价格，如果产品的平均价格小于 300，则将产品价格乘 2，然后选择最高价格。如果最高价格小于或等于 500，则再次将价格乘 2，直到最高价格超过 500，并输出一条提示消息。

程序清单如下：

```
USE AWLT
GO
WHILE (SELECT AVG(ListPrice) FROM Product)<300
BEGIN
    UPDATE Product
        SET ListPrice=ListPrice*2
    SELECT MAX(ListPrice) FROM Product
    IF (SELECT MAX(ListPrice) FROM Product)>500
```

```
        BREAK
    ELSE
        CONTINUE
END
PRINT '价格太高了！'
GO
```

8.7.4　GOTO 语句

GOTO 语句可以使程序直接跳到指定的标识符的位置处继续执行，而位于 GOTO 语句和标识符之间的程序将不会被执行。GOTO 语句可以用在语句块、批处理和存储过程中，并可嵌套使用。

GOTO 语句的语法格式如下：

```
GOTO label
……
label:
```

例 8-20　使用 GOTO 语句实现分支机制。

程序清单如下：

```
USE AWLT
GO
DECLARE @Counter int
SET @Counter=1
WHILE @Counter<10
BEGIN
    SELECT @Counter
    SET @Counter=@Counter+1
    IF @Counter=4 GOTO Branch_One        --跳到第一个分支
    IF @Counter=5 GOTO Branch_Two        --跳到第二个分支
END
Branch_One:
    SELECT '跳转到了第一个分支！'
    GOTO Branch_Three                    --跳到第三个分支
Branch_Two:
    SELECT '跳转到了第二个分支！'
Branch_Three:
    SELECT '跳转到了第三个分支！'
GO
```

8.7.5　WAITFOR 语句

WAITFOR 语句用于暂时停止执行 SQL 语句、语句块或者存储过程等，直到所设定的时间已过或者所设定的时间已到才继续执行。

WAITFOR 语句的语法格式为：

```
WAITFOR {DELAY 'time'|TIME 'time'}
```

其中，DELAY 用于指定时间间隔，TIME 用于指定某一时刻。Time 的数据类型为 datetime，格式为'hh:mm:ss'，也可以用局部变量指定参数。

例 8-21 在程序中使用 WAITFOR 语句，使 WAITFOR 后面的语句等待 10 秒钟后再继续执行。

程序清单如下：

```
USE AWLT
GO
SELECT ProductID,Name FROM Product        --查询 Product 表中所有产品的产品编号和产品名称
GO
WAITFOR DELAY '0:0:10'                    --设置等待时间为 10 秒钟
/*也可以这样做：
DECLARE @DelayLength char(8)= '00:00:10'
WAITFOR DELAY @DelayLength*/
--10 秒后继续下面的语句，查询 Customer 表中的客户编号和客户的 FirstName
SELECT CustomerID,FirstName FROM Customer
GO
```

8.7.6 RETURN 语句

RETURN 语句用于无条件地从过程、批处理或语句块中退出，此时位于 RETURN 语句之后的程序将不会被执行。RETURN 的执行是即时且完全的，可在任何时候用于从过程、批处理或语句块中退出。

RETURN 语句的语法格式为：

```
RETURN [integer_expression]
```

其中，参数 integer_expression 为返回的整型值。如果用于存储过程，RETURN 语句不能返回空值。

8.7.7 TRY…CATCH 语句

TRY…CATCH 语句用于进行 T-SQL 语言中的错误处理。SQL 语句组可以包含在 TRY 块中，如果 TRY 块内部发生错误，则会将控制传递给 CATCH 块中包含的另一个语句组。

TRY…CATCH 语句的语法格式为：

```
BEGIN TRY
    {sql_statement|statement_block}
END TRY
BEGIN CATCH
    [{sql_statement|statement_block}]
END CATCH
[;]
```

注意：TRY…CATCH 构造可对严重程度高于 10 但不关闭数据库连接的所有执行错误进行缓存。TRY 块后必须紧跟相关联的 CATCH 块。在 END TRY 和 BEGIN CATCH 语句之间放置任何其他语句都将生成语法错误。

为了提高程序的执行效率，在 T-SQL 语言编写的程序中，可以使用 GO 语句将多条 SQL 语句进行分隔，两个 GO 语句之间的 SQL 语句作为一个批处理。SQL Server 服务器将批处理

编译成一个可执行单元（称为执行计划），从应用程序一次性地发送到 SQL Server 服务器进行执行。

在 SQL Server 中，有两种类型的注释字符：单行注释使用两个连在一起的减号“--”作为注释符，多行注释使用“/*　*/”作为注释符。

常量，也称为文字值或标量值，是表示一个特定数据值的符号。常量的格式取决于它所表示的值的数据类型。根据常量的不同类型，分为字符串常量、整型常量、实型常量、日期时间常量、货币常量、唯一标识常量等。

T-SQL 语言中的变量是用于保存单个特定类型数据值的对象，也称为局部变量。因为 T-SQL 语言中的变量具有局部作用域，所以只在定义它的批处理或过程中可见。

T-SQL 语言中的变量在声明和引用时要在其名称前加上标志“@”，而且必须先用 DECLARE 语句声明后才可以使用。声明变量的语法格式为：

```
DECLAER {@local_variable data_type [=value]} [,…n]
```

使用 DECLARE 语句声明变量之后，系统会将其初始值设为 NULL，如果想要设定变量的值，可以使用 SET 语句或者 SELECT 语句给其赋值。其语法格式为：

```
SET {@local_variable=expression}
或者 SELECT {@local_variable=expression} [,...n]
```

运算符用来指定要在一个或多个表达式中执行的操作。在 SQL Server 2008 中，运算符主要有以下七大类：算术运算符、赋值运算符、按位运算符、比较运算符、逻辑运算符、字符串串联运算符和一元运算符。

当一个复杂的表达式中包含多种运算符时，运算符优先级决定执行运算的先后次序。当一个表达式中的两个运算符具有相同的运算符优先级别时，将按照它们在表达式中的位置对其从左到右进行求值。在表达式中可以使用括号改变运算顺序。

SQL Server 2008 提供了许多内置函数来方便完成一些特殊的运算和操作。T-SQL 语言提供了四种内置的函数：行集函数、聚合函数、排名函数和标量函数，使用较多的是标量函数。

SQL Server 2008 还允许用户根据需要自己定义函数。根据用户定义函数返回值的类型，可将用户定义函数分为标量值函数和表值函数，表值函数可分为内联表值函数和多语句表值函数。

创建用户定义函数常用的操作方法有两种：使用 SSMS 和 T-SQL 语句。

（1）使用 SSMS 创建用户定义函数，在 SSMS 中通过界面操作完成用户定义函数的创建。

（2）使用 T-SQL 中的 CREATE FUNCTION 语句来创建用户定义函数。

标量值函数返回一个确定类型的标量值，函数体语句定义在 BEGIN-END 语句内，在 RETURNS 子句中定义返回值的数据类型，并且函数的最后一条语句必须为 RETURN 语句。使用 CREATE FUNCTION 语句创建标量值函数的语法格式如下：

```
CREATE FUNCTION[schema_name.]function_name
([{@parameter_name [AS] [type_schema_name.]parameter_data_type
    [=default][READONLY]}[,...n]])
RETURNS return_data_type
[WITH ENCRYPTION]
[AS]
BEGIN
  function_body
```

```
RETURN scalar_expression
END[;]
```

可以在 T-SQL 语句中允许使用标量表达式的任何位置调用返回标量值的任何函数。调用用户定义标量值函数的基本语法格式为：

变量=架构名.函数名称（实际参数列表）

内联表值函数返回一个表形式的返回值。内联表值函数没有由 BEGIN-END 语句括起来的函数体，其返回的表是由一个位于 RETURN 子句中的 SELECT 命令从数据库中筛选出来的。内联表值函数的功能相当于一个参数化的视图。

内联表值函数只能通过 SELECT 语句调用，调用时不需指定架构名。

多语句表值函数可以看作是标量值函数和内联表值函数的结合体。它的返回值也是一个表，但它和标量值函数一样有一个用 BEGIN-END 语句括起来的函数体，返回值的表中的数据是由函数体中的语句插入的。

多语句表值函数的调用与内联表值函数的调用方法相同。

修改用户定义函数的常用操作方法有两种：使用 SSMS 和 T-SQL 中的 ALTER FUNCTION 语句。ALTER FUNCTION 的语法以及语法中各项参数的含义与创建用户定义函数时相同，只是将创建函数的 CREATE FUNCTION 语句改为修改函数的 ALTER FUNCTION 语句。

对于不再使用的用户定义函数，可以使用 SSMS 或 T-SQL 中的 DROP FUNCTION 语句删除它。DROP FUNCTION 语句的语法格式如下：

```
DROP FUNCTION {[schema_name.]function_name}[,...n]
```

T-SQL 语言也提供了流程控制语句来控制 SQL 语句、语句块或者存储过程的执行流程。

（1）BEGIN…END 语句用于将多条 SQL 语句组合成一个语句块。

（2）IF…ELSE 语句是条件判断语句，当条件表达式成立时执行某段程序，条件不成立时执行另一段程序。其中，ELSE 子句是可选的。

（3）WHILE…CONTINUE…BREAK 语句的功能是重复执行 SQL 语句或语句块。

（4）GOTO 语句可以使程序直接跳到指定的标识符的位置处继续执行，而位于 GOTO 语句和标识符之间的程序将不会被执行。

（5）WAITFOR 语句用于暂时停止执行 SQL 语句、语句块或者存储过程等，直到所设定的时间已过或者所设定的时间已到才继续执行。

（6）RETURN 语句用于无条件地从过程、批处理或语句块中退出。

（7）TRY…CATCH 语句用于进行 T-SQL 语言中的错误处理。SQL 语句组可以包含在 TRY 块中，如果 TRY 块内部发生错误，则会将控制传递给 CATCH 块中包含的另一个语句组。

习题八

一、填空题

1．SQL Server 2008 中，GO 语句只是作为________命令的结束标志。

2．T-SQL 语言中的变量，在定义和引用时要在其名称前加上标志________，而且必须先用________命令定义后才可以使用，可用________或 SELECT 语句给其指定值。

3．每条________语句能够同时为多个变量赋值，每条________语句只能为一个变量赋值。

4．定义局部变量的语句关键字为________，被定义的各变量之间必须用________字符分开。

5．函数 LEFT('abcdef',2)的结果是________。

二、选择题

1．SQL Server 提供的单行注释语句是使用（　　）开始的一行内容。

A．“/*”　　B．“--”　　C．“{”　　D．“/”

2．下列标识符可以作为局部变量使用（　　）。

A．[@Myvar]　　B．My var　　C．@Myvar　　D．@My var

3．T-SQL 支持的程序结构语句中的一种为（　　）。

A．BEGIN…END　　B．IF…THEN…ELSE

C．DO CASE　　D．DO WHILE

4．SQL Server 提供了一些字符串函数，以下说法错误的是（　　）。

A．SELECT RIGHT ('hello',3) 返回值为：hel

B．SELECT LTRIM (RTRIM ('　hello　')) 返回值为：hello（前后都无空格）

C．SELECT REPLACE ('hello','e','o') 返回值为：hollo

D．SELECT LEN ('hello') 返回值为：5

5．表达式 DATEADD(year,2,'2004-3-13')的结果是（　　）。

A．'2006-3-13'　　B．'2006-5-13'　　C．'2004-3-15'　　D．2006

6．字符串连接运算符为（　　）。

A．-　　B．&　　C．+　　D．*

7．T-SQL 语言中的赋值运算符为（　　）。

A．==　　B．=　　C．: =　　D．::=

三、简答题

1．什么是批处理？如何标识多个批处理？

2．如何定义变量？如何给变量赋值？

3．用户定义的函数有哪几种？

4．内联表值函数与多语句表值函数的区别是什么？

5．流程控制语句包括哪些语句？它们各自的作用是什么？

四、应用题

1．编写一个用户定义函数，完成以下功能：在 AWLT 数据库中的 Product 表上，根据输入的成本上限和下限，求成本价格在 2 个参数指定的范围内的产品数。

2．编写一个用户定义函数，完成以下功能：在 AWLT 数据库中的 Customer 表上，根据输入的客户编号返回包括客户姓名、公司名称、地址和联系电话的表。

3．编写一个用户定义函数，完成如下功能：在 AWLT 数据库中的 Product 表上，根据输入的产品类别编号返回产品名称和标准成本，并将查询结果插入到一个临时表中。

4．根据系统时间判断当前日期所对应的星期值并且输出结果。

5．利用循环控制语句计算当前时间距离指定日期之间的天数。

第9章　存储过程与触发器

本章学习目标

存储过程和触发器是SQL Server数据库系统中重要的数据库对象。存储过程可以理解成数据库的子程序，在客户端和服务器端可以直接调用它。触发器是直接关联于表的特殊存储过程，在对表记录进行操作时触发。它们在以SQL Server 2008为后台数据库创建的应用程序中具有重要的价值。本章主要介绍存储过程和触发器的创建和使用方法。通过本章的学习，读者应该：

- 了解存储过程的概念、优点及分类
- 了解触发器的概念、优点及分类
- 掌握创建、执行、查看、修改和删除存储过程的方法
- 了解创建触发器时用到的两个临时表
- 掌握创建、执行、查看、修改和删除触发器的方法

9.1　存储过程

9.1.1　存储过程概述

1. 存储过程的概念

SQL Server中的存储过程类似于编程语言中的过程或函数。在使用T-SQL语言编程中，可以将某些需要多次调用的实现某个特定任务的代码段编写成一个过程，将其保存在数据库中，并由SQL Server服务器通过过程名来调用它们，这些过程就叫做存储过程。存储过程在创建时就被编译和优化，调用一次以后，相关信息就保存在内存中，下次调用时可以直接执行。存储过程有以下特点：

- 存储过程中可以包含一条或多条SQL语句；
- 存储过程可以接受输入参数并可以返回输出值；
- 存储过程可以嵌套调用；
- 存储过程可以返回执行情况的状态代码给调用它的程序。

2. 存储过程的优点

使用存储过程有很多优点，具体如下：

（1）实现了模块化编程。一个存储过程可以被多个用户共享和重用，从而减少数据库开发人员的工作量。

（2）存储过程具有对数据库立即访问的功能。

（3）加快程序的运行速度。存储过程只在创建时进行编译，以后每次执行存储过程都不需再重新编译。

（4）可以减少网络流量。一个需要数百行 T-SQL 代码的操作可以通过一条执行存储过程的语句来执行，而不需要在网络中发送数百行代码。

（5）可以提高数据库的安全性。用户可以调用存储过程实现对表中数据的有限操作，但可以不赋予它们直接修改数据表的权限，这样就提高了表中数据的安全性。

（6）自动完成需要预先执行的任务。存储过程可以在系统启动时自动执行，而不必在系统启动后再进行手动操作。

3. 存储过程的分类

SQL Server 2008 中的存储过程分为三大类，即系统存储过程、用户定义的存储过程和扩展存储过程，在不同情况下需要执行不同的存储过程。

（1）系统存储过程。SQL Server 2008 中的许多管理活动都是通过一种特殊的存储过程执行的，这种存储过程被称为系统存储过程。系统存储过程由系统自动创建，从物理意义上讲，系统存储过程存储在源数据库中，并且带有 sp_前缀。从逻辑意义上讲，系统存储过程出现在每个系统定义数据库和用户定义数据库的 sys 构架中。在 SQL Server 2008 中，还可将 GRANT、DENY 和 REVOKE 权限应用于系统存储过程。

SQL Server 2008 支持在 SQL Server 和外部程序之间提供一个接口以实现各种维护活动的系统存储过程，这些扩展存储程序使用 xp_前缀。

（2）扩展的存储过程。扩展存储过程允许在编程语言（如 C）中创建自己的外部例程。扩展存储过程的显示方式和执行方式与常规存储过程一样。可以将参数传递给扩展存储过程，而且扩展存储过程也可以返回结果和状态。扩展存储过程使 SQL Server 实例可以动态加载和运行 DLL。扩展存储过程是使用 SQL Server 扩展存储过程 API 编写的，可直接在 SQL Server 实例的地址空间中运行。

（3）用户定义的存储过程。用户定义的存储过程是指封装了可重用代码的模块或例程。由用户创建，能完成某一特定的功能，可以接受输入参数、向客户端返回表格或标量结果和消息、调用数据定义语言（DDL）和数据操作语言（DML）语句，然后返回输出参数。在 SQL Server 2008 中，用户定义的存储过程有两种类型：T-SQL 存储过程和 CLR 存储过程。

1）T-SQL 存储过程。是指保存的 T-SQL 语句集合，可以接受和返回用户提供的参数。例如，存储过程中可能包含根据客户端应用程序提供的信息在一个或多个表中插入新行所需的语句，也可以从数据库向客户端应用程序返回数据。例如，电子商务 Web 应用程序可能使用存储过程根据联机用户指定的搜索条件返回有关特定产品的信息。

2）CLR 存储过程。是指对 Microsoft .NET Framework 公共语言运行时（CLR）方法的引用，可以接受和返回用户提供的参数。它们在.NET Framework 程序集中是作为类的公共静态方法实现的。

下面主要介绍用户定义的 T-SQL 存储过程的创建和使用方法。

9.1.2 创建存储过程

在 SQL Server 2008 中，创建存储过程常用的操作方法有两种：使用 SSMS 和 T-SQL 语句。

默认情况下，创建存储过程的许可权归数据库的所有者，数据库的所有者可以把创建存储过程的权限授予给其他用户。当创建存储过程时，需要确定存储过程的三个组成部分：

（1）所有的输入参数以及传给调用者的输出参数。

（2）被执行的针对数据库的操作语句，包括调用其他存储过程的语句。

（3）返回给调用者的状态值，以指明调用是否成功。

1. 使用 SSMS 创建存储过程

例 9-1 创建一个名为“proc_CustomerName”的存储过程，要求完成以下功能：在 Customer 表中查询电话号码以“245”开头的客户的姓名和电话字段的值。

使用 SSMS 创建存储过程的步骤如下：

（1）在 SSMS 中，选择指定的服务器和数据库，展开数据库中的“可编程性”文件夹，右击其中的“存储过程”，在弹出的快捷菜单中选择“新建存储过程”选项，如图 9-1 所示。

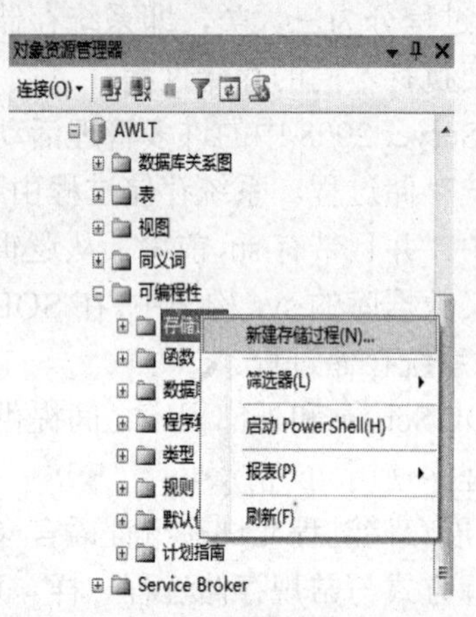

图 9-1 新建存储过程选择窗口

（2）会出现创建存储过程文本框，如图 9-2 所示。在文本框中可以看到系统自动给出了创建存储过程的格式模板语句，可以根据模板格式进行修改来创建新的存储过程。

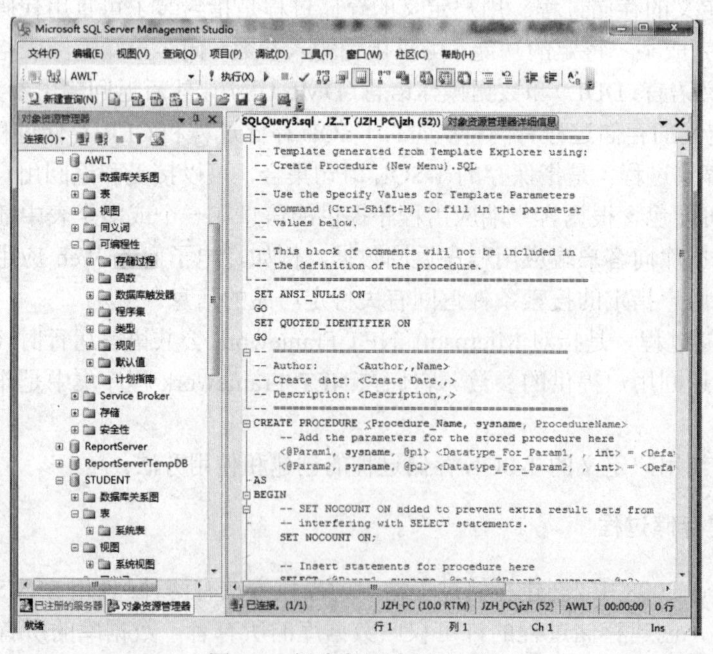

图 9-2 新建存储过程对话框

（3）在创建存储过程的窗口中，单击“查询”菜单，选择“指定模板参数的值”，会弹出“指定模板参数的值”对话框，如图 9-3 所示。

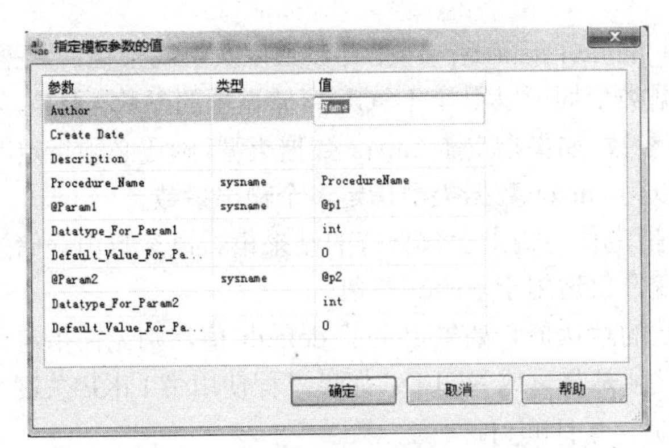

图 9-3　“指定模板参数的值”对话框

（4）在“指定模板参数的值”对话框中将“Procedure_Name”参数对应的名称修改为“proc_CustomerName”，单击“确定”按钮，关闭此对话框。在创建存储过程的窗口中将对应的 SELECT 语句修改为以下程序代码：

```
Select Name,Phone
FROM Customer
WHERE Phone LIKE '245%'
```

（5）输入完毕后，单击窗口工具栏上的“执行”按钮执行以上程序段，就会创建一个新的存储过程“proc_CustomerName”。

2. 使用 T-SQL 语句创建存储过程

使用 T-SQL 中的 CREATE PROCEDURE 语句创建存储过程，其语法格式如下：

```
CREATE {PROC|PROCEDURE}[schema_name.] procedure_name
    [{@parameter [type_schema_name.]data_type}
        [VARYING][=default] [OUT|OUTPUT] [READONLY]
    ] [,...n]
[WITH [ENCRYPTION][[,]RECOMPILE]]
[FOR REPLICATION]
AS {<sql_statement>[;][...n]}
[;]

<sql_statement>::=
{[BEGIN] <statements> [END]}
```

其中，各参数的说明如下：

- schema_name：指定过程所属架构的名称。
- procedure_name：指定新存储过程的名称。必须遵循有关标识符的规则，并且在架构中必须唯一。
- @parameter：指定过程中的参数。在 CREATE PROCEDURE 语句中可以声明一个或多个参数。除非定义了参数的默认值或者将参数设置为等于另一个参数，否则用户必须在调用过程时为每个声明的参数提供值。存储过程最多可以有 2100 个参数。通过将@符号用作第一个字符来指定参数名称，参数名称必须符合有关标识符的规则。每个过程的参数仅用于该过程本身；其他过程中可以使用相同的参数名称。默认情况下，参数只能代替常量表达式，而不能用于代替表名、列名或其他数据库对象的名称。如果指定了 FOR REPLICATION，则无法声明参数。

- [type_schema_name.] data_type：指定参数以及所属架构的数据类型。除 table 之外的其他所有数据类型均可以用作 T-SQL 存储过程的参数。但是，cursor 数据类型只能用于 OUTPUT 参数。如果指定了 cursor 数据类型，则还必须指定 VARYING 和 OUTPUT 关键字。可以为 cursor 数据类型指定多个输出参数。
- VARYING：指定作为输出参数支持的结果集。该参数由存储过程动态构造，其内容可能发生改变。仅适用于 cursor 参数。
- Default：参数的默认值。如果定义了 default 值，则无需指定此参数的值即可执行过程。默认值必须是常量或 NULL。如果过程使用带 LIKE 关键字的参数，则可包含下列通配符：%、_、[]和[^]。
- OUTPUT：指示参数是输出参数。此选项的值可以返回给调用 EXECUTE 的语句。使用 OUTPUT 参数将值返回给过程的调用方。除非是 CLR 过程，否则 text、ntext 和 image 参数不能用作 OUTPUT 参数。不能将用户定义表类型指定为存储过程的 OUTPUT 参数。
- READONLY：指示不能在过程的主体中更新或修改参数。如果参数类型为用户定义的表类型，则必须指定 READONLY。
- RECOMPILE：指示 SQL Server 每次运行该过程时，将对其重新编译。如果指定了 FOR REPLICATION，则不能使用此选项。
- ENCRYPTION：指示 SQL Server 将 CREATE PROCEDURE 语句的原始文本转换为模糊格式。模糊代码的输出在 SQL Server 的任何目录视图中都不能直接显示。对系统表或数据库文件没有访问权限的用户不能检索模糊文本。
- FOR REPLICATION：指定不能在订阅服务器上执行为复制创建的存储过程。使用该选项创建的存储过程可用作存储过程筛选器，且只能在复制过程中执行。如果指定了 FOR REPLICATION，则无法声明参数。对于使用 FOR REPLICATION 创建的过程，忽略 RECOMPILE 选项。
- sql_statement：要包含在过程中的一个或多个 T-SQL 语句。

例 9-2 创建一个存储过程 proc_GetAllProducts，要求完成以下功能：在表 Product 中查找所有产品的产品编号、产品名称、标准成本和销售价格等字段。此存储过程不使用任何参数。

程序清单如下：

```
USE AWLT              --打开 AWLT 数据库
GO
/*创建存储过程*/
CREATE PROCEDURE proc_GetAllProducts
 AS
Select ProductID,Name,StandardCost,ListPrice
FROM Product
GO
```

例 9-3 创建一个带有参数的存储过程 proc_GetProductsCheck，要求完成以下功能：在表 Product 中查找指定名称的产品的产品编号、产品名称、标准成本和销售价格等字段，并对定义信息进行加密。

程序清单如下：

```
USE AWLT              --打开 AWLT 数据库
GO
```

```
/*创建存储过程*/
CREATE PROCEDURE proc_GetProductsCheck
    @Product_Name nvarchar(50)
    /*也可以在定义参数的时候指定默认值。
    @Product_Name nvarchar(50)= 'D%'
    如果在调用该存储过程时没有指定参数，则查找以字母 D 开头的产品。*/
WITH ENCRYPTION
AS
Select ProductID,Name,StandardCost,ListPrice
FROM Product
WHERE Name LIKE @Product_Name
GO
```

例 9-4 创建一个带有参数的存储过程 proc_GetList，要求完成以下功能：在 Product 表中查找价格不超过指定数值并且名称中包含指定字符的产品列表。

程序清单如下：

```
USE AWLT              --打开 AWLT 数据库
GO
/*创建存储过程*/
CREATE PROCEDURE proc_GetList
    @Product_Name varchar(40),
    @MaxPrice money,
    @ComparePrice money OUTPUT,
    @ListPrice money OUT
AS
SET @ListPrice=(SELECT MAX(ListPrice)        /*给变量@ListPprice 赋值*/
        FROM Product
  WHERE Name LIKE @Product_Name AND ListPrice<@MaxPrice)
SET @ComparePrice=@MaxPrice                    -- 给变量@compareprice 赋值
GO
```

9.1.3 执行存储过程

存储过程创建成功后保存在数据库中。在 SQL Server 中可以使用 EXECUTE 命令来直接执行存储过程，其语法格式如下：

```
[[EXEC[UTE]]
 {[@return_status=]{procedure_name|@procedure_name_var}
    [[@parameter=]{value|@variable[OUTPUT]|[DEFAULT]}[,...n]
[WITH RECOMPILE]]}][;]
```

其中，各参数的说明如下：

- EXECUTE：执行存储过程的命令关键字，如果此语句是批处理中的第一条语句，可以省略此关键字。
- @return_status：是一个可选的整型变量，保存存储过程的返回状态。这个变量在使用前，必须在批处理、存储过程或函数中声明过。
- procedure_name：指定执行的存储过程的名称。
- @procedure_name_var：是局部定义变量名，代表存储过程名称。
- @parameter：是在创建存储过程时定义的过程参数。调用时向存储过程所传递的参数值由 value 参数或@variable 变量提供，或者使用 DEFAULT 关键字指定使用该参数的默认值，OUTPUT 参数说明指定参数为返回参数。

执行存储过程时需要指定要执行的存储过程的名称和参数，使用一个存储过程去执行一组 SQL 语句可以在首次运行时即被编译，在编译过程中把 SQL 语句从字符形式转化成为可执行形式。

例 9-5 执行前面创建的 proc_CustomerName 存储过程，它是一个无参的存储过程。

程序清单如下：

```
USE AWLT
GO
EXEC proc_CustomerName          --或直接写存储过程的名称：proc_CustomerName
GO
```

程序的执行结果如下：

```
Name             Phone
------------------ ----------------------
Orlando Gee      245-555-0173
Walter Mays      245-555-0191
Orlando Gee      245-555-0173
Walter Mays      245-555-0191
```

注意：如果省略 EXECUTE 关键字，则存储过程必须是批处理中的第一条语句，否则会出错。

例 9-6 执行存储过程 proc_GetProductsCheck，该存储过程有一个输入参数“产品名称”，在执行时需要输入一个产品名称。

程序清单如下：

```
USE AWLT
GO
EXECUTE proc_GetProductsCheck      --参数使用默认值，查找以字母 D 开头的产品信息
/*用常量值指定参数，查找以 w 开头的产品信息
EXECUTE proc_GetProductsCheck 'W%'*/
/*使用存储过程定义中的参数名传递参数，参数@Product_Name 必须是存储过程中定义的参数
EXECUTE proc_GetProductsCheck @Product_Name = '%' */
GO
```

查找以 w 开头的产品信息的程序的执行结果如下：

```
ProductID    Name                           StandardCost    ListPrice
----------------- ------------------------------------------------------------ ------------------
852          Women's Tights, S              30.9334         74.99
853          Women's Tights, M              30.9334         74.99
854          Women's Tights, L              30.9334         74.99
867          Women's Mountain Shorts, S     26.1763         69.99
868          Women's Mountain Shorts, M     26.1763         69.99
869          Women's Mountain Shorts, L     26.1763         69.99
870          Water Bottle - 30 oz.          1.8663          4.99
```

例 9-7 执行存储过程 proc_GetList，该存储过程有两个输入参数和两个输出参数。

程序清单如下：

```
USE AWLT
GO
DECLARE @Pro_Name varchar(40),
        @Giv_Price money,
        @Comp_Price money,
        @Sell_Price money
SELECT @Pro_Name='wo%', @Giv_Price=300
EXECUTE proc_GetList @Pro_Name,@Giv_Price, @Comp_Price OUTPUT, @Sell_Price OUT
PRINT '本程序的执行结果：'
PRINT '价格不超过'+CAST(@Giv_Price AS varchar(10)) +'且名称中包含'+@Pro_Name
   +'的产品中最高价格为：'
PRINT CAST(@Sell_Price AS varchar(10))
PRINT '查询时指定的价格为：'+CAST(@Comp_Price AS varchar(10))
```

程序的执行结果如下：

```
本程序的执行结果：
价格不超过 300.00 且名称中包含 wo 的产品中最高价格为：
74.99
查询时指定的价格为：300.00
```

9.1.4　查看存储过程

用户定义的存储过程创建之后，可以使用 SSMS 或者系统存储过程来查看它们。

1. 使用 SSMS 查看用户定义的存储过程

（1）在 SSMS 中，选择指定的服务器和数据库，这里选择 AWLT 数据库，展开数据库中的“可编程性”，选择“存储过程”，可以显示出 AWLT 数据库中的所有存储过程，如图 9-4 所示。

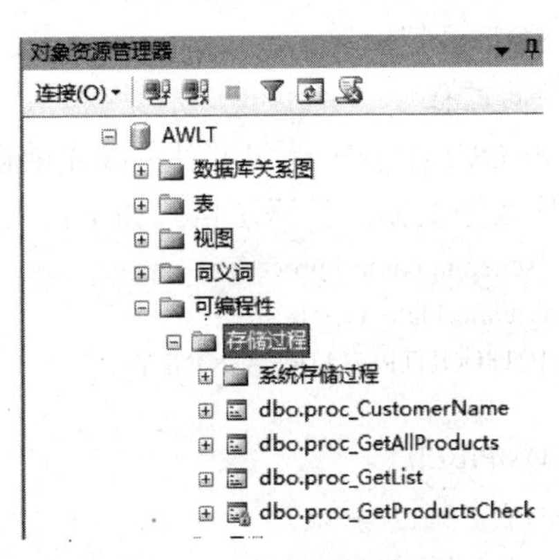

图 9-4　存储过程显示窗口

（2）要想查看某个存储过程更详细的信息，可以用鼠标右击要查看的存储过程，在弹出的快捷菜单中选择“属性”选项，打开存储过程属性对话框。在弹出的“存储过程属性”对话框中可以查看存储过程的详细信息。

（3）如果从弹出的快捷菜单中选择“查看依赖关系”选项，在弹出的“对象依赖关系”对话框中可以查看该存储过程依赖的对象和依赖于该存储过程的对象。

2. 使用系统存储过程查看用户定义的存储过程

也可以使用系统存储过程来查看用户定义的存储过程。

例 9-8 使用系统存储过程查看 proc_GetAllProducts 存储过程的参数及其数据类型，查看 proc_GetProductsCheck 存储过程的定义信息。

程序清单如下：

```
--查看参数及其数据类型
USE AWLT
GO
sp_help proc_GetAllProducts
GO
```

程序的执行结果如下：

```
Name                 Owner   Type               Created_datetime
-------------------- ------- ------------------ ---------------------------
proc_GetAllProducts  dbo     stored procedure   2012-07-08 20:51:56.330
```

```
--查看定义信息（该存储过程在创建时已加密）
EXEC sp_helptext proc_GetProductsCheck
GO
```

程序的执行结果如下所示：

对象'proc_GetProductsCheck' 的文本已加密。

9.1.5 修改存储过程

如果已定义的存储过程不能满足用户要求时，可以使用 SSMS 或者 T-SQL 语句修改存储过程的定义。

1．使用 SSMS 修改存储过程

使用 SSMS 可以很方便地修改存储过程的定义。在 SSMS 中右击要修改的存储过程，从弹出的快捷菜单中选择“修改”选项，则会出现与创建存储过程时类似的窗口。在该窗口中，可以直接修改定义该存储过程 SQL 语句。

2．使用 T-SQL 语句修改存储过程

使用 T-SQL 中的 ALTER PROCEDURE 语句可以更改先前创建的存储过程，但不会更改权限，也不影响相关的存储过程或触发器。其语法格式如下：

```
ALTER {PROC|PROCEDURE} [schema_name.] procedure_name
    [{@parameter [type_schema_name.]data_type}
        [VARYING][=default] [OUT|OUTPUT] [READONLY]
    ][,...n]
[WITH [ENCRYPTION][[,]RECOMPILE]]
[FOR REPLICATION]
AS {<sql_statement>[;][...n ]}
[;]
```

修改存储过程时，应该注意以下几点：

- 如果原来的存储过程定义是使用 WITH ENCRYPTION 创建的，那么只有在 ALTER PROCEDURE 中也包含这个选项时，这个选项才有效。
- 每次只能修改一个存储过程。
- 用 ALTER PROCEDURE 更改的存储过程的权限保持不变。

例 9-9 修改存储过程 proc_GetProductsCheck，使之完成以下功能：在表 Product 中查找指定名称的产品的产品编号、产品名称、标准成本、销售价格和开始销售日期等字段。

程序清单如下：

```
USE AWLT        --打开 AWLT 数据库
GO
/*修改存储过程*/
ALTER PROCEDURE proc_GetProductsCheck
     @Product_Name nvarchar(50)
    /*也可以在定义参数的时候指定默认值。
    @Product_Name nvarchar(50)='D%'
    如果在调用该存储过程时没有指定参数，则查找以字母 D 开头的产品。*/
--WITH ENCRYPTION
AS
Select ProductID,Name,StandardCost,ListPrice,SellStartDate
FROM Product
WHERE Name LIKE @Product_Name
GO
```

使用 sp_helptext 查看修改后的 proc_GetProductsCheck 存储过程：

```
USE AWLT
GO
sp_helptext proc_GetProductsCheck
GO
```

因为在该存储过程修改的时候没有设置 WITH ENCRYPTION 选项，所以使用系统存储过程 sp_helptext 可以查看其定义信息。程序的执行结果如图 9-5 所示。

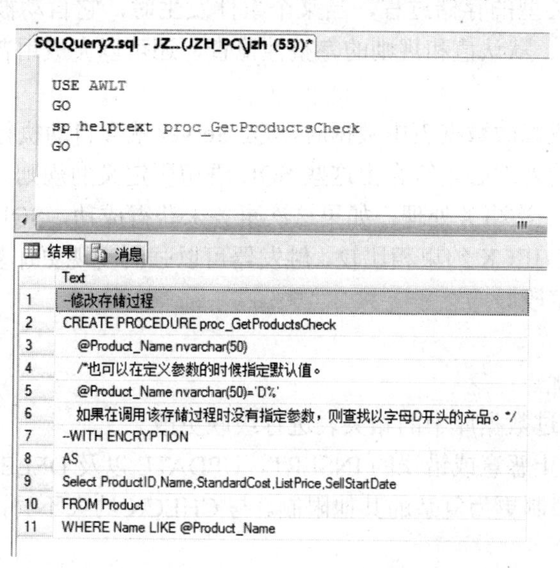

图 9-5　执行结果

9.1.6　删除存储过程

对于不再使用的存储过程，可以使用 SSMS 或者 T-SQL 语句删除它。

1．使用 SSMS 删除存储过程

使用 SSMS 可以很方便地删除存储过程。在打开的 SSMS 窗口中，右击要删除的存储过程，从弹出的快捷菜单中选择“删除”选项，会弹出“删除对象”对话框。在该对话框中，单击“确定”按钮，即可完成删除操作。在删除该对象之前，单击“显示依赖关系”按钮，可以查看与该存储过程有依赖关系的其他数据库对象名称。

2. 使用 T-SQL 语句删除存储过程

删除存储过程也可以使用T-SQL中的DROP PROCEDUE语句从当前数据库中删除一个或者多个存储过程或者存储过程组，其语法格式如下：

```
DROP {PROC|PROCEDURE} {[schema_name.] procedure}[,...n]
```

例 9-10 删除 AWLT 数据库中的 proc_CustomerName 和 proc_GetProductsCheck 两个存储过程。

程序清单如下：

```
USE AWLT
GO
DROP PROCEDURE proc_CustomerName,proc_GetProductsCheck
GO
```

9.2 触发器

9.2.1 触发器概述

1. 触发器的概念

触发器是一种特殊类型的存储过程，当某个事件发生时，它自动被触发执行。触发器可以用于 SQL Server 约束、默认值和规则的完整性检查，还可以完成用普通约束难以实现的复杂功能。

当创建数据库对象或修改数据表中数据时，SQL Server 就会自动执行触发器所定义的 SQL 语句，从而确保对数据的处理必须符合由这些 SQL 语句所定义的规则。触发器和引起触发器执行的 SQL 语句被当作一次事务处理，如果这次事务未获得成功，SQL Server 会自动返回该事务执行前的状态。和 CHECK 约束相比较，触发器可以强制实现更加复杂的数据完整性，而且可以引用其他表中的字段。

2. 触发器的优点

使用触发器有以下优点：

（1）触发器可以通过数据库中的相关表进行级联更改。

（2）触发器可以防止恶意或错误的 INSERT、UPDATE 以及 DELETE 操作，并强制执行比 CHECK 约束定义的限制更为复杂的其他限制。与 CHECK 约束不同，触发器可以引用其他表中的列。

（3）触发器可以比较表数据修改前后的状态，并根据该差异采取相应措施。

3. 触发器的分类

在 SQL Server 2008 中触发器主要包括三类：DML 触发器、DDL 触发器和登录触发器。

（1）DML 触发器是在用户使用数据操纵语言（DML）事件编辑数据时发生。DML 事件是针对表或视图的 INSERT、UPDATE 或 DELET 操作。DML 触发器有助于在表或视图中修改数据时强制业务规则，扩展数据完整性。DML 触发器又分为 AFTER 触发器和 INSTEAD OF

触发器两种。

1）AFTER 触发器。这种类型的触发器将在数据变动（INSERT、UPDATE 和 DELETE 操作）完成以后才被触发。可以对变动的数据进行检查，如果发现错误，将拒绝接受或回滚变动的数据。AFTER 触发器只能在表上定义。在同一个数据表中可以创建多个 AFTER 触发器。

2）INSTEAD OF 触发器。INSTEAD OF 触发器将在数据变动以前被触发，并取代变动数据的操作（INSERT、UPDATE 和 DELETE 操作），而去执行触发器定义的操作。INSTEAD OF 触发器可以在表或视图上定义。在表或视图上，每个 INSERT、UPDATE 和 DELETE 语句最多可以定义一个 INSTEAD OF 触发器。

（2）DDL 触发器用于响应各种数据定义语言（DDL）事件。这些事件主要对应于 T-SQL 语言中的 CREATE、ALTER 和 DROP 操作，以及执行类似 DDL 操作的某些系统存储过程。它们用于执行管理任务，并强制影响数据库的业务规则。

（3）登录触发器将为响应 LOGON 事件而激发存储过程。与 SQL Server 实例建立用户会话时将引发此事件。登录触发器将在登录的身份验证阶段完成之后且用户会话实际建立之前激发。因此，来自触发器内部且通常将到达用户的所有消息（例如错误消息和来自 PRINT 语句的消息）会传送到 SQL Server 错误日志。如果身份验证失败，将不激发登录触发器。可以使用登录触发器来审核和控制服务器会话，例如通过跟踪登录活动、限制 SQL Server 的登录名或限制特定登录名的会话数。

本章主要介绍使用较多的 DML 触发器的创建和使用方法。

4. 两个特殊的临时表

DML 触发器可以使用两个特殊的临时表，它们分别是 inserted 表和 deleted 表。这两个表都存在于内存中，它们在结构上类似于定义了触发器的表。在 deleted 表和 inserted 表中保存了可能会被用户更改的行的旧值或新值。

在 inserted 表中存储着被 INSERT 和 UPDATE 操作影响的新的数据行。在执行 INSERT 或 UPDATE 操作时，新的数据行被添加到基本表中，同时这些数据行的备份被复制到 inserted 表中。

在 deleted 表中存储着被 DELETE 和 UPDATE 操作影响的旧数据行。在执行 DELETE 或 UPDATE 操作时，指定的数据行从基本表中删除，然后被转移到了 deleted 表中。在基本表和 deleted 表中一般不会存在相同的数据行。

一个 UPDATE 操作实际上是由一个 DELETE 操作和一个 INSERT 操作组成的。在执行 UPDATE 操作时，旧的数据行从基本表中转移到 deleted 表中，然后将新的数据行同时插入基本表和 inserted 表中。

9.2.2　创建触发器

在 SQL Server 2008 中，创建 DML 触发器的常用操作方法有两种：使用 SSMS 和 T-SQL 语句。

1. 使用 SSMS 创建 DML 触发器

当创建一个触发器时必须指定以下几项内容：

- 触发器的名称；
- 在其上定义触发器的表；
- 触发器将何时激发；

- 执行触发操作的编程语句。

下面举例说明如何创建一个 DML 触发器。

例 9-11 创建一个触发器“tr_Customer_Modify”，要求完成以下功能：当在 Customer 表中添加一条新记录时，触发该触发器，并给出“你插入了一条新记录！”的提示信息。

使用 SSMS 创建 DML 触发器的步骤如下：

（1）在 SSMS 中选择指定的服务器和数据库，这里选择 AWLT 数据库，右击 Customer 表中的“触发器”文件夹，从弹出的快捷菜单中选择“新建触发器”选项，如图 9-6 所示。

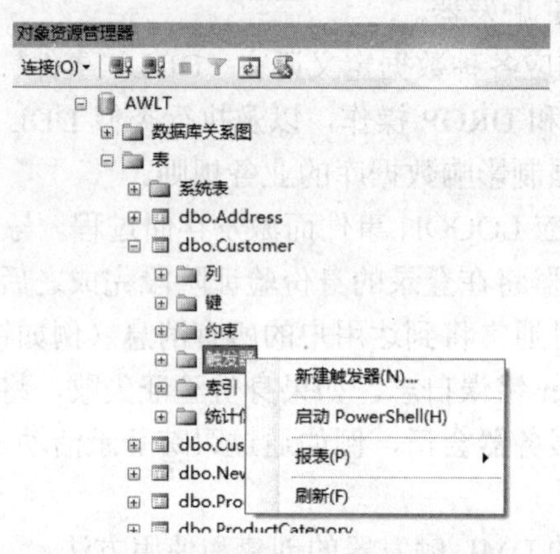

图 9-6 选择新建触发器对话框

（2）会出现创建触发器文本框，如图 9-7 所示。在文本框中可以看到系统自动给出了创建触发器的格式模板语句，可以根据模板格式进行修改来创建新的触发器。

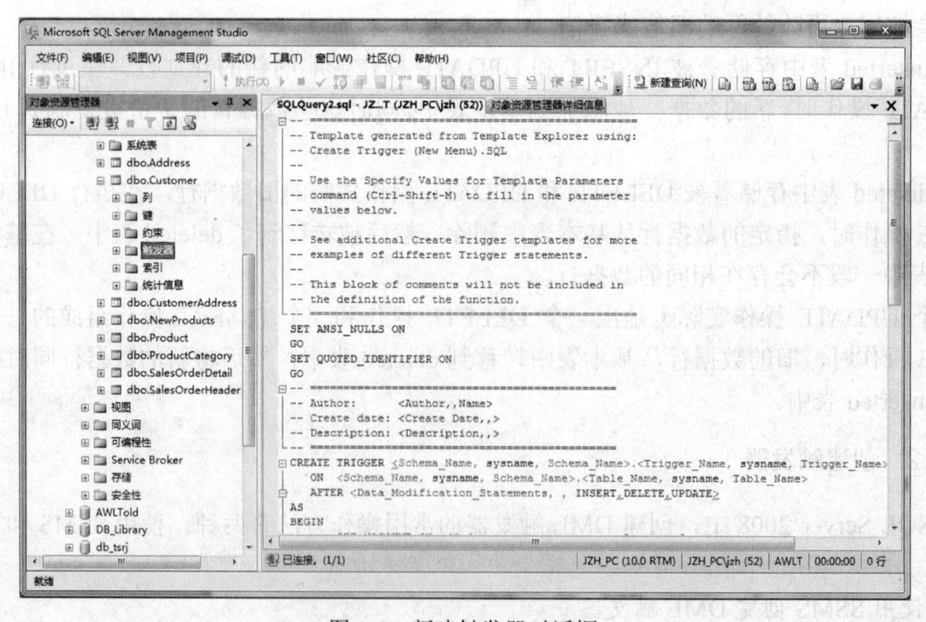

图 9-7 新建触发器对话框

（3）在创建存储过程的窗口中，单击“查询”菜单中的“指定模板参数的值”菜单项，在“指定模板参数的值”对话框中，将参数“Schema_Name”的值修改为“dbo”，参数“Trigger_Name”的值修改为“tr_Customer_Modify”，参数“Table_Name”的值修改为

“Customer”，参数“Data_Modification_Statements”的值修改为“INSERT”，设置结果如图 9-8 所示，单击“确定”按钮。

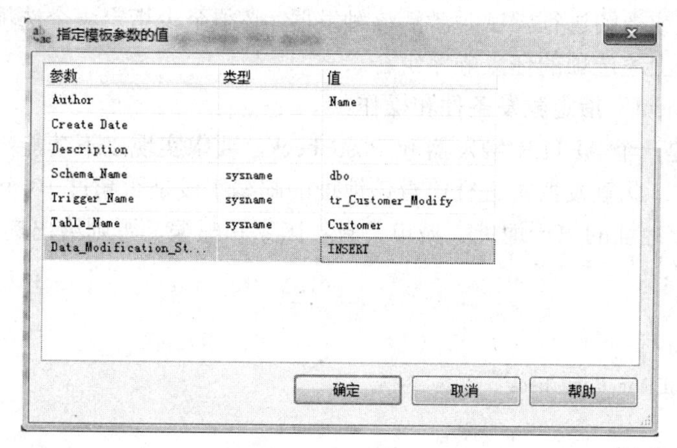

图 9-8　参数设置结果窗口

（4）在新建触发器模板窗口中，在 BEGIN 和 END 语句之间输入以下 3 条语句：

```
DECLARE @msg char(30)
SET   @msg='你插入了一条新记录！'
PRINT @msg
```

（5）单击工具栏上的“执行”按钮，即可完成此触发器的创建。

触发器创建成功以后，每次使用 INSERT 语句向 Customer 表中插入数据时，该触发器都会自动被触发，会向用户显示“你插入了一条新记录！”的提示信息。

2. 使用 T-SQL 语句创建 DML 触发器

使用 T-SQL 中的 CREATE TRIGGER 语句也可以创建 DML 触发器，其中需要指定定义触发器的表、触发器执行的事件和触发器的所有指令。创建触发器的过程类似于创建存储过程，其语法格式如下：

```
CREATE TRIGGER [schema_name.]trigger_name
ON {table_name|view_name}
[WITH ENCRYPTION]
{FOR|AFTER|INSTEAD OF}
{[INSERT][,][UPDATE][,][DELETE]}
AS {<sql_statement>[;][,...n]}
```

其中，各参数的说明如下：

- schema_name：指定 DML 触发器所属架构的名称。DML 触发器的作用域是为其创建该触发器的表或视图的架构。
- trigger_name：指定触发器的名称。
- table_name|view_name：指定对其执行 DML 触发器的表或视图，有时称为触发器表或触发器视图。视图只能被 INSTEAD OF 触发器引用。
- WITH ENCRYPTION：对 CREATE TRIGGER 语句的文本进行加密处理。
- FOR|AFTER：AFTER 指定触发器仅在触发 SQL 语句中指定的所有操作都已成功执行时才被触发。所有的引用级联操作和约束检查也必须在激发此触发器之前成功完成。如果仅指定 FOR 关键字，则 AFTER 为默认值。不能对视图定义 AFTER 触发器。

- INSTEAD OF：指定执行 DML 触发器而不是触发 SQL 语句。
- {[DELETE][,][INSERT][,][UPDATE]}：指定数据修改语句，这些语句可在 DML 触发器对此表或视图进行尝试时激活该触发器，必须至少指定一个选项。在触发器定义中允许使用上述选项的任意顺序组合。
- sql_statement：指定触发条件和操作。

例 9-12 创建一个 AFTER 触发器 tr_PostCheck，要求实现以下功能：当在 Address 表中添加或更新数据时，此触发器将进行检查该地址的邮编字段是否超过 10 个字符，如果未超过 10 个字符则显示该地址的第一地址、城市、省、国家和邮编，否则给出提示信息。

程序清单如下：

```
USE AWLT
GO
CREATE TRIGGER tr_PostCheck
ON Address
FOR INSERT, UPDATE
AS
PRINT 'AFTER 触发器开始执行……'
BEGIN
    DECLARE @AddressNum INT,@PostalCode varchar(15)
    SELECT @AddressNum=(SELECT AddressID FROM inserted),
           @PostalCode=(SELECT PostalCode FROM inserted)
    IF len(@PostalCode)<10
        SELECT AddressLine1,City,StateProvince,CountryRegion, PostalCode
      FROM Address
      WHERE AddressID=@AddressNum
  ELSE
      PRINT '邮编不符合要求！'
END
GO
```

创建了 tr_ PostCheck 触发器之后，在查询窗口中输入以下 SQL 语句：

```
USE AWLT
GO
PRINT '在 Address 中插入记录时触发器执行结果：'
PRINT ''
INSERT INTO Address
(AddressLine1,City,StateProvince,CountryRegion,
PostalCode,ModifiedDate)
VALUES('No.133 EastRoad Aimin','Langfang','Hebei',
'China','06500000011',getdate())
GO
PRINT '在 Address 中修改记录时触发器执行结果：'
PRINT ''
UPDATE Address
SET PostalCode='06500000012'
WHERE AddressID='11384'
GO
```

执行上面的 SQL 语句，执行的结果如下所示：

```
在 Address 中插入记录时触发器执行结果：
AFTER 触发器开始执行……
邮编不符合要求！
 (1 行受影响)
在 Address 中修改记录时触发器执行结果：
AFTER 触发器开始执行……
邮编不符合要求！
 (1 行受影响)
```

例 9-13　创建一个 AFTER 触发器 tr_Customer，要求实现以下功能：当在 Customer 表中删除某一条记录后，触发该触发器，在 SalesOrderHeader 表中删除与此客户相对应的定单记录。

程序清单如下：

```
USE AWLT
GO
CREATE TRIGGER tr_Customer
ON Customer
FOR DELETE
AS
  PRINT '删除触发器开始执行……'
  DECLARE @CustomerNum INT
  PRINT '把在 Customer 表中删除的记录的 CustomerID 赋值给局部变量@CustomerNum。'
  SELECT @CustomerNum=CustomerID
  FROM deleted
  PRINT '开始查找并删除 SalesOrderHeader 表中的相关记录……'
  DELETE FROM SalesOrderHeader
  WHERE CustomerID=@CustomerNum
  PRINT '删除了 SalesOrderHeader 表中的 CustomerID 为'
       +CAST(@CustomerNum AS varchar(10))+ '的记录。'
GO
```

创建了 tr_Customer 触发器之后，在查询窗口中输入以下的 SQL 语句：

```
USE AWLT
GO
DELETE FROM Customer WHERE CustomerID =621
GO
```

程序的执行结果如下：

```
删除触发器开始执行……
把在 Customer 表中删除的记录的 CustomerID 赋值给局部变量@CustomerNum。
开始查找并删除 SalesOrderHeader 表中的相关记录……
 (0 行受影响)
删除了 SalesOrderHeader 表中的 CustomerID 为 621 的记录。
 (1 行受影响)
```

例 9-14　创建一个 INSTEAD OF 触发器 tr_NotAllowDelete，要求实现以下功能：当在 ProductCategory 表中删除记录时，触发该触发器，显示不允许删除表中数据的提示信息。

程序清单如下：

```
USE AWLT
GO
```

```
CREATE TRIGGER TR_NotAllowDelete
ON ProductCategory
INSTEAD OF DELETE
AS
    PRINT 'INSTEAD OF 触发器开始执行……'
    PRINT '本表中的数据不允许被删除！不能执行删除操作!'
GO
```

创建了 TR_NotAllowDelete 触发器之后，在查询窗口中输入以下的 SQL 语句：

```
USE AWLT
GO
DELETE FROM ProductCategory WHERE ProductCategoryID=20
GO
```

程序的执行结果如下：

```
INSTEAD OF 触发器开始执行……
本表中的数据不允许被删除！不能执行删除操作!
 (1 行受影响)
```

9.2.3 查看触发器

如果要显示作用于表上的触发器究竟对表有哪些操作，必须查看触发器信息。在 SQL Server 中，有多种方法可以查看触发器信息，其中最常用的两种方法：使用 SSMS 和系统存储过程。

1. 使用 SSMS 查看触发器

（1）查看触发器定义信息。在 SSMS 中，展开指定的服务器和数据库，选择指定的数据库和表，单击要查看的表，选择其中的“触发器”文件夹，就可以显示出此表中的所有触发器，右击某个触发器名称，从弹出的快捷菜单中选择“修改”选项，在打开的窗口中可以查看到定义触发器的语句。

（2）查看与触发器有依赖关系的其他数据库对象。右击某个触发器名称，从弹出的快捷菜单中选择“查看依赖关系”选项，在出现的“对象依赖关系”对话框中可以查看到依赖于此触发器的对象和此触发器依赖的对象。

2. 使用系统存储过程查看触发器

可以使用系统存储过程 sp_help、sp_helptext 和 sp_depends 分别查看触发器的不同信息。具体方法同用户定义存储过程的查看。

9.2.4 修改触发器

如果已定义的触发器不能满足用户要求时，可以使用 SSMS 或 T-SQL 语句修改触发器的定义。

1. 使用 SSMS 修改触发器

在 SSMS 中，右击某个要修改的触发器的名称，从弹出的快捷菜单中选择“修改”选项，在打开的窗口中可以修改触发器的定义。

2. 使用 T-SQL 语句修改触发器

利用 T-SQL 中的 ALTER TRIGGER 语句可以修改触发器的定义。修改触发器的语法格式如下：

```
ALTER TRIGGER [schema_name.]trigger_name
ON {table_name|view_name}
[WITH ENCRYPTION]
{FOR|AFTER| NSTEAD OF}
{[INSERT][,][UPDATE][,][DELETE]}
AS {<sql_statement>[;][,...n]}
```

例 9-15　修改触发器 tr_Customer，要求实现以下功能：当 Customer 表中数据发生修改后，触发该触发器，计算修改的记录条数并给出一条提示信息。

程序清单如下：

```
USE AWLT
GO
ALTER TRIGGER tr_Customer
ON Customer
FOR DELETE
AS
  PRINT '修改触发器开始执行……'
  DECLARE @Count INT
  SELECT @Count=COUNT(*) FROM inserted
  PRINT '本次修改了 Customer 表中的'+CAST(@Count as varchar(10))+'条记录！'
GO
```

修改了 tr_Customer 触发器之后，在查询窗口中输入以下的 SQL 语句：

```
USE AWLT
GO
DELETE FROM Customer WHERE CustomerID =617
GO
```

程序的执行结果如下：

```
修改触发器开始执行……
本次修改了 Customer 表中的 1 条记录！
 (1 行受影响)
```

9.2.5　删除触发器

当已创建的触发器不再需要或者需要使用新的触发器时，需要从表中删除这些旧的触发器。只有触发器所有者才有权删除触发器，删除已创建的触发器常用的操作方法有三种：使用 SSMS、使用 T-SQL 语句或直接删除触发器所在的表。

1. 使用 SSMS 删除触发器

在打开的 SSMS 窗口中，选择要删除的触发器，右击该触发器名称，从弹出的快捷菜单中选择“删除”选项，会出现“删除对象”对话框。在“删除对象”对话框中，单击“确定”按钮，即可删除该视图。

2. 使用 T-SQL 语句删除触发器

使用 T-SQL 中的 DROP TRIGGER 语句删除指定的触发器。其语法格式如下：

```
DROP TRIGGER schema_name.trigger_name[,...n][;]
```

例 9-16　使用 DROP TRIGGER 命令删除名为 tr_Customer 的触发器。

程序清单如下：

```
USE AWLT
GO
```

```
DROP TRIGGER tr_Customer
GO
```

3. 直接删除触发器所在的表

删除触发器的另一个方法是直接删除触发器所在的表。删除表时，SQL Server 将会自动删除与该表相关的所有触发器。

在使用 T-SQL 语言编程中，可以将某些需要多次调用的实现某个特定任务的代码段编写成一个过程，将其保存在数据库中，并由 SQL Server 服务器通过过程名来调用它们，这些过程就叫做存储过程。存储过程在创建时就被编译和优化，调用一次以后，相关信息就保存在内存中，下次调用时可以直接执行。

使用存储过程有很多优点：实现了模块化编程；存储过程具有对数据库立即访问的功能；加快程序的运行速度；减少网络流量；提高数据库的安全性；自动完成需要预先执行的任务。

SQL Server 2008 中的存储过程分为三大类：即系统存储过程、用户定义的存储过程和扩展存储过程，在不同情况下需要执行不同的存储过程。

（1）系统存储过程由系统自动创建，从物理意义上讲，系统存储过程存储在源数据库中，并且带有 sp_前缀。从逻辑意义上讲，系统存储过程出现在每个系统定义数据库和用户定义数据库的 sys 构架中。

（2）扩展存储过程允许在编程语言中创建自己的外部例程。扩展存储过程是使用 SQL Server 扩展存储过程 API 编写的，可直接在 SQL Server 实例的地址空间中运行。

（3）用户定义的存储过程是指封装了可重用代码的模块或例程。在 SQL Server 2008 中，用户定义的存储过程有两种类型：T-SQL 存储过程和 CLR 存储过程。本章主要介绍用户定义的 T-SQL 存储过程的创建和使用方法。

在 SQL Server 2008 中创建存储过程常用两种方法：使用 SSMS 和 T-SQL 语句。

（1）使用 SSMS 创建存储过程，在 SSMS 中通过界面操作完成存储过程的创建。

（2）使用 T-SQL 中的 CREATE PROC 语句来创建存储过程的语法格式如下：

```
CREATE {PROC|PROCEDURE}[schema_name.] procedure_name
    [{@parameter [type_schema_name.]data_type}
        [VARYING][=default] [OUT|OUTPUT] [READONLY]
    ] [,...n]
[WITH [ENCRYPTION][[,]RECOMPILE]]
[FOR REPLICATION]
AS {<sql_statement>[;][...n]}[;]
```

存储过程创建成功后保存在数据库中。在 SQL Server 中可以使用 EXECUTE 命令来直接执行存储过程，其语法格式如下：

```
[[EXEC[UTE]]
 {[@return_status=]{procedure_name|@procedure_name_var}
    [[@parameter=]{value|@variable[OUTPUT]|[DEFAULT]} [,...n]
  [WITH RECOMPILE]]}][;]
```

用户定义的存储过程创建之后，可以使用 SSMS 或者系统存储过程来查看它们的详细信息、依赖关系等。

如果已定义的存储过程不能满足用户要求时，可以使用 SSMS 或者 T-SQL 中的 ALTER PROC 语句修改存储过程的定义。使用 ALTER PROC 语句修改存储过程的语法与创建存储过程的语法类似。

对于不再使用的存储过程，可以使用 SSMS 或者 T-SQL 中的 DROP PROC 语句删除它。使用 T-SQL 中的 DROP PROCEDUE 语句从当前数据库中删除一个或者多个存储过程或者存储过程组，其语法格式如下：

```
DROP {PROC|PROCEDURE} {[schema_name.] procedure}[,...n]
```

触发器是一种特殊类型的存储过程，当某个事件发生时，它自动被触发执行。触发器可以用于 SQL Server 约束、默认值和规则的完整性检查，还可以完成用普通约束难以实现的复杂功能。和 CHECK 约束相比较，触发器可以强制实现更加复杂的数据完整性，而且可以引用其他表中的字段。

使用触发器有以下优点：可以通过数据库中的相关表进行级联更改；可以防止恶意或错误的 INSERT、UPDATE 以及 DELETE 操作，并强制执行比 CHECK 约束定义的限制更为复杂的其他限制；触发器可以比较表数据修改前后的状态，并根据该差异采取相应措施。

在 SQL Server 2008 中触发器主要包括三类：DML 触发器、DDL 触发器和登录触发器。

（1）DML 触发器是在用户使用数据操纵语言（DML）事件编辑数据时发生。DML 触发器又分为 AFTER 触发器和 INSTEAD OF 触发器两种。AFTER 触发器将在数据变动完成以后才被触发，只能在表上定义，在同一个数据表中可以创建多个 AFTER 触发器；INSTEAD OF 触发器将在数据变动以前被触发，并取代变动数据的操作而去执行触发器定义的操作，可以在表或视图上定义，在表或视图上，每个 INSERT、UPDATE 和 DELETE 语句最多可以定义一个 INSTEAD OF 触发器。

（2）DDL 触发器用于响应各种数据定义语言（DDL）事件。这些事件主要对应于 T-SQL 语言中的 CREATE、ALTER 和 DROP 操作，以及执行类似 DDL 操作的某些系统存储过程。

（3）登录触发器将为响应 LOGON 事件而激发存储过程。

DML 触发器可以使用两个特殊的临时表：inserted 表和 deleted 表。这两个表都存在于内存中，在结构上类似于定义了触发器的表。在 deleted 表和 inserted 表中保存了可能会被用户更改的行的旧值或新值。

在 SQL Server 2008 中创建触发器常用两种方法：使用 SSMS 和 T-SQL 语句。

（1）使用 SSMS 创建触发器，在 SSMS 中通过界面操作完成触发器的创建。

（2）使用 T-SQL 中的 CREATE TRIGGER 语句来创建触发器的语法格式如下：

```
CREATE TRIGGER [schema_name.]trigger_name
ON {table_name|view_name}
[WITH ENCRYPTION]
{FOR|AFTER|INSTEAD OF}
{[INSERT][,][UPDATE][,][DELETE]}
AS {<sql_statement>[;][,...n]}
```

触发器创建之后，可以使用 SSMS 或者系统存储过程来查看它们的详细信息、依赖关系等。

如果已定义的触发器不能满足用户要求时，可以使用 SSMS 或者 T-SQL 中的 ALTER TRIGGER 语句修改触发器的定义。使用 ALTER TRIGGER 语句修改触发器的语法与创建触发器的语法类似。

只有触发器所有者才有权删除触发器，删除已创建的触发器常用的操作方法有三种：使用SSMS、使用T-SQL中的DROP TRIGGER语句或直接删除触发器所在的表。DROP TRIGGER语句的语法格式如下：

```
DROP TRIGGER schema_name.trigger_name[,...n][;]
```

习题八

一、填空题

1. 使用T-SQL语句创建存储过程时，使用________来指示该参数为输出参数，使用________来指示SQL Server对该存储过程的文本进行加密。

2. 执行存储过程的命令关键字是EXECUTE，如果此语句是批处理中的第一条语句，可以________。

3. 向表中添加记录后，添加的记录临时存储在________表中；删除表中记录后，被删除的记录临时存储在________表中。

4. AFTER触发器可以在________上定义。

5. ________触发器将在数据变动以前被触发，并取代变动数据的操作。

二、选择题

1. 可显示数据库对象所依赖的对象的系统存储过程为（　　）。

A. sp_depends　　B. sp_help

C. sp_helptext　　D. sp_disp

2. 可用于查看触发器的正文信息的系统存储过程为（　　）。

A. sp_depends　　B. sp_help

C. sp_helptext　　D. sp_disp

3. 触发器是一种特殊类型的（　　）。

A. 数据表　　B. 视图

C. 函数　　D. 存储过程

4. 触发器的功能中不能实现（　　）。

A. SQL Server约束　　B. 默认值和规则的完整性检查

C. 快速访问数据库表中的特定信息　　D. 难以用普通约束实现的复杂功能

5. 以下事件不会触发DML触发器的是（　　）。

A. INSERT　　B. DELETE

C. CREATE　　D. UPDATE

三、简答题

1. 使用存储过程有什么优点？

2. 存储过程分哪几类？各有什么特点？

3. 触发器分哪几类？各有什么特点？

4. 存储过程和触发器的主要区别是什么？

5. 一个触发器应由哪几部分组成？

6．AFTER 触发器和 INSTEAD OF 触发器的主要区别是什么？

四、应用题

1．创建一个无参数的存储过程，返回所在国家为 Canada 的客户的所有信息。

2．创建一个带输入参数的存储过程，根据输入的产品类别编号，返回该类别产品的所有信息。

3．创建一个带输出参数的存储过程，根据输入的销售订单编号，将该订单中含有的商品总数量以输出参数返回给调用者。

4．在 AWLT 数据库中的 Customer 表上创建一个触发器，要求当在该表上插入数据时，显示 Customer 表、deleted 表和 inserted 表中的记录。

5．在 AWLT 数据库中的 ProductCategory 表上创建一个触发器，要求在该表上删除记录时，检测 Product 表中是否存在相关的记录，如果存在则给出提示信息“不能删除该记录！”，如果不存在则删除该条记录。

第 10 章　游标和事务

游标是一种数据结构，通过这种结构，程序可以将查询结果保存在其中，并可对其中某行（或某些行）的数据进行操作。游标中的数据保存在内存中，从其中提取数据的速度要比从数据表中直接提取数据的速度要快得多。

事务是 SQL Server 中的一个逻辑工作单元，该单元将被作为一个整体进行处理，这些工作要么全部正确执行，要么全部不执行。事务保证连续多个操作必须立即恢复到未执行任何操作的状态，从而保证数据的完整性。

本章主要介绍游标和事务的创建和使用方法。通过本章的学习，读者应该：

- 了解游标、事务的概念和作用
- 掌握游标的操作和使用方法
- 掌握事务的操作和使用方法

10.1　游标

10.1.1　游标概述

1. 游标的概念

在 SQL Server 中，使用 SELECT 语句生成的记录集合被作为一个整体单元来处理，无法对其中的一条或一部分记录单独处理。然而，在数据库应用程序中，特别是交互式联机数据库应用程序中，常常需要对这些记录集合进行逐行操作。这样，就需要 SQL Server 提供一种机制，对记录集合进行逐行处理，游标就是提供这种机制的结果集扩展，它使我们可以逐行处理结果集。

2. 游标的优点

使用游标的主要好处是可以逐行地处理数据。使用游标的优点如下：

（1）游标允许应用程序对 SELECT 查询语句返回的结果集中的每一行进行相同或不同的操作，而不是一次对整个结果集进行同一种操作。

（2）允许从结果集中检索指定的行。

（3）允许结果集中的当前行被修改。

（4）允许被其他用户修改的数据在结果集中是可见的。

3. 游标的分类

SQL Server 支持三种游标实现方式：T-SQL 游标、API服务器游标和客户游标。

（1）T-SQL 游标。T-SQL 游标是由 DECLARE CURSOR 语句定义，主要用于 T-SQL 脚本、存储过程和触发器。T-SQL 游标在服务器上实现，并由从客户端发送给服务器的 T-SQL

语句进行管理。T-SQL 游标不支持提取数据块或多行数据。

（2）API 游标。API 游标支持 OLE DB 和 ODBC 中的游标函数，在服务器上实现。每一次客户端应用程序调用 API 游标函数时，SQL Server 的 OLE DB 提供者、ODBC 驱动器都会将这些客户请求传送给服务器以对 API 服务器游标进行处理。

（3）客户游标。客户游标主要是当在客户机上缓存结果集时才使用。在客户游标中，有一个缺省的结果集被用来在客户机上缓存整个结果集。客户游标仅支持静态游标而非动态游标。一般情况下，服务器游标能支持绝大多数的游标操作，但不支持所有的 T-SQL 语句或批处理，所以客户游标常常仅被用作服务器游标的辅助。

由于 API 游标和 T-SQL 游标使用在服务器端，所以被称为服务器游标，也被称为后台游标，而客户端游标被称为前台游标。在本章中我们主要介绍服务器游标中的 T-SQL 游标。

10.1.2　游标的使用

游标主要用在存储过程、触发器和 T-SQL 语言脚本中。用户可以把它理解为一种特殊变量，也必须先声明后使用。游标的使用可以总结为 5 个步骤：声明游标、打开游标、提取数据、关闭游标和释放游标。

1. 声明游标

通常使用 DECLARE 语句来声明一个游标。声明的游标主要包括以下主要内容：游标名字、数据来源（表和列）、选取条件和属性（仅读或可修改）。其语法格式如下：

```
DECLARE cursor_name CURSOR
[LOCAL|GLOBAL] [FORWARD_ONLY|SCROLL]
[STATIC|KEYSET|DYNAMIC|FAST_FORWARD]
[READ_ONLY|SCROLL_LOCKS|OPTIMISTIC]
[TYPE_WARNING]
FOR select_statement
[FOR UPDATE [OF column_name[,...n]]]
[;]
```

其中，各参数的说明如下：

- cursor_name：指定游标的名称。必须符合标识符规则。
- LOCAL：指定对于在其中创建的批处理、存储过程或触发器来说，该游标的作用域是局部的。
- GLOBAL：指定该游标的作用域是全局的。在由连接执行的任何存储过程或批处理中，都可以引用该游标名称。该游标仅在断开连接时隐式释放。
- FORWARD_ONLY：指定游标只能从第一行滚动到最后一行。
- SCROLL：指定所有的提取选项均可用。如果未指定 SCROLL，则 NEXT 是唯一支持的提取选项；如果也指定了 FAST_FORWARD，则不能指定 SCROLL。
- STATIC：定义一个游标，以创建将由该游标使用的数据的临时复本，对游标的所有请求都从 tempdb 中的这一临时表中得到应答。因此，在对该游标进行提取操作时返回的数据中不反映对基本表所做的修改，并且该游标不允许修改。
- KEYSET：指定当游标打开时，游标中行的成员身份和顺序已经固定。对行进行唯一标识的键集内置在 tempdb 内一个称为 keyset 的表中。
- DYNAMIC：定义一个游标，以反映在滚动游标时对结果集内的各行所做的所有数据更改。行的数据值、顺序和成员身份在每次提取时都会更改。动态游标不支持 ABSOLUTE 提取选项。

- FAST_FORWARD：指定启用了性能优化的 FORWARD_ONLY、READ_ONLY 游标。如果指定了 SCROLL 或 FOR_UPDATE，则不能指定 FAST_FORWARD。
- READ_ONLY：设置只读游标。在 UPDATE 或 DELETE 语句的 WHERE CURRENT OF 子句中不能引用该游标。
- SCROLL_LOCKS：指定通过游标进行的定位更新或删除一定会成功。
- OPTIMISTIC：指定如果行自读入游标以来已得到更新，则通过游标进行的定位更新或定位删除不成功。
- TYPE_WARNING：指定将游标从所请求的类型隐式转换为另一种类型时向客户端发送警告消息。
- select_statement：定义游标结果集的标准 SELECT 语句。在游标声明的 select_statement 中不允许使用关键字 COMPUTE、COMPUTE BY、FOR BROWSE 和 INTO 子句。如果 select_statement 中的子句与所请求的游标类型的功能有冲突，则 SQL Server 会将游标隐式转换为其他类型。
- FOR UPDATE [OF column_name[,...n]]：定义游标中可更新的列。如果提供了 OF column_name[,...n]，则只允许修改所列出的列。如果指定了 UPDATE，但未指定列的列表，则除非指定了 READ_ONLY 并发选项，否则可以更新所有的列。

2. 打开游标

声明了游标后在做其他操作之前必须打开它。打开游标是执行与其相关的一段 SQL 语句。其语法格式如下：

```
OPEN {[GLOBAL] cursor_name}
```

游标处于打开状态下，不能再次被打开，也就是 OPEN 语句只能打开已声明但未打开的游标。打开一个游标后，可以使用系统函数@@ERROR 判断打开操作是否成功，如果返回值为 0，表示游标打开成功，否则表示打开失败。当游标被成功打开时，游标位置指向记录集的第一行之前。游标打开成功后，可以使用系统函数@@CURSOR_ROWS 返回游标中的记录数。

3. 提取数据

当用 OPEN 语句打开了游标并在数据库中执行了查询后，不能立即使用在查询结果集中的数据，必须用 FETCH 语句来取得数据。其语法格式如下：

```
FETCH
[[NEXT|PRIOR|FIRST|LAST
    |ABSOLUTE{n|@nvar}|RELATIVE{n|@nvar}]
FROM
]
{{[GLOBAL] cursor_name}|@cursor_variable_name}
[INTO @variable_name[,...n]]
```

其中，各参数的说明如下：

- NEXT：指定紧跟当前行返回结果行，并且当前行递增为返回行。如果 FETCH NEXT 为对游标的第一次提取操作，则返回结果集中的第一行。NEXT 为默认的游标提取选项。
- PRIOR：指定返回紧邻当前行前面的结果行，并且当前行递减为返回行。如果 FETCH

PRIOR 为对游标的第一次提取操作，则没有行返回并且游标置于第一行之前。

- FIRST：返回游标中的第一行并将其作为当前行。
- LAST：返回游标中的最后一行并将其作为当前行。
- ABSOLUTE {n|@nvar}：指定按绝对位置提取数据。如果 n 或@nvar 为正，则返回从游标头开始向后的第 n 行，并将返回行变成新的当前行。如果 n 或@nvar 为负，则返回从游标末尾开始向前的第 n 行，并将返回行变成新的当前行。如果 n 或@nvar 为 0，则不返回行。n 必须是整数常量，并且@nvar 的数据类型必须为 smallint、tinyint 或 int。
- RELATIVE {n|@nvar}：指定按相对位置提取数据。如果 n 或@nvar 为正，则返回从当前行开始向后的第 n 行，并将返回行变成新的当前行。如果 n 或@nvar 为负，则返回从当前行开始向前的第 n 行，并将返回行变成新的当前行。如果 n 或@nvar 为 0，则返回当前行。在对游标进行第一次提取时，如果在将 n 或@nvar 设置为负数或 0 的情况下指定 FETCH RELATIVE，则不返回行。n 必须是整数常量，@nvar 的数据类型必须为 smallint、tinyint 或 int。
- GLOBAL：指定 cursor_name 为全局游标。
- cursor_name：要从中进行提取的打开的游标名称。如果全局游标和局部游标都使用 cursor_name 作为它们的名称，那么指定 GLOBAL 时，cursor_name 指的是全局游标；未指定 GLOBAL 时，cursor_name 指的是局部游标。
- @ cursor_variable_name：游标变量名，引用要从中进行提取操作的打开的游标。
- INTO @variable_name[,...n]：允许将提取操作的列数据放到局部变量中。列表中的各个变量从左到右与游标结果集中的相应列相关联。各变量的数据类型必须与相应的结果集列的数据类型匹配，或是结果集列数据类型所支持的隐式转换。变量的数目必须与游标选择列表中的列数一致。

4. 关闭游标

在打开游标后，SQL Server 服务器会专门为游标开辟一定的内存空间来存放游标操作的数据结果集，同时游标的使用也会根据具体情况对某些数据进行封锁。所以，在游标操作的最后不要忘记关闭游标，以使系统释放游标占用的资源。其语法格式为：

```
CLOSE {{[GLOBAL] cursor_name}|cursor_variable_name}
```

关闭游标后，系统删除了游标中的所有数据，所以不能再从游标中提取数据。但是，可以再使用 OPEN 语句重新打开游标使用。在一个批处理中，可以多次打开和关闭游标。

5. 释放游标

如果一个游标确定不再使用时，可以将其删除，彻底释放游标所占系统资源。释放游标即将其删除，如果想重新使用游标就必须重新声明一个新的游标。其语法形格式为：

```
DEALLOCATE {{[GLOBAL] cursor_name}|@cursor_variable_name}
```

下面通过几个例子，说明游标的使用过程。

例 10-1 声明一个游标 Customer_Cursor，用于查看 AWLT 数据库中 Customer 表中姓名中包含字母 Ab 的记录，并使用 FETCH NEXT 逐个提取这些行。

程序清单如下：

```
USE AWLT            --打开 AWLT 数据库
GO
```

```
DECLARE Customer_Cursor CURSOR FOR                --声明游标
SELECT Name,Phone
FROM Customer
WHERE Name like '%Ab%'
OPEN Customer_Cursor                              --打开游标
FETCH NEXT FROM Customer_Cursor                   --提取游标中的第一条记录
WHILE @@FETCH_STATUS=0     --检测全局变量@@FETCH_STATUS 的值，如果有记录，继续循环
BEGIN
    FETCH NEXT FROM Customer_Cursor               --提取游标中下一条记录
END
CLOSE Customer_Cursor                             --关闭游标
DEALLOCATE Customer_Cursor                        --释放游标
GO
```

程序的执行结果如图 10-1 所示。

图 10-1 游标 Customer_Cursor 的执行结果

在该例中，@@FETCH_STATUS 返回被 FETCH 语句执行的最后游标的状态，如果返回值为 0，则 FETCH 语句成功；如果返回值为-1，则 FETCH 语句失败或行不在结果集中；如果返回值为-2，则提取的行不存在。

例 10-2 声明一个游标 Name_Cursor，并使用 SELECT 语句显示@@CURSOR_ROWS 的值。

程序清单如下：

```
USE AWLT                                          --打开 AWLT 数据库
GO
SELECT @@CURSOR_ROWS                              --显示全局变量@@CURSOR_ROWS 的值
DECLARE Name_Cursor CURSOR FOR                    --声明游标
SELECT Name,@@CURSOR_ROWS FROM Product
OPEN Name_Cursor                                  --打开游标
FETCH NEXT FROM Name_Cursor                       --提取游标中第一条记录
SELECT @@CURSOR_ROWS                              --显示全局变量@@CURSOR_ROWS 的值
CLOSE Name_Cursor                                 --关闭游标
DEALLOCATE Name_Cursor                            --释放游标
GO
```

程序的执行结果如图 10-2 所示。

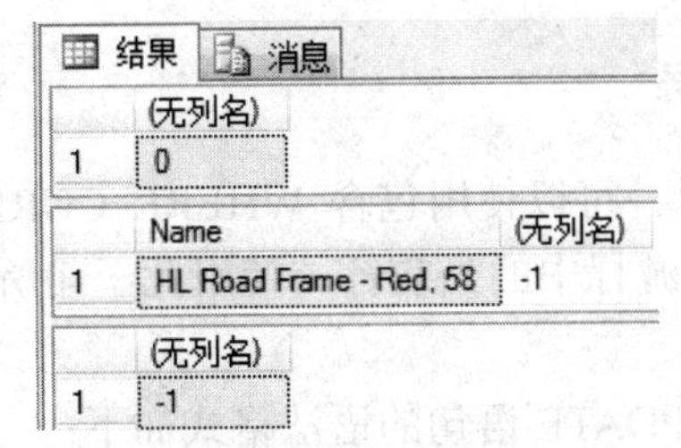

图 10-2 游标 Name_Cursor 的执行结果

在该例中，调用了系统函数@@CURSOR_ROWS 以确定当其被调用时查询了游标中符合条件的行数。如果返回值为 0，则没有已打开的游标，对于上一个打开的游标没有符合条件的行，或上一个打开的游标已被关闭或被释放；如果返回值为-1，则不能确定已检索到所有符合条件的行；如果为 n，则游标已完全填充，返回值 n 是游标中的总行数。

例 10-3 该例与例 10-1 类似，使用 FETCH 语句将值存入变量，但 FETCH 语句的输出存储于局部变量而不是直接返回到客户端。PRINT 语句将变量组合成单一字符串并将其返回到客户端。

程序清单如下：

```
USE AWLT                    --打开 AWLT 数据库
GO
DECLARE @Name varchar(50),@Phone varchar(50)      --声明变量来存放 FETCH 语句返回的值
DECLARE Customer_cursor CURSOR FOR                --声明游标
SELECT Name,Phone FROM Customer
WHERE Name LIKE '%Abe%'
ORDER BY Name,Phone
OPEN Customer_cursor                       --打开游标
FETCH NEXT FROM Customer_cursor            --提取游标中第一条记录，并将其字段内容存入变量中
INTO @Name, @Phone
WHILE @@FETCH_STATUS=0     --检测全局变量@@FETCH_STATUS 的值，如果有记录，继续循环
BEGIN
    PRINT 'Customer Name:'+@Name+'    Phone:'+@Phone      --显示变量中的当前值
    FETCH NEXT FROM Customer_cursor                        --提取游标中下一条记录
    INTO @Name,@Phone
END
CLOSE Customer_cursor                  --关闭游标
DEALLOCATE Customer_cursor             --释放游标
GO
```

程序的执行结果如图 10-3 所示。

```
消息
Customer Name:Catherine Abel   Phone:747-555-0171
Customer Name:Catherine Abel   Phone:747-555-0171
Customer Name:Elizabeth Keyser   Phone:656-555-0173
Customer Name:Elizabeth Keyser   Phone:656-555-0173
Customer Name:Elizabeth Sullivan   Phone:306-555-0112
Customer Name:Elizabeth Sullivan   Phone:306-555-0112
Customer Name:Kim Abercrombie   Phone:334-555-0137
Customer Name:Kim Abercrombie   Phone:334-555-0137
```

图 10-3 游标 Customer_Cursor 的执行结果

10.1.3 使用游标修改数据

使用 T-SQL 服务器游标时，可以使用包含 WHERE CURRENT OF 子句的 UPDATE 和 DELETE 语句更新或删除当前游标中的当前行。使用此子句所做的更改或删除只影响游标所在行。

（1）用于游标操作时，UPDATE 语句的语法格式如下：

```
UPDATE table_name
SET column_name=expression
WHERE CURRENT OF cursor_name
```

其中，CURRENT OF cursor_name 表示当前游标的当前数据行。CURRENT OF 子句只能用在 UPDATE 和 DELETE 操作的语句中。

例 10-4 使用游标更新表中的数据。

程序清单如下：

```
USE AWLT                          --打开 AWLT 数据库
GO
DECLARE abc CURSOR FOR            --声明游标
SELECT Name
FROM ProductCategory
OPEN abc                          --打开游标
FETCH NEXT FROM abc               --提取游标中第一条记录
UPDATE ProductCategory SET Name='test'          --修改游标中当前记录的
WHERE CURRENT OF abc
CLOSE abc                         --关闭游标
DEALLOCATE abc                    --释放游标
GO
```

程序的执行结果如下：

```
Name
------------
test
(1 行受影响)

(1 行受影响)
```

（2）用于游标操作时，DELETE 语句的语法格式如下：

```
DELETE FROM table_name
WHERE CURRENT OF cursor_name
```

例 10-5 使用游标删除表中记录。

程序清单如下：

```
USE AWLT                          --打开 AWLT 数据库
GO
DECLARE zce CURSOR FOR            --声明游标
SELECT Name
FROM Product
OPEN zce                          --打开游标
FETCH NEXT FROM zce               --提取游标中第一条记录
DELETE FROM Product               --修改游标中当前记录的
```

```
WHERE CURRENT OF zce
CLOSE zce                          --关闭游标
DEALLOCATE zce                     --释放游标
GO
```

程序的执行结果如下：

```
Name
------------------------
HL Road Frame - Red, 58
(1 行受影响)

(1 行受影响)
```

当游标基于多个数据表时，UPDATE 语句和 DELETE 语句一次只能更新或删除一个表中的数据，而其他表中的数据不受影响。

10.2　事务

10.2.1　事务概述

1. 事务的概念

事务是一种机制、是一种操作序列，它包含了一组数据库操作命令，这组命令要么全部执行，要么全部不执行，因此事务是一个不可分割的逻辑工作单元。遇到错误时，回滚事务，取消事务内所做的所有改变，从而保证数据库中数据的一致性和可恢复性。

以 ATM 系统转账为例。比如，你有 1000 元，对方有 1000 元，你把 500 元从你的账户划到对方账户，最终的结果是你有 500 元，对方的账户 1500 元。但在交易时，当从你账户取走 500 元后，系统出现故障，没有来得及给对方存钱，也就是你的账户少了 500 元，而对方并没有增加，这就会导致数据的不一致性存在。而通过事务就可以避免这样的事情发生。

2. 事务的特性

事务是作为单个逻辑工作单元执行的一系列操作，它具有四个特性：

- 原子性：事务是数据库的逻辑工作单元，事务中的操作要么全部执行，要么全部不执行。
- 一致性：事务执行的结果必须是使数据库从一个一致性状态变到另一个一致性状态。
- 隔离性：事务的执行不能被其他事务干扰。
- 持久性（永久性）：事务一旦提交，则其对数据库中数据的改变就应该是永久的。

3. 与批处理的区别

使用 T-SQL 语言编程时，一定要区分事务和批处理的差别。

- 批处理是一组整体编译的 SQL 语句，事务是一组作为单个逻辑工作单元执行的 SQL 语句。
- 批处理中语句的组合发生在编译时刻，事务中语句的组合发生在执行时刻。
- 编译时批处理中某个语句存在语法错误，则系统将取消整个批处理中所有语句的执行；而在运行时刻，如果事务中某个数据修改违反约束、规则等，系统默认只回退到产生该错误的语句。

- 一个事务中可以拥有多个批处理，一个批处理中可以有多个 SQL 语句组成的事务，事务内批处理的多少不影响事务的提交或回滚操作。

4. 事务的分类

事务可以分为三类：显式事务、隐式事务和自动提交事务。

（1）显式事务。显式事务是指显式定义了其启动和结束的事务，即每个事务均以 BEGIN TRAN 语句显示开始，以 COMMIT TRAN 或 ROLLBACK TRAN 语句显式结束。一般把 DML 语句（SELECT、DELETE、UPDATE、INSERT）放在 BEGIN TRAN...COMMIT TRAN 之间作为一个事务处理。

（2）隐式事务。有时候看起来没有使用事务的明显标志，但它们可能隐藏在幕后，这种事务叫做隐式事务。要使用这种模式，必须使用 SET IMPLICIT_TRANSACTIONS ON 语句启动隐式事务模式。启动隐式事务模式后，当前一个事务完成时新事务就隐式启动，形成连续的事务链。事务链中的每个事务无须定义事务的开始，只需使用 COMMIT TRAN 或 ROLLBACK TRAN 语句提交或回滚每个事务。在 SQL Server 中，下列的任何一条语句都会自动启动事务：ALTER、CREATE、DELETE、DROP、FETCH、GRANT、INSERT、OPEN、REVOKE、SELECT、TRUNCATE TABLE、UPDATE。如果希望结束隐式事务模式，执行 SET IMPLICIT_TRANSACTIONS OFF 语句即可。

（3）自动提交事务。自动提交事务是 SQL Server 默认的事务管理模式。每条单独的 T-SQL 语句都是一个事务，每条语句在完成时，都会提交或回滚。如果一条语句能够成功完成，则提交该语句，否则自动回滚该语句。只要自动提交事务模式没有别的显示或隐式事务所代替，SQL Server 就以该模式进行操作。

下面以显示事务为例介绍事务的管理。

10.2.2 管理事务

1. 事务设计的原则

在实际程序设计和管理过程中，应尽可能使事务保持简短，以减少并发连接间的资源锁定争夺。在有少量用户的系统中，运行时间长、效率低的事务可能不会成为问题，但是在拥有成千上万用户的大型数据库系统中，这样的事务将导致无法预知的后果。

在进行事务设计时，需要遵循以下原则：

- 不要在事务处理期间要求用户输入。要在事务启动之前，获得所有需要的用户输入。
- 在浏览数据时，尽量不要打开事务，在所有预备的数据分析完成之前，不应启动事务。在知道了必须要进行的修改之后，启动事务，执行修改语句，然后立即提交或回滚。只有在需要时，才打开事务。
- 保持事务尽可能简短。
- 灵活使用更低的事务隔离级别。
- 灵活使用更低的游标并发选项。

2. 开始事务

在 SQL Server 中，开始一个事务可以使用 BEGIN TRANSACTION 语句。其语法格式如下：

```
BEGIN {TRAN|TRANSACTION}
[{transaction_name|@tran_name_variable}
```

```
  [WITH MARK ['description']]
]
[;]
```

其中，各参数说明如下：

- transaction_name：指定分配给事务的名称。必须符合标识符规则，但标识符所包含的字符数不能大于 32。仅在最外面的 BEGIN...COMMIT 或 BEGIN...ROLLBACK 嵌套语句对中使用事务名。
- @tran_name_variable：用户定义的、含有有效事务名称的变量名称。必须用 char、varchar、nchar 或 nvarchar 数据类型声明变量。如果传递给该变量的字符多于 32 个，则仅使用前面的 32 个字符，其余的字符将被截断。
- WITH MARK ['description']：指定在日志中标记事务。description 是描述该标记的字符串。如果 description 是 Unicode 字符串，那么在将长于 255 个字符的值存储到 msdb.dbo.logmarkhistory 表之前，先将其截断为 255 个字符。如果 description 为非 Unicode 字符串，则长于 510 个字符的值将被截断为 510 字符。如果使用了 WITH MARK，则必须指定事务名。WITH MARK 允许将事务日志还原到命名标记。

3. 提交事务

COMMIT TRANSACTION 用来标志一个成功事务的结束。如果@@TRANCOUNT 为 1，则 COMMIT TRANSACTION 使得自从事务开始以来所执行的所有数据修改成为数据库的永久部分，释放事务所占用的资源，并将@@TRANCOUNT 减少到 0。如果@@TRANCOUNT 大于 1，则 COMMIT TRANSACTION 使@@TRANCOUNT 按 1 递减并且事务将保持活动状态。提交事务的语法格式为：

```
COMMIT {TRAN|TRANSACTION}
[transaction_nam|@tran_name_variable]][;]
```

各参数说明同 BEGIN TRANSACTION。

4. 回滚事务

将显式事务回滚到事务的起点或事务内的某个保存点，可以使用 ROLLBACK TRANSACTION 语句。其语法格式为：

```
ROLLBACK {TRAN|TRANSACTION}
    [transaction_name|@tran_name_variable
    |savepoint_name|@savepoint_variable]
[;]
```

其中，

- savepoint_name：指定 SAVE TRANSACTION 语句中的保存点名称，必须符合标识符规则。当条件回滚应只影响事务的一部分时，可使用 savepoint_name。
- @savepoint_variable：是用户定义的、包含有效保存点名称的变量名称。必须用 char、varchar、nchar 或 nvarchar 数据类型声明变量。

10.2.3 使用事务

下面通过几个语句说明有关事务的处理过程。

```
BEGIN TRANSACTION mytran1              --开始一个事务 mytran1
UPDATE                                 --对数据进行修改但不提交
DELETE
```

```
SAVE TRANSACTION S1                  --设置保存点 S1
DELETE                               --删除数据但不提交
ROLLBACK TRANSACTION S1              --将事务回滚到保存点 S1，这时第 5 行所做的修改被撤销
INSERT                               -添加数据
COMMIT TRANSACTION                   --提交事务
```

执行以上语句后，只有第 2、3、7 行对数据库的修改被持久化。

下面通过几个例子，详细介绍一下事务的使用。

例 10-6 显示如何命名事务。

程序清单如下：

```
DECLARE @TranName VARCHAR(20)        --声明变量@TranName
SELECT @TranName='MyTransaction'     --将事务名'MyTransaction'赋值给变量@TranName
BEGIN TRANSACTION @TranName          --开始事务
USE AWLT                             --打开 AWLT 数据库
/*删除 ProductCategory 表中 ProductCategoryID 为 40 的记录*/
DELETE FROM ProductCategory
WHERE ProductCategoryID=40
COMMIT TRANSACTION @TranName         --提交事务
GO
```

例 10-7 显示如何标记事务。

程序清单如下：

```
BEGIN TRANSACTION CandidateDelete              --开始事务
  WITH MARK N'Deleting a Job Candidate'        --标记事务
GO
USE AWLT
GO
DELETE FROM ProductCategory
WHERE ProductCategoryID=41
GO
COMMIT TRANSACTION CandidateDelete
GO
```

例 10-8 提交嵌套事务。

程序清单如下：

```
USE AWLT                             --打开 AWLT 数据库
GO
CREATE TABLE TestTran(               --创建数据表 TestTran
  Cola int PRIMARY KEY,
  Colb char(3)
)
GO
BEGIN TRANSACTION OuterTran          --该语句将@@TRANCOUNT 的值设置为 1
GO
PRINT '开始事务 OuterTran 后，事务数为：'+CAST(@@TRANCOUNT AS NVARCHAR(10))
GO
INSERT INTO TestTran VALUES (1,'aaa');    --向 TestTran 表中插入一条记录
GO
BEGIN TRANSACTION Inner1             --该语句将@@TRANCOUNT 的值设置为 2
```

```
GO
PRINT '开始事务 Inner1 后，事务数为：'+CAST(@@TRANCOUNT AS nvarchar(10))
GO
INSERT INTO TestTran VALUES (2,'bbb')        --向 TestTran 表中再插入一条记录
GO
--该语句将@@TRANCOUNT 的值设置为 3
BEGIN TRANSACTION Inner2
GO
PRINT '开始事务 Inner2 后，事务数为：'+CAST(@@TRANCOUNT AS NVARCHAR(10))
GO
INSERT INTO TestTran VALUES (3,'ccc')        --向 TestTran 表中再插入一条记录
GO
COMMIT TRANSACTION Inner2   --该语句将@@TRANCOUNT 的值减少为 2，但没有提交任何事务
GO
PRINT 'COMMIT Inner2 后，事务数为：'+CAST(@@TRANCOUNT AS NVARCHAR(10))
GO
COMMIT TRANSACTION Inner1      --该语句将@@TRANCOUNT 的值减少为 2，但没有提交任何事务
GO
PRINT 'COMMIT Inner1 后，事务数为：'+CAST(@@TRANCOUNT AS NVARCHAR(10))
GO
/*该语句将@@TRANCOUNT 的值减少为 2，并且提交外层事务 OuterTran*/
COMMIT TRANSACTION OuterTran
GO
PRINT ' COMMIT OuterTran 后，事务数为：'+CAST(@@TRANCOUNT AS NVARCHAR(10))
GO
```

该例创建一个数据表，生成三个级别的嵌套事务，然后提交该嵌套事务。尽管每个 COMMIT TRANSACTION 语句都有一个 transaction_name 参数，但是 COMMIT TRANSACTION 和 BEGIN TRANSACTION 语句之间没有任何关系。transaction_name 参数仅是帮助阅读的方法，可帮助程序员确保提交的正确号码被编码以便将@@TRANCOUNT 减少到 0，从而提交外部事务。内部事务所做的修改等提交完最外层事务之后才能生效。

例 10-9　显示了回滚已命名事务的效果。

程序清单如下：

```
USE tempdb      --打开临时数据库 tempdb
GO
CREATE TABLE ValueTable(value int)          --创建数据表 ValueTable
GO
DECLARE @TransactionName varchar(20)='Transaction1' --声明变量@TransactionName
/*开始一个命名事务，向表 ValueTable 中插入两条记录，再回滚命名的事务*/
BEGIN TRAN @TransactionName
        INSERT INTO ValueTable VALUES(1)
        INSERT INTO ValueTable VALUES(2)
ROLLBACK TRAN @TransactionName
INSERT INTO ValueTable VALUES(3)          --向表 ValueTable 中插入记录
INSERT INTO ValueTable VALUES(4)          --向表 ValueTable 中插入记录
SELECT * FROM ValueTable                  --查找表 ValueTable 中的所有记录
```

程序的执行结果如下：

```
value
-------------
3
4
```

在 SQL Server 中，使用 SELECT 语句生成的记录集合被作为一个整体单元来处理，无法对其中的一条或一部分记录单独处理，而游标使我们可以逐行处理结果集。

使用游标的主要好处是可以逐行的处理数据。

SQL Server 支持三种游标实现方式：T-SQL 游标、API服务器游标和客户游标。在本章中我们主要介绍服务器游标中的 T-SQL 游标。

游标的使用主要分为 5 个步骤：声明游标、打开游标、提取数据、关闭游标和释放游标。

（1）声明的游标主要包括以下主要内容：游标名字、数据来源（表和列）、选取条件和属性（仅读或可修改）。其语法格式如下：

```
DECLARE cursor_name CURSOR
[LOCAL|GLOBAL] [FORWARD_ONLY|SCROLL] [STATIC|KEYSET|DYNAMIC|FAST_FORWARD]
[READ_ONLY|SCROLL_LOCKS|OPTIMISTIC] [TYPE_WARNING]
FOR select_statement
[FOR UPDATE [OF column_name[,...n]]][;]
```

（2）打开游标是执行与其相关的一段 SQL 语句。游标处于打开状态下，不能再次被打开。其语法格式如下：

```
OPEN {[GLOBAL] cursor_name}
```

（3）当用 OPEN 语句打开了游标并在数据库中执行了查询后，必须用 FETCH 语句来取得查询结果集中数据。其语法格式如下：

```
FETCH [[NEXT|PRIOR|FIRST|LAST|ABSOLUTE{n|@nvar}|RELATIVE{n|@nvar}]
FROM ]{{[GLOBAL] cursor_name}|@cursor_variable_name}
[INTO @variable_name[,...n]]
```

（4）在游标操作的要关闭游标，以使系统释放游标占用的资源。其语法格式如下：

```
CLOSE {{[GLOBAL] cursor_name}|cursor_variable_name}
```

关闭游标后可以再使用 OPEN 语句重新打开游标使用。

（5）释放游标即将其删除，如果想重新使用游标就必须重新声明一个新的游标。其语法形格式如下：

```
DEALLOCATE {{[GLOBAL] cursor_name}|@cursor_variable_name}
```

使用 T-SQL 服务器游标时，可以使用包含 WHERE CURRENT OF 子句的 UPDATE 和 DELETE 语句更新或删除当前游标中的当前行。使用此子句所做的更改或删除只影响游标所在行。

（1）用于游标操作时，UPDATE 语句的语法格式如下：

```
UPDATE table_name SET column_name=expression WHERE CURRENT OF cursor_name
```

（2）用于游标操作时，DELETE 语句的语法格式如下：

```
DELETE FROM table_name WHERE CURRENT OF cursor_name
```

事务是一种机制、是一种操作序列，它包含了一组数据库操作命令，这组命令要么全部执行，要么全部不执行。

事务是作为单个逻辑工作单元执行的一系列操作，它具有四个特性：原子性、一致性、隔离性、持久性。

在 SQL Server 中，开始一个事务可以使用 BEGIN TRANSACTION 语句。其语法格式如下：

```
BEGIN {TRAN|TRANSACTION}
[{transaction_name|@tran_name_variable} [WITH MARK ['description']]][;]
```

COMMIT TRANSACTION 用来标志一个成功事务的结束。提交事务的语法格式为：

```
COMMIT {TRAN|TRANSACTION} [transaction_nam|@tran_name_variable]][;]
```

将显式事务回滚到事务的起点或事务内的某个保存点，可以使用 ROLLBACK TRANSACTION 语句。其语法格式如下：

```
ROLLBACK {TRAN|TRANSACTION} [transaction_name|@tran_name_variable
    |savepoint_name|@savepoint_variable][;]
```

习题十

一、填空题

1．声明游标语句的关键字为________，该语句必须带有________子句。

2．打开和关闭游标的语句关键字分别为________和________。

3．判断使用 FETCH 语句读取数据是否成功的系统函数为________。

4．使用游标对基本表进行修改和删除操作的语句中，WHERE 选项的格式为 WHERE ________OF ________。

5．每次执行使用游标的取数、修改或________操作的语句时，能够对表中的________个记录进行操作。

6．使用游标取数和释放游标的语句关键字分别为________和________。

7．在 SQL Server 2008 中，一个事务是一个________的单位，它把必须同时执行或不执行的一组操作________在一起。

8．事务的 4 个特性是：________、________、________和永久性。

9. 在 SQL Server 2008 中，一个事务处理控制语句以关键字________开始，以关键字________或________结束。

二、简答题

1．使用游标有什么好处？

2．怎样使用游标？

3．什么是事务？事务有哪些特性？

三、应用题

1．使用游标取出 AWLT 数据库中 Address 表中客户地址的信息并显示。

2．编写一个事务控制程序，要求在事务中包含三个操作：第一个操作在 Address 表中插入一条记录，并查询插入是否成功，然后设置一个保存点；第二个操作是删除刚才插入的数据，并查询删除是否成功，然后回滚事务；最后执行第三个查询操作，看插入的数据是否存在。

第 11 章 SQL Server 的安全管理与维护

本章学习目标

数据库中保存了大量的数据，有些数据对企业是极其重要的，必须保证这些数据操作的安全。因此，数据库系统必须具备完善、方便的安全管理机制。

SQL Server 2008 不仅提供了安全管理机制来防止非法登录者或非授权用户对数据库和数据造成破坏，还提供了完善的数据库备份和还原组件，以便在事故发生后将数据库从故障状态恢复到正常状态。

为了实现不同数据库平台之间的数据转换，SQL Server 2008 还提供了强大的、丰富的数据导入和导出功能，并且在导入和导出数据的同时可以对数据进行灵活的处理。

本章主要介绍 SQL Server 2008 的安全管理与维护方法。通过本章的学习，读者应该：

- 了解 SQL Server 2008 的身份验证模式
- 掌握管理 SQL Server 2008 登录账户、角色和权限的方法
- 掌握管理 SQL Server 2008 数据库用户的方法
- 了解 SQL Server 2008 中数据库备份的分类及特点
- 了解备份设备的概念
- 掌握备份设备的创建、查看、删除方法
- 掌握 SQL Server 2008 中数据库备份和还原的方法
- 了解 SQL Server 2008 导入和导出向导可以访问的数据源类型
- 掌握数据导入和导出的方法

11.1 SQL Server 2008 的安全管理

在 SQL Server 2008 中，如果用户要操作数据库中的数据，则必须满足以下三个条件：首先，登录 SQL Server 服务器时必须通过身份验证；其次，必须是该数据库的用户或者是某一数据库角色的成员；最后，必须有执行该操作的权限。

由此可见，SQL Server 数据库的安全性检查是通过登录名、用户、权限来完成的。有了登录名用户才能访问 SQL Server，即能登录到 SQL Server 服务器。登录名本身并不能让用户访问服务器中的数据库资源，要访问特定的数据库，还必须在数据库内指定一个相关联的用户名。当有了用户名后，通过授予用户权限来控制用户在 SQL Server 数据库中所允许进行的活动。

11.1.1　SQL Server 2008 登录身份验证模式

SQL Server 2008 提供了两种确认用户的验证模式：即“Windows 身份验证模式”和“SQL Server 和 Windows 身份验证模式”。

1. Windows 身份验证模式

用户通过 Windows 用户账户连接时，SQL Server 使用 Windows 操作系统中的信息验证账户名和密码，并获得对 SQL Server 的访问权限。这是默认的身份验证模式。

2. SQL Server 和 Windows 身份验证模式（又称为混合模式）

允许用户使用 Windows 身份验证或 SQL Server 身份验证进行连接。使用 SQL Server 身份验证时，系统管理员创建一个登录账户和密码，并把它们存储在 SQL Server 系统数据库中。当用户想要连接到 SQL Server 上时，必须提供一个已存在的 SQL Server 登录账户和密码。

3. 设置身份验证模式

SQL Server 2008 安装成功后，默认的身份验证模式是“Windows 身份验证模式”，利用 SSMS 可以重新设置身份验证模式。方法如下：

（1）打开 SSMS，右击 SQL Server 服务器名称，在弹出的快捷菜单中选择“属性”选项。

（2）在打开的“服务器属性”对话框中，在窗口左边选择“安全性”选择页，窗口显示如图 11-1 所示。

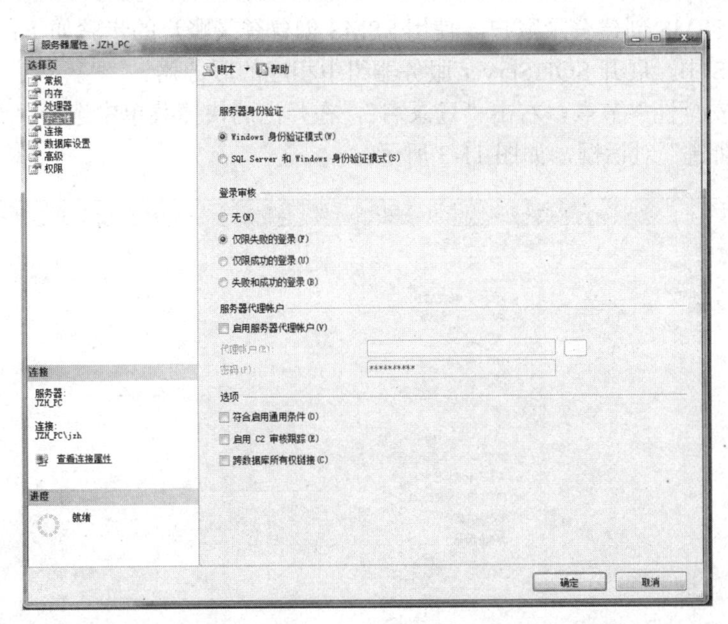

图 11-1　“服务器属性”对话框中的“安全性”选择页

（3）根据需要单击“服务器身份验证”下面对应的“Windows 身份验证模式”或“SQL Server 和 Windows 身份验证模式”单选按钮。在“登录审核”中设置是否对用户登录 SQL Server 服务器的情况进行审核，即是否将登录成功和失败的信息写入 SQL Server 错误日志中。选好后单击“确定”按钮，完成身份验证模式的设置。

（4）打开 SQL Server 配置管理器，单击窗口左边的“SQL Server 2008 服务”，在窗口右边找到“SQL Server 服务”，并重新启动它。当 SQL Server 服务重新启动成功后，就对当前的身份验证模式进行了重新设置。

11.1.2 登录账户管理

1. 查看登录账户

在 SQL Server 2008 的 SSMS 中，选择指定的服务器，展开服务器下的“安全性”，选择“登录名”，可以查看该服务器所有的登录账户信息，如图 11-2 所示。

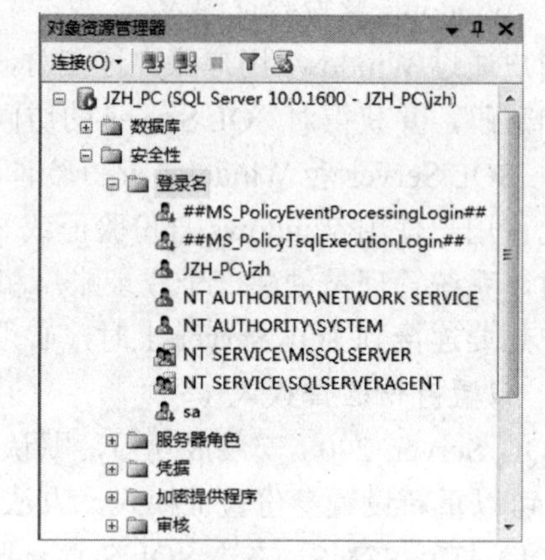

图 11-2 在 SSMS 中查看服务器的登录账户信息

从图 11-2 中，可以看到 SQL Server 2008 服务器在安装成功后，已经自动创建了一些登录账户。如 sa 账户是给 SQL Server 2008 系统管理员使用的，它是一个特殊的账户，该账户拥有最高的管理权限，可以执行服务器范围内的所有操作。为了安全起见，sa 账户在默认情况下是禁用的。

2. 创建登录账户

要登录到 SQL Server 必须具有一个登录账户，用户可以使用系统默认的几个账户，也可以创建新的登录账户。创建登录账户常用的操作方法有两种：使用 SSMS 和 T-SQL 语句。

（1）使用 SSMS 创建登录账户。使用 SSMS 创建登录账户的步骤如下：

1）在 SSMS 中，展开 SQL Server 服务器组中相应的服务器。

2）展开“安全性”节点，右击“登录名”，在弹出的快捷菜单中选择“新建登录名”，会打开“登录名-新建”对话框，如图 11-3 所示。

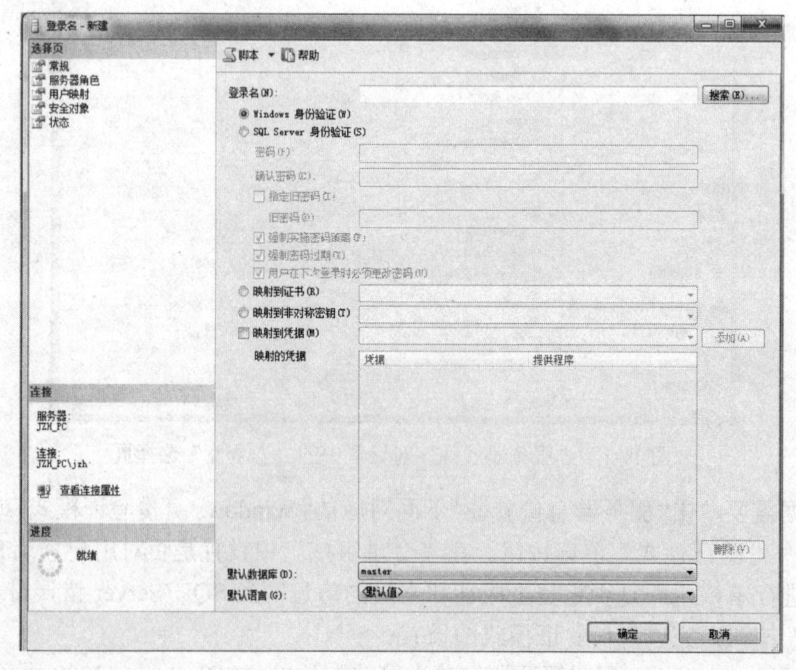

图 11-3 “登录名-新建”对话框

3）根据所要创建的登录账户的类型选择相应的身份验证类型单选按钮。

4）如果选中“Windows 身份验证”，则单击“搜索”按钮，在打开的“选择用户或组”对话框中输入或选择一个已有的 Windows 账户。

5）如果选中“SQL Server 身份验证”，则在“登录名”框中输入一个新的用户名，并在“密码”框中输入密码以及确认密码。如果选中了“强制实施密码策略”复选框，则密码应满足 Windows 操作系统中所设置的密码策略的要求，另外，还可以选择是否强制密码过期以及用户在下次登录时是否必须更改密码等选项。

6）如果选中“映射到证书”，则在右边的文本框中输入一个证书名，指定该登录账户与某个证书相关联。

7）如果选中“映射到非对称密钥”，则在右边的文本框中输入一个非对称密钥名称，指定该登录账户与某个非对称密钥相关联。

8）在“默认数据库”下拉列表框中选择默认数据库，如果不进行修改，则默认为 master 数据库。在“默认语言”下拉列表框中选择默认语言。

9）在如图 11-3 所示的对话框中，单击“服务器角色”选项，可设置登录账户所属的服务器角色。

10）在如图 11-3 所示的对话框中，单击“状态”选项，可以设置是否允许此登录账户连接到数据库引擎，也可以设置此登录账户目前的登录状态是启用还是禁用。

11）在如图 11-3 所示的对话框中，单击“用户映射”选项，可以设置服务器的登录账户将使用什么数据库用户名访问各个数据库。登录账户和用户名可以相同，也可以不同，但为了管理方便，一般情况下应选择相同名称。

12）设置好以上选项后，单击“确定”按钮，就创建了一个新的登录账户。

（2）使用 T-SQL 语句创建登录账户。可以使用 T-SQL 中的 CREATE LOGIN 语句创建登录账户，其语法格式如下：

```
CREATE LOGIN loginName {WITH <option_list>|FROM <sources>}
<option_list>::=
    PASSWORD={'password'| hashed_password HASHED}[MUST_CHANGE]
    [,{DEFAULT_DATABASE=database
          |DEFAULT_LANGUAGE=language}[,...]]
<sources>::=
    WINDOWS [WITH {DEFAULT_DATABASE=database
                  |DEFAULT_LANGUAGE=language}[,...]]
    |CERTIFICATE certname
    |ASYMMETRIC KEY asym_key_name
```

其中，各参数的说明如下：

- loginName：指定创建的登录名。有四种类型的登录名：SQL Server 登录名、Windows 登录名、证书映射登录名和非对称密钥映射登录名。如果从 Windows 域账户映射 loginName，则 loginName 必须用方括号（[ ]）括起来。
- PASSWORD='password'：指定正在创建的登录名的密码。仅适用于 SQL Server 登录名。
- PASSWORD=hashed_password：指定要创建的登录名的密码的哈希值。仅适用于 HASHED 关键字。
- HASHED：指定在 PASSWORD 参数后输入的密码已经过哈希运算。仅适用于 SQL

Server 登录名。如果未选择此选项，则在将作为密码输入的字符串存储到数据库之前，对其进行哈希运算。

- MUST_CHANGE：仅适用于 SQL Server 登录名。如果包括此选项，则 SQL Server 将在首次使用新登录名时提示用户输入新密码。
- DEFAULT_DATABASE=database：指定将指派给登录名的默认数据库。如果未包括此选项，则默认数据库将设置为 master。
- DEFAULT_LANGUAGE=language：指定将指派给登录名的默认语言。如果未包括此选项，则默认语言将设置为服务器的当前默认语言。即使将来服务器的默认语言发生更改，登录名的默认语言也仍保持不变。
- WINDOWS：指定将登录名映射到 Windows 登录名。
- CERTIFICATE certname：指定将与此登录名关联的证书名称。此证书必须已存在于 master 数据库中。
- ASYMMETRIC KEY asym_key_name：指定将与此登录名关联的非对称密钥的名称。此密钥必须已存在于 master 数据库中

例 11-1 创建一个 Windows 登录账户，使得 Windows 用户 JZH_PC\ZhangSan 得以连接到 SQL Server。

程序清单如下：

```
CREATE LOGIN [JZH_PC\ZhangSan] FROM WINDOWS
```

例 11-2 创建一个 SQL Server 登录账户 USER1，密码为 Abc123#$。

程序清单如下：

```
CREATE LOGIN USER1 WITH PASSWORD='Abc123#$'
```

3．修改登录账户属性

可以在创建了新的登录账户后根据实际需要修改其属性，如默认数据库、默认语言等。修改登录账户属性常用的操作方法有两种：使用 SSMS 和 T-SQL 语句。

（1）使用 SSMS 修改登录账户。使用 SSMS 修改登录账户属性，只需双击要修改属性的登录账户，并在登录属性对话框中进行修改即可。

注意：对于 SQL Server 账户，可以修改其密码。对于 Windows 账户，只能使用 Windows 的“计算机管理器”或“域用户管理器”修改账户密码。

（2）使用 T-SQL 语句修改登录账户。使用 T-SQL 中的 ALTER LOGIN 语句可以更改先前创建的登录账户的属性。其语法格式如下：

```
ALTER LOGIN login_name{
     {ENABLE|DISABLE}
     |WITH <set_option>[,...]
     |{ADD CREDENTIAL credential_name
     |DROP CREDENTIAL credential_name}
}
<set_option>::=
     PASSWORD='password'|hashed_password HASHED
     [OLD_PASSWORD='oldpassword'|<password_option> [<password_option>]]
     |DEFAULT_DATABASE=database
     |DEFAULT_LANGUAGE=language
     |NAME=login_name
```

```
<password_option>::=
    MUST_CHANGE|UNLOCK
```

其中，各参数的说明如下：

- ENABLE|DISABLE：指定启用或禁用此登录账户，默认值为 ENABLE。
- OLD_PASSWORD='oldpassword'：指定要指派新密码的登录账户的当前密码。仅适用于 SQL Server 登录账户。
- NAME=login_name：指定正在重命名的登录账户的新名称。SQL Server 登录账户的新名称不能包含反斜杠字符（\）。
- ADD CREDENTIAL：将可扩展的密钥管理（EKM）提供程序凭据添加到登录名。
- DROP CREDENTIAL：删除登录名的可扩展密钥管理（EKM）提供程序凭据。

例 11-3　将登录账户 USER1 的密码修改为 Abc12DEF。

程序清单如下：

```
ALTER LOGIN USER1 WITH PASSWORD='Abc12DEF'
```

4．删除登录账户

如果要永久禁止使用一个登录账户连接到 SQL Server，就应该将该登录账户删除。删除登录账户的常用操作方法有两种：使用 SSMS 和 T-SQL 语句。

（1）使用 SSMS 删除登录账户。使用 SSMS 删除登录账户，只需右击要删除的登录账户，从弹出的快捷菜单中选择“删除”选项，在打开的“删除对象”对话框中单击“确定”按钮即可删除此登录账户。

（2）使用 T-SQL 语句删除登录账户。可以使用 T-SQL 中的 DROP LOGIN 语句删除之前创建的登录账户，其语法格式如下：

```
DROP LOGIN login_name
```

例 11-4　删除登录账户 USER1。

程序清单如下：

```
DROP LOGIN USER1
```

11.1.3　数据库用户管理

在数据库中，一个用户或工作组取得合法的登录账户，只表明该账户可以登录到 SQL Server，但不表明其可以访问数据库或对数据库对象进行某种或者某些操作。管理员必须在数据库中为用户建立一个数据库账户，并授予此账户访问数据库及数据库中对象的权限后，才能使该用户访问该数据库。

一台服务器除了有一套服务器登录账户列表外，每个数据库中也都有一套相互独立的数据库用户列表。每个数据库用户都和服务器登录账户之间存在着一种映射关系。系统管理员可以将一个服务器登录账户映射到用户需要访问的每一个数据库中的一个用户账户和角色上。一个登录账户在不同的数据库中可以映射成不同的用户，从而拥有不同的权限。

1．默认数据库用户

在 SQL Server 2008 中，每个数据库一般都有几个默认的用户。

（1）数据库所有者（dbo）。dbo 是数据库的所有者，拥有数据库中的所有对象。每个数据库都有 dbo，sysadmin 服务器角色的成员自动映射成 dbo。无法删除 dbo 用户，且此用户始终出现在每个数据库中。通常，登录名 sa 映射为数据库中的用户 dbo；另外，由固定服务器角色 sysadmin 的任何成员创建的任何对象都自动属于 dbo。

（2）guest 用户。guest 用户账户允许没有用户账户的登录名访问数据库。当登录名没有被映射到一个用户名上时，如果在数据库中存在 guest 用户，登录名将自动映射成 guest，并获得相应的数据库访问权限，guest 用户可以和其他用户一样设置权限。不能删除 guest 用户，但可通过撤消该用户的 CONNECT 权限将其禁用。可以通过在 master 或 tempdb 以外的任何数据库中执行 REVOKE CONNECT FROM GUEST 来撤消 CONNECT 权限。

（3）INFORMATION_SCHEMA 和 sys 用户。每个数据库中都含有 INFORMATION_SCHEMA 和 sys 用户，它们位于目录视图中，用来获取有关数据库的元数据信息。

2. 查看数据库用户

在 SSMS 中，展开 SQL Server 服务器组中相应服务器和数据库，展开“安全性”节点，并选择“用户”选项即可以查看该数据库的所有用户。如图 11-4 所示，显示了数据库 AWLT 中的所有用户列表。

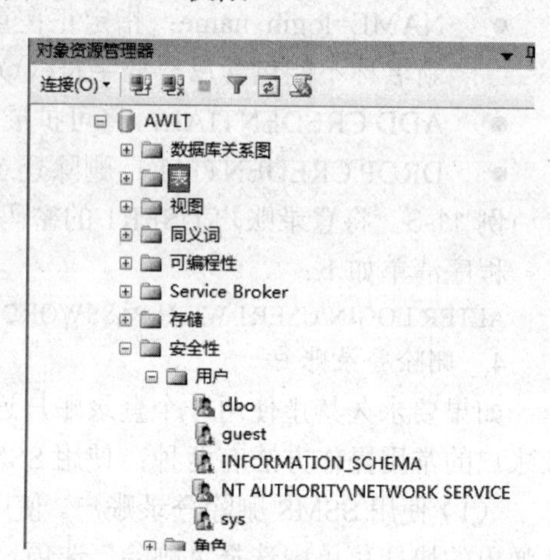

图 11-4 AWLT 数据库中用户列表显示窗口

3. 创建数据库用户

可以使用 SSMS 或者 T-SQL 语句创建数据库用户。

（1）使用 SSMS 创建数据库用户。使用 SSMS 创建数据库用户的步骤如下：

1）在 SSMS 中，展开 SQL Server 服务器组中相应服务器和数据库。

2）展开“安全性”节点，右击“用户”，在弹出的快捷菜单中选择“新建用户”选项，会打开“数据库用户-新建”对话框，如图 11-5 所示。

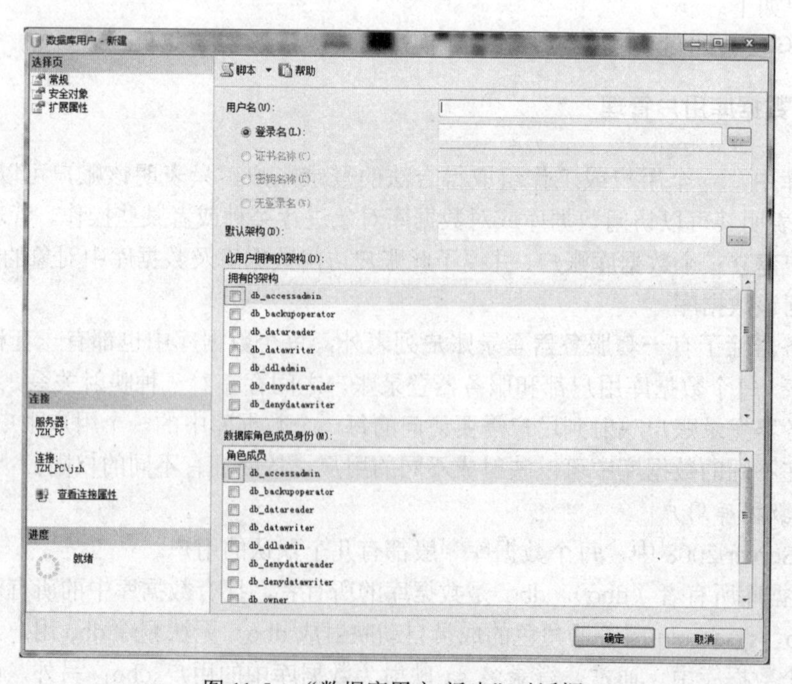

图 11-5 “数据库用户-新建”对话框

3）单击登录名右端的浏览按钮，选择一个登录账户。

4）在用户名框中输入映射后的用户名。

5）另外，还可以设置此用户拥有的架构、所属的数据库角色以及默认的架构。如果没有设置默认架构，则默认是 dbo 架构。

6）设置好选项后，单击“确定”按钮，就创建了一个新的数据库用户。

（2）使用 T-SQL 语句创建数据库用户。可以使用 T-SQL 中的 CREATE USER 语句创建数据库用户，其语法格式如下：

```
CREATE USER user_name
    [{{FOR|FROM} {LOGIN login_name|CERTIFICATE cert_name
            |ASYMMETRIC KEY asym_key_name}
    |WITHOUT LOGIN]
```

其中，各参数的说明如下：

- user_name：指定在此数据库中用于识别该用户的名称。
- LOGIN login_name：指定要创建数据库用户的 SQL Server 登录名。login_name 必须是服务器中有效的登录名。
- CERTIFICATE cert_name：指定要创建数据库用户的证书。
- ASYMMETRIC KEY asym_key_name：指定要创建数据库用户的非对称密钥。
- WITHOUT LOGIN：指定不应将用户映射到现有登录名。

例 11-5 在 AWLT 数据库中创建数据库用户 zhangsan，其对应的登录名为 JZH_PC\ZhangSan。

程序清单如下：

```
USE AWLT
GO
CREATE USER zhangsan FROM LOGIN [JZH_PC\ZhangSan]
GO
```

4. 修改数据库用户

可以在创建了新的数据库用户后根据实际需要修改其属性。修改数据库用户常用的操作方法有两种：使用 SSMS 和 T-SQL 语句。

（1）使用 SSMS 修改数据库用户。使用 SSMS 修改数据库用户属性，只需双击要修改属性的数据库用户，并在数据库用户对话框中进行修改即可，如图 11-6 所示。

（2）使用 T-SQL 语句修改数据库用户。可以使用 T-SQL 中的 ALTER USER 语句修改数据库用户的属性，其语法格式如下：

```
ALTER USER userName
  WITH {NAME=newUserName|LOGIN=loginName}[,...n]
```

例 11-6 将数据库用户 zhangsan 的名称修改为 zs。

程序清单如下：

```
USE AWLT
GO
ALTER USER zhangsan WITH NAME=zs
GO
```

5. 删除数据库用户

删除数据库用户实际上就是删除一个登录账户到一个数据库中的映射。删除数据库用户常用的操作方法有两种：使用 SSMS 和 T-SQL 语句。

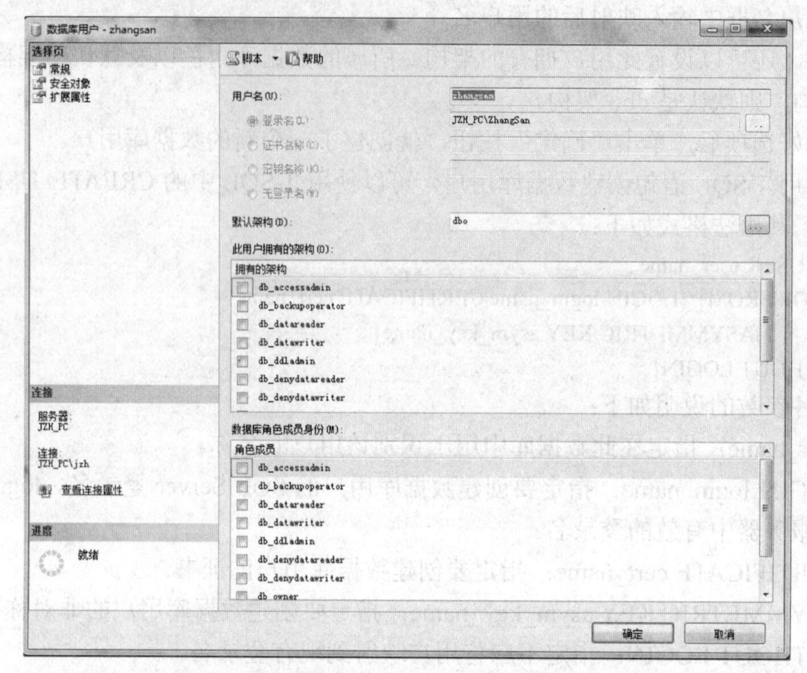

图 11-6 修改数据库用户属性

（1）使用 SSMS 删除数据库用户。在 SSMS 中删除一个数据库用户可以鼠标右击要删除的用户，从弹出的快捷菜单中选择“删除”选项，在随后弹出的“删除对象”对话框中单击“确定”按钮即可将该用户从数据库中删除。

（2）使用 T-SQL 语句删除数据库用户。可以使用 T-SQL 中的 DROP USER 语句删除数据库用户，其语法格式为：

```
DROP USER username
```

例 11-7 删除数据库用户 zs。

程序清单如下：

```
USE AWLT
GO
DROP USER zs
GO
```

11.1.4 架构管理

架构是形成单个命名空间（命名空间是一个集合，其中每个元素的名称都是唯一的）的数据库实体的集合，可以包含如表、视图、存储过程等数据库对象。架构独立于创建它们的数据库用户而存在。可以在不更改架构名称的情况下转让架构的所有权，并且可以在架构中创建具有用户友好名称的对象，明确指示对象的功能。多个用户可以通过角色成员身份或 Windows 组成员身份拥有一个架构。这扩展了允许角色和组拥有对象的用户熟悉的功能。

在 SQL Server 2008 中，架构是一个重要的内容，完全限定的对象名称中就包含架构。即服务器名.数据库名.架构.对象（server.database.schema.object）。在创建数据库对象时如果没有设置或更改其架构，系统将默认为 dbo。

在 SQL Server 2008 中允许用户创建和使用自定义的架构，来更好地管理数据库的安全。

1. 创建自定义架构

使用 SSMS 创建自定义架构的步骤如下：

（1）在 SSMS 中，展开 SQL Server 服务器组中相应服务器和数据库。

（2）展开“安全性”节点，右击“架构”，在快捷菜单中选择“新建架构”，会打开“架构-新建”对话框，如图 11-7 所示。

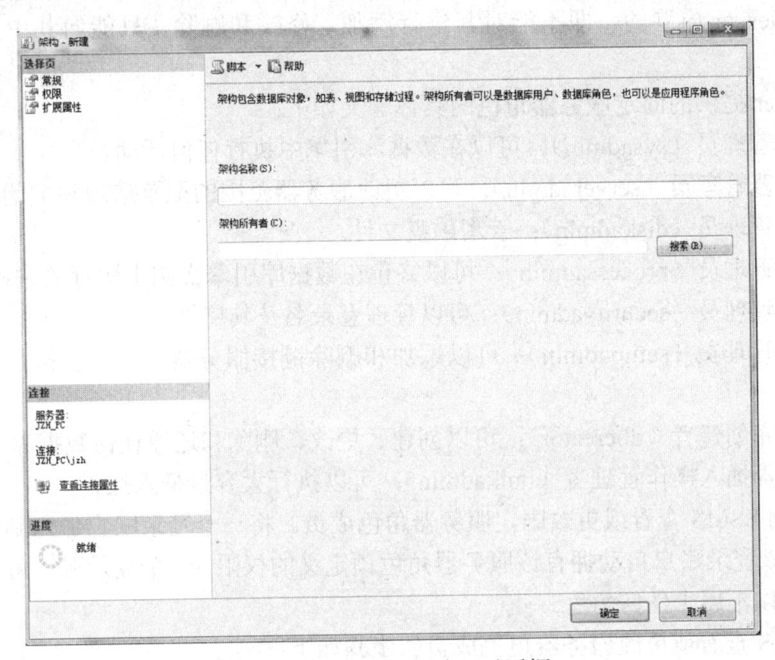

图 11-7　“架构-新建”对话框

（3）在“常规”选项页的“架构名称”文本框中输入自定义架构的名称。

（4）在“架构所有者”文本框中输入架构所有者的名称。架构所有者可以是数据库用户、数据库角色，也可以是应用程序角色。还可以单击“搜索”按钮，直接从 SQL Server 系统中添加架构所有者。

（5）在“权限”选项页可以设置角色的权限。

（6）设置好以上选项后，单击“确定”按钮就创建了一个新的架构。

2. 修改、删除自定义架构

可以在创建了新的架构后根据实际需要修改其属性。使用 SSMS 修改架构属性，只需双击要修改属性的架构，并在架构属性对话框中进行修改即可。

在 SSMS 中删除一个自定义架构可以鼠标右击要删除的架构，从弹出的快捷菜单中选择“删除”选项，在随后弹出的“删除对象”对话框中单击“确定”按钮即可将该架构从数据库中删除。

11.1.5　数据库角色

角色是 SQL Server 7.0 版本引进的新概念，它代替了以前版本中组的概念。SQL Server 管理者可以将某一组用户设置为某一角色，这样只要对角色进行权限设置便可以实现对所有用户权限的设置，大大减少了管理员的工作量。SQL Server 提供了通常管理工作的预定义服务器角色和数据库角色。用户还可以创建自己的数据库角色，以便表示某一类进行同样操作的用户。当用户需要执行不同的操作时，只需将该用户加入不同的角色中即可，而不必对该用户反复授予权限和回收权限。

1. 固定服务器角色

服务器角色是指根据 SQL Server 的管理任务，以及这些任务相对的重要性等级来把具有 SQL Server 管理职能的用户划分为不同的用户组。每一组所具有的管理 SQL Server 的权限都是 SQL Server 内置的，即不能对其进行添加、修改和删除，只能向其中加入用户或者其他角色。

SQL Server 提供的固定服务器角色的具体含义如下：

- 系统管理员（sysadmin）：可以在数据库引擎中执行任何活动。
- 服务器管理员（serveradmin）：可以更改服务器范围的配置选项和关闭服务器。
- 磁盘管理员（diskadmin）：管理磁盘文件。
- 进程管理员（processadmin）：可以终止在数据库引擎实例中运行的进程。
- 安全管理员（securityadmin）：可以管理登录名及其属性。
- 安装管理员（setupadmin）：可以添加和删除链接服务器，并可以执行某些系统存储过程。
- 数据库创建者（dbcreator）：可以创建、更改、删除和还原任何数据库。
- 大容量插入操作管理者（bulkadmin）：可以执行大容量插入操作。

（1）使用 SSMS 查看或更改固定服务器角色成员。将一个登录账户加入到一个服务器角色中，可以使该登录账户自动拥有该服务器角色预定义的权限。一个登录账户可以同时属于多个角色，也可以不属于任何角色。

使用 SSMS 查看或更改服务器角色成员的步骤如下：

1）在 SSMS 中，展开 SQL Server 服务器组中相应服务器。

2）展开“安全性”节点，并选择“服务器角色”，将显示当前服务器下的所有服务器角色。

3）双击服务器角色列表中某个服务器角色，将弹出“服务器角色属性”对话框，其中显示出当前服务器角色成员列表。

4）选中一个服务器角色成员并单击“删除”按钮可以从服务器角色成员列表中删除该服务器角色成员。

5）单击“添加”按钮，将弹出“选择登录名”对话框。在“选择登录名”对话框中，单击“浏览”按钮，会弹出“查找对象”对话框。在“查找对象”对话框中选中待添加成员前面的复选框，并单击“确定”按钮，可以将选中的一个或多个登录账户添加到服务器角色成员列表中。

6）在“服务器角色属性”对话框中单击“确定”按钮即可确认修改。

（2）使用系统存储过程更改固定服务器角色成员。

1）可以使用系统存储过程 sp_addsrvrolemember 将登录账户添加到固定服务器角色，其语法格式如下：

```
sp_addsrvrolemember [@loginame=]'login',[@rolename=]'role'
```

其中，各参数的说明如下：

- [@loginame =] 'login'：指定添加到固定服务器角色中的登录名。login 的数据类型为

sysname，无默认值。login 可以是 SQL Serve 登录或 Windows 登录。如果未向 Windows 登录授予对 SQL Server 的访问权限，则将自动授予该访问权限。

- [@rolename=]'role'：要添加登录的固定服务器角色的名称。role 的数据类型为 sysname，默认值为 NULL，且必须为下列值之一：sysadmin、securityadmin、serveradmin、setupadmin、processadmin、diskadmin、dbcreator、bulkadmin。

例 11-8　将 Windows 登录名 JZH_PC\ZhangSan 添加到 sysadmin 固定服务器角色中。

程序清单如下：

```
EXEC sp_addsrvrolemember 'JZH_PC\ZhangSan','sysadmin'
```

2）可以使用系统存储过程 sp_dropsrvrolemember 将登录账户从固定服务器角色中删除，其语法格式如下：

```
sp_dropsrvrolemember [@loginame=]'login',[@rolename=]'role'
```

例 11-9　将 Windows 登录名 JZH_PC\ZhangSan 从 sysadmin 固定服务器角色中删除。

程序清单如下：

```
EXEC sp_dropsrvrolemember 'JZH_PC\ZhangSan','sysadmin'
```

2. 固定数据库角色

与服务器角色一样，数据库中也定义了角色的概念。数据库角色是为某一用户或某一组用户授予不同级别的管理或访问数据库以及数据库对象的权限，这些权限是数据库专有的，并且还可以给一个用户授予属于同一数据库的多个角色。

固定数据库角色是在数据库级别定义的，并且存在于每个数据库中。SQL Server 已经预定义了这些角色所具有的管理、访问数据库的权限，而且 SQL Server 管理者不能对其所具有的权限进行任何修改。在数据库中使用固定的数据库角色可以将不同级别的数据库管理工作分给不同的角色，从而有效地实现工作权限的传递。

SQL Server 提供的固定数据库角色的具体含义如下：

- public：维护全部默认权限。
- db_owner：可以执行数据库的所有配置和维护活动，还可以删除数据库。
- db_securityadmin：可以修改角色成员身份和管理权限。
- db_accessadmin：可以为 Windows 登录账户、Windows 组和 SQL Server 登录账户添加或删除数据库访问权限。
- db_backupoperator：可以备份该数据库。
- db_ddladmin：可以在数据库中运行任何数据定义语言（DDL）命令。
- db_datareader：可以从所有用户表中读取所有数据。
- db_datawriter：可以在所有用户表中添加、删除或更改数据。
- db_denydatareader：不能读取数据库内用户表中的任何数据。
- db_denydatawriter：不能添加、修改或删除数据库内用户表中的任何数据。

在固定的数据库角色中，public 是一个特殊的数据库角色，每个数据库用户都属于 public 数据库角色。当尚未对某个用户授予或拒绝对安全对象的特定权限时，则该用户将继承授予该安全对象的 public 角色的权限。

（1）使用 SSMS 查看或更改固定数据库角色成员。

在 SSMS 中，展开 SQL Server 服务器组中相应服务器和数据库，展开“安全性”节点并选择“数据库角色”选项就会看到数据库中已存在的角色。在未创建新角色之前，数据库中只有固定数据库角色。

右击某个数据库角色，并选择“属性”选项，会打开“数据库角色属性”对话框。在“数据库角色属性”对话框中，可以看到目前此角色包含的成员，还可以单击“添加”按钮添加新的成员或单击“删除”按钮删除已有的成员。

（2）使用系统存储过程更改固定数据库角色成员。

1)可以使用系统存储过程 sp_addrolemember 将数据库用户账户添加到固定数据库角色中，其语法格式如下：

```
sp_addrolemember [@rolename=]'role',[@membername=]'security_account'
```

其中，各参数的说明如下：

- [@rolename=]'role'：指定当前数据库中的数据库角色的名称。
- [@membername=]'security_account'：指定添加到该角色的安全账户。security_account 可以是数据库用户、数据库角色、Windows 登录或 Windows 组。

例 11-10 新建一个 SQL Server 登录账户 SQTest，在 AWLT 数据库中创建数据库用户 SQUser1 与其对应，并将数据库用户 SQUser1 添加到当前数据库的 db_datareader 数据库角色中。

程序清单如下：

```
CREATE LOGIN SQUTest WITH PASSWORD='Abc123#$'
GO
USE AWLT
GO
CREATE USER SQUser1 FOR LOGIN SQUTest
GO
EXEC sp_addrolemember 'db_datareader','SQUser1'
GO
```

2）可以使用系统存储过程 sp_droprolemember 将数据库用户账户从固定数据库角色中删除，其语法格式如下：

```
sp_droprolemember [@rolename=]'role',[@membername=]'security_account'
```

例 11-11 将数据库用户 SQUser1 从当前数据库的 db_datareader 数据库角色中删除。

程序清单如下：

```
USE AWLT
GO
EXEC sp_droprolemember 'db_datareader','SQUser1'
GO
```

3. 自定义数据库角色

当一组用户需要在 SQL Server 中执行一组指定的活动时，为了方便管理，可以创建用户自定义的数据库角色。

使用 SSMS 创建自定义数据库角色的步骤如下：

（1）在 SSMS 中，展开 SQL Server 服务器组中相应服务器和数据库。

（2）展开“安全性”节点，右击“数据库角色”，在快捷菜单中选择“新建数据库角色”，会打开“数据库角色-新建”对话框，如图 11-8 所示。

（3）在“常规”选项页的“角色名称”文本框中输入自定义数据库角色的名称。

（4）在“所有者”文本框中输入自定义数据库角色所有者的名称。架构所有者可以是数据库用户、数据库角色，也可以是应用程序角色，还可以单击“搜索”按钮，直接从 SQL Server 系统中添加所有者。

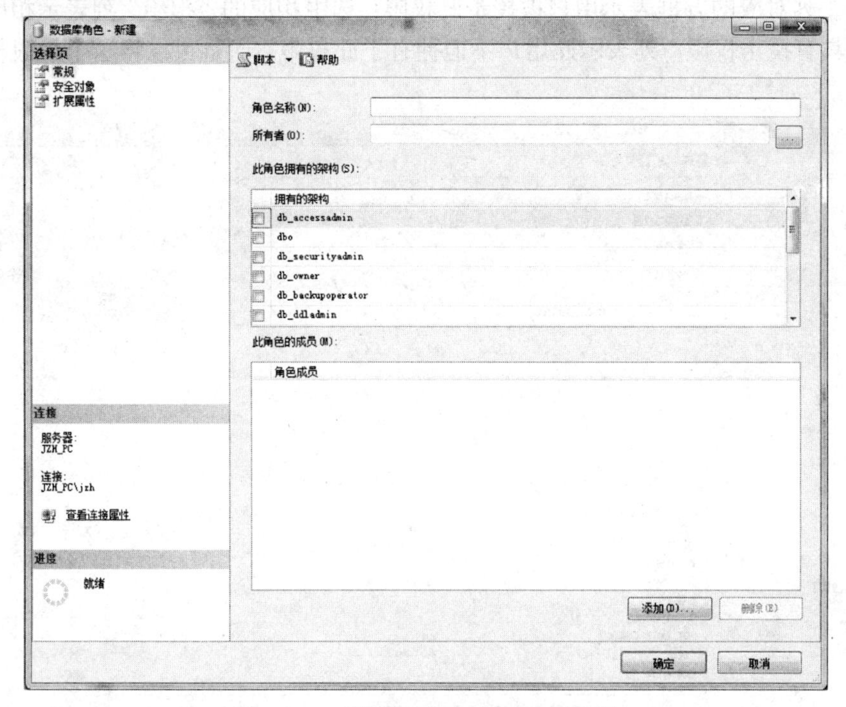

图 11-8　“数据库角色-新建”对话框

（5）在“权限”选项页可以设置角色的权限。

（6）设置好以上选项后，单击“确定”按钮就创建了一个新的数据库角色。

11.1.6　权限管理

权限用来指定授权用户可以使用的数据库对象以及对这些数据库对象可以执行的操作。用户在登录到 SQL Server 之后，根据其用户账户所属的 Windows 组或角色，决定了该用户能够对哪些数据库对象执行哪种操作以及能够访问、修改哪些数据。在每个数据库中，用户的权限独立于用户账户和用户在数据库中的角色，每个数据库都有自己独立的权限系统。权限的管理主要是完成对权限的授权、拒绝和回收。管理权限可以通过以下的方式来实现：

- 从数据库的角度来管理。
- 从用户或角色的角度来管理。
- 从数据库对象的角度来管理。

1. 管理数据库的权限

使用 SSMS 管理数据库权限的步骤如下：

（1）在 SSMS 中，展开 SQL Server 服务器组中相应服务器和数据库。

（2）右击 AWLT 数据库，在弹出的快捷菜单中选择“属性”选项，会弹出“数据库属性”对话框。

（3）在“数据库属性”对话框中，单击“权限”选择页，打开如图 11-9 所示的权限窗口。

（4）在图 11-9 的“权限”选择页中，可以单击“搜索”按钮，添加用户或角色，它们会在窗口中部的“用户或角色”框中列出来。当选中某个用户或角色后，在窗口下部的“显式”权限中会显示可以授予它的权限名称。可以单击相应交叉点上的方框来改变权限的状态。其中，选中“授予”列对应的方框表示用户被授予此权限；选中相应的“拒绝”列表示相应权限被拒绝；选中“具有授予权限”列表示此用户不但拥有了此权限，而且可以将这个权限再授予其他用户。

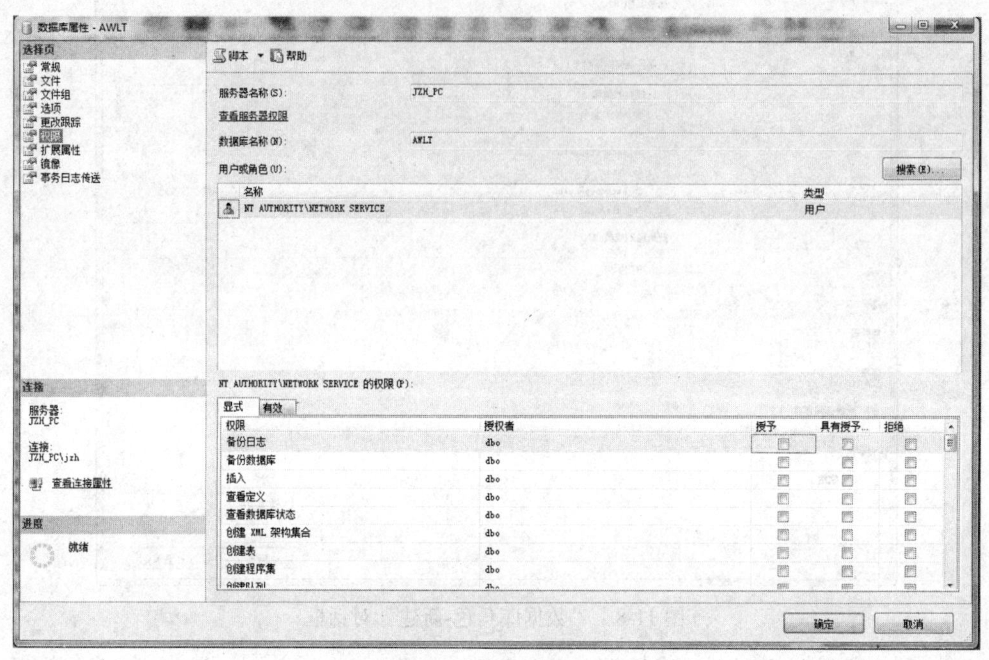

图 11-9　数据库属性-权限选择页

说明：此页仅显示显式授予或拒绝的权限。通过组或角色中的成员身份，可能隐式拥有对这些安全对象或其他安全对象的其他权限。这些网格中没有列出通过组或角色中的成员身份获取的权限。所有显式和隐式权限的总和构成其有效权限。因此，如果想了解某个用户具有的所有权限，可以单击“有效”权限来查看。

（5）设置完成后，单击“确定”按钮，使设置生效并返回 SSMS。

2. 管理用户的权限

管理用户的权限就是设置一个用户能对哪些对象执行哪些操作。使用 SSMS 管理用户权限的步骤如下：

（1）在 SSMS 中，展开 SQL Server 服务器组中相应服务器。

（2）创建一个新的登录账户 USER2。

（3）展开 AWLT 数据库，在 AWLT 数据库中创建一个新的数据库用户 USER2。

（4）右击新创建的数据库用户 USER2，在弹出的快捷菜单中选择“属性”选项。打开“数据库用户-USER2”对话框。在属性对话框中选择“安全对象”选择页。如图 11-10 所示。

（5）单击图 11-10 中的“搜索”按钮，打开“添加对象”对话框。在“添加对象”对话框中单击“特定对象”，并单击“确定”按钮，会打开“选择对象”对话框。

（6）在“选择对象”对话框中，单击“对象类型”，会打开“选择对象类型”对话框。在“选择对象类型”对话框中选中“表”，并单击“确定”按钮。

（7）在“选择对象”对话框中选择“浏览”按钮，会打开“查找对象”对话框。在“查找对象”对话框中选中 Address 数据表前面的复选框，并单击两次“确定”按钮，返回数据库用户属性窗口。选择结果如图 11-11 所示。

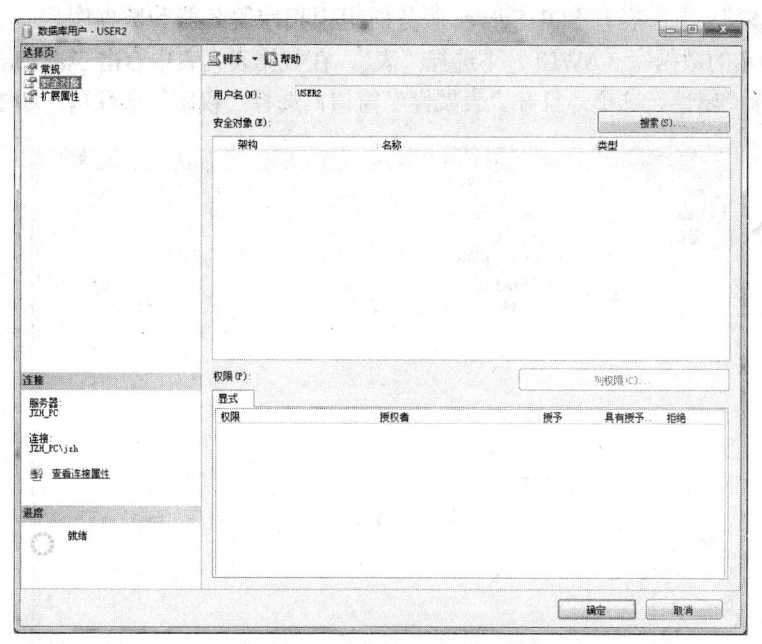

图 11-10　“安全对象”选择页

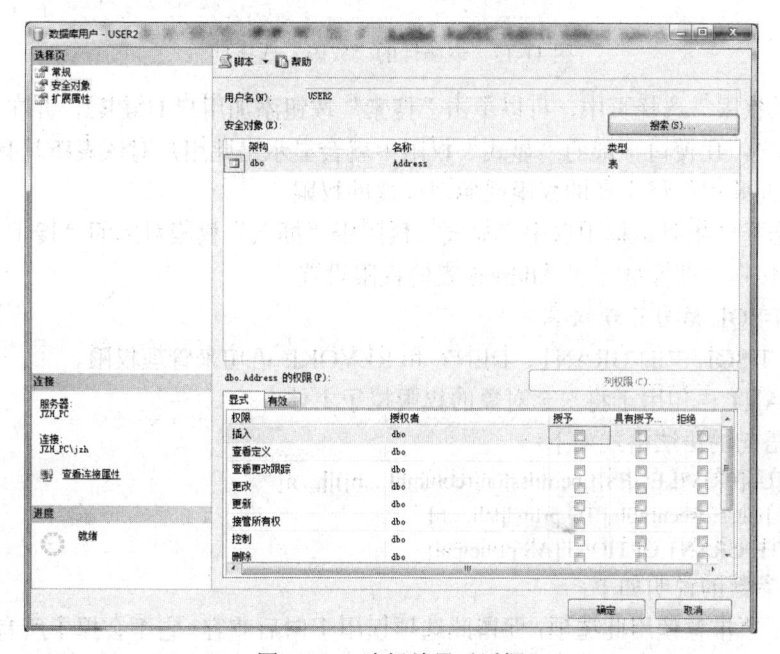

图 11-11　选择结果对话框

（8）在选择结果对话框中选中“显式”权限中相应权限对应的“授予”复选框，并单击“确定”按钮，即完成了用户的权限设置。

3. 管理数据库对象的权限

也可以从数据库对象的角度完成相同的工作，即设置一个数据库对象能被哪些用户/角色执行哪些操作。例如同样对 Address 表进行设置，使用户 USER2 拥有插入的权限。以下是具体的设置步骤：

（1）在 SSMS 中，展开 SQL Server 服务器组中相应服务器和数据库。

（2）在指定的数据库（AWLT）下选择“表”，在数据表列表中右击 Address 表，在弹出的快捷菜单中选择“属性”选项，打开“表属性”窗口，选择“权限”选择页，如图 11-12 所示。

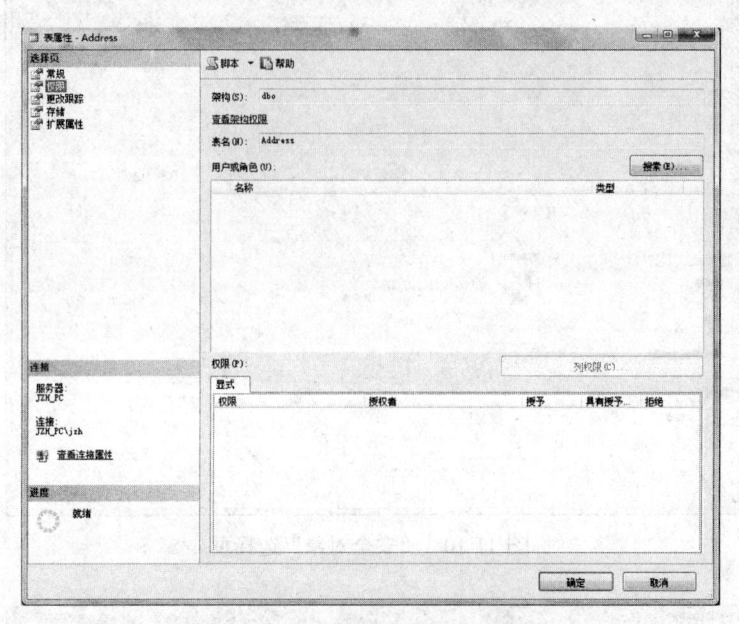

图 11-12　表属性的“权限”选择页

（3）在“权限”选择页中，可以单击“搜索”按钮添加用户 USER2，并在“表属性”窗口中选中该用户，在窗口下部的“显式”权限中就会显示出此用户对该表所具有的操作权限。在这里也可以向此用户授予新的权限或撤消已授的权限。

（4）在选择结果对话框中选中“显式”权限中“插入”权限对应的“授予”复选框，并单击“确定”按钮，即完成了对 Address 表的权限设置。

4. 使用 T-SQL 语句管理权限

可以使用 T-SQL 中的 GRANT、DENY 和 REVOKE 语句来管理权限。

（1）GRANT 语句用于将安全对象的权限授予主体。

GRANT 语句的语法格式如下：

```
GRANT {ALL[PRIVILEGES]}|permission[(column[,...n])][,...n]
        [ON [class::]securable] TO principal[,...n]
        [WITH GRANT OPTION] [AS principal]
```

其中，各参数的说明如下：

- ALL：不推荐使用此选项，保留此选项仅用于向后兼容。它不会授予所有可能的权限。
- PRIVILEGES：包含此参数是为了符合 ISO 标准。不要更改 ALL 的行为。
- permission：指定权限的名称。
- column：指定表中将授予其权限的列的名称。需要使用括号“()”。
- class：指定将授予其权限的安全对象的类。需要范围限定符“::”。
- securable：指定将授予其权限的安全对象。

- TO principal：指定主体的名称。可为其授予安全对象权限的主体随安全对象而异。有关有效的组合，请参阅下面列出的子主题。
- GRANT OPTION：指示被授权者在获得指定权限的同时还可以将指定权限授予其他主体。
- principal：指定一个主体，执行该查询的主体从该主体获得授予该权限的权利。

（2）DENY 语句用来拒绝授予主体权限，防止主体通过其组或角色成员身份继承权限。

DENY 命令的语法格式如下：

```
DENY {ALL [PRIVILEGES]}|permission[(column[,...n])][,...n]
        [ON [class::]securable] TO principal[,...n]
        [CASCADE][ AS principal]
```

其中，CASCADE 选项指示拒绝授予指定主体该权限，同时，对该主体授予了该权限的所有其他主体，也拒绝授予该权限。当主体具有带 GRANT OPTION 的权限时为必选项。

（3）REVOKE 语句用来取消以前授予或拒绝了的权限。

```
REVOKE [GRANT OPTION FOR]
{[ALL [PRIVILEGES]]|permission[(column[,...n])][,...n]}
        [ON [class::]securable]
{TO|FROM} principal[,...n][CASCADE] [AS principal]
```

其中，CASCADE 选项指示当前正在撤消的权限也将从其他被该主体授权的主体中撤消。使用 CASCADE 参数时，还必须同时指定 GRANT OPTION FOR 参数。

例 11-12　将对数据库 AWLT 中 Customer 表的 SELECT 权限授予数据库用户 USER2。

程序清单如下：

```
USE AWLT
GO
GRANT SELECT ON Customer TO USER2
GO
```

例 11-13　拒绝 USER2 对 Customer 表中的 Name 列的 SELECT 权限。

程序清单如下：

```
USE AWLT
GO
DENY SELECT(Name) ON Customer TO USER2
GO
```

例 11-14　收回 USER2 对 Customer 表的 SELECT 权限。

程序清单如下：

```
USE AWLT
GO
REVOKE SELECT ON Customer FROM USER2
GO
```

例 11-15　将在 AWLT 数据库中创建数据表的权限授予用户 USER2。

程序清单如下：

```
USE AWLT
GO
GRANT CREATE TABLE TO USER2
GO
```

11.2 数据库的备份和还原

数据库的备份和还原是数据库管理员维护数据库安全性和完整性的重要操作。SQL Server 提供了一套功能强大的、安全的数据备份和还原工具。数据库的备份和还原可以在系统发生错误的时候，还原以前的数据。

可能造成数据损失的因素很多，如存储介质错误、用户误操作、服务器的永久性毁坏等。这些都可以靠事先做好的备份来还原到数据库的正确状态。此外，数据库的备份和还原对于完成一些数据库操作也是很方便的。例如要在不同的服务器之间拷贝数据，只需将某个服务器上的数据库备份后还原到另一个服务器上，这样可以又快又方便地完成数据库的拷贝。

11.2.1 概述

备份是数据库系统管理的一项重要内容，也是系统管理员的日常工作。数据库备份记录了在进行备份这一操作时数据库中所有数据的状态，以便在数据库遭到破坏时能够及时地将其还原。

还原操作可以将数据库备份加载到服务器中，使数据库恢复到备份时的正确状态，这一状态是由备份决定的。但是为了维护数据库的一致性，在备份中未完成的事务不能进行还原。

执行备份和还原操作主要是由数据库管理员来完成的，数据库管理员日常比较重要和频繁的工作就是对数据库进行备份和还原。因此，数据库管理员应该设计有效的备份和还原策略，提高工作效率，减少数据丢失。设计有效的备份和还原策略需要仔细计划、实现和测试。需要考虑各种因素，包括：

- 系统对数据库的生产目标，尤其是对可用性和防止数据丢失的要求。
- 每个数据库的特性，如大小、使用模式、内容特性及其数据要求等。
- 对资源的约束，例如硬件、人员、存储备份媒体的空间以及存储媒体的物理安全性等。

在 SQL Server 中备份的类型主要有：完整数据库备份、差异数据库备份、事务日志备份以及文件和文件组备份。

（1）完整数据库备份。完整数据库备份是指对整个数据库的备份，包括特定数据库中的所有数据以及数据库对象。备份数据库的过程就是首先将事务日志写到磁盘上，然后根据事务日志创建相同的数据库和数据库对象以及复制数据的过程。这种备份类型速度较慢，并且占用大量磁盘空间，因此创建完整备份的频率通常要比创建差异备份的频率低。而且在进行完整备份时，常将其安排在晚间，因为此时整个数据库系统几乎不进行其他事务的操作，从而可以提高数据库备份的速度。

（2）差异数据库备份。差异数据库备份是指将最新完整数据库备份后发生更改的数据备份起来。与完整数据库备份相比，差异数据库备份由于备份的数据量较小，所以备份速度快。通过增加差异数据库备份的备份次数，可以降低丢失数据的风险。

（3）事务日志备份。事务日志备份是以事务日志文件作为备份对象，记录了上一次完整数据库备份、差异数据库备份或事务日志备份之后的所有已经完成的事务。事务日志记录的是某段时间内的数据库的变动情况，因此在做事务日志备份之前，必须先做完整数据库备份。在实际中为了最大限度地减少数据库还原时间以及降低数据损失数量，一般综合使用完整数据库备份、差异数据库备份和事务日志备份。

（4）数据库文件和文件组备份。数据库文件和文件组备份是指单独备份组成数据库的文件和文件组。在还原时用户可以还原已损坏的文件，而不必还原整个数据库，从而提高还原速度。该备份方法一般应用于数据库文件存储在多个磁盘上的情况，当其中一个磁盘发生故障时，只需还原故障磁盘上的文件。在使用文件和文件组进行还原时，要求有一个自上次备份以来的事务日志备份来保证数据库的一致性。所以，在进行完文件和文件组备份后，应再进行事务日志备份，否则在文件和文件组备份中的所有数据库变化将无效。

11.2.2　备份设备

在进行备份以前首先必须创建或指定备份设备。备份设备是用来存储数据库、事务日志或文件和文件组备份的存储介质，可以是磁盘、磁带或管道。当使用磁盘时，SQL Server 允许将本地主机硬盘和远程主机上的硬盘作为备份设备。备份设备在硬盘中是以文件的方式存储的。

创建和删除备份设备常用的操作方法有两种：使用 SSMS 和系统存储过程。

1. 使用 SSMS 管理备份设备

（1）在 SSMS 中展开服务器组和指定的服务器，展开“服务器对象”。

（2）右击服务器对象中的“备份设备”，在弹出的快捷菜单中选择“新建备份设备”选项，打开“备份设备”对话框，如图 11-13 所示。

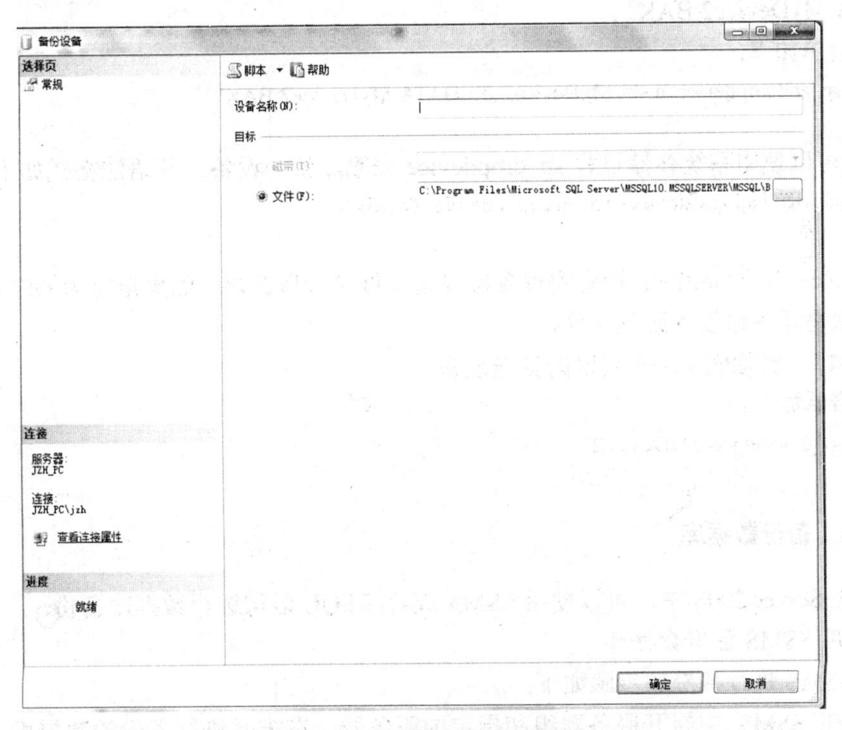

图 11-13　新建备份设备对话框

（3）在“设备名称”栏中输入设备名称，如“MyDevice1”，该名称是备份设备的逻辑名称。

（4）另外还要选择备份设备的类型，如果选择“文件”表示使用硬盘做备份（只有正在创建的设备是硬盘文件时，该选项才起作用）；如果选择“磁带”表示使用磁带设备（只有在本机安装了磁带设备时，该选项才起作用）。这里单击“文件”右部的按钮，打开“定位数据库文件”对话框，在对话框中选择 E 盘的 DATA 文件夹，并在窗口下部的“文件名”框中输入“MyDevice1.BAK”，单击“确定”按钮。

（5）在“备份设备”对话框中单击“确定”按钮，就创建了备份设备“MyDevice1”，在 SSMS 中可看到此备份设备名称。

对于一个已存在的备份设备，可以双击备份设备名称或右击设备名称并选择“属性”来查看其属性。如果该备份设备已被用来备份过数据库，则可以单击备份设备属性框中的“媒体内容”选项页来查看该备份设备中的内容。

如果要删除一个备份设备，可以右击指定设备名称，在弹出的快捷菜单中选择“删除”选项即可。

2. 使用系统存储过程创建、删除备份设备

（1）可以使用系统存储过程 sp_addumpdevice 创建备份设备，其语法格式如下：

```
sp_addumpdevice {'device_type'}[,'logical_name'][,'physical_name']
```

其中，各参数说明如下：

- device_type：指定设备类型，其值可为 disk，pipe 和 tape。
- logical_name：指定设备的逻辑名称。
- physical_name：指定设备的物理名称。

例 11-16 新建一个名为“MyDevice2”的备份设备，并将其映射成为磁盘文件“E:\DATA\MyDevice2.BAK”。

程序清单如下：

```
EXEC sp_addumpdevice 'disk','MyDevice2','E:\DATA\MyDevice2.BAK'
GO
```

（2）可以使用系统存储过程 sp_dropdevice 来删除备份设备，其语法格式如下：

```
sp_dropdevice [@logicalname=]'device'[,[@delfile=]'delfile']
```

其中：

- [@delfile=]'delfile'：指定物理备份设备文件是否应删除。如果指定为 DELFILE，则删除物理备份设备磁盘文件。

例 11-17 删除例 11-16 创建的备份设备。

程序清单如下：

```
EXEC sp_dropdevice 'MyDevice2'
GO
```

11.2.3 备份数据库

在 SQL Server 2008 中，可以使用 SSMS 或者 T-SQL 语句进行数据库备份。

1. 使用 SSMS 备份数据库

使用 SSMS 进行备份的步骤如下：

（1）在 SSMS 中展开服务器组和指定的服务器，右击要进行备份的数据库，这里右击“AWLT”数据库，并依次选择“任务”→“备份”选项，会打开“备份数据库-AWLT”窗口，如图 11-14 所示。

（2）在“常规”选择页中，选择备份数据库的名称（这里选择 AWLT 数据库）、备份类型、备份组件以及备份集的名称；在“目的一备份到”一栏，可以选择用于备份的介质，单击“添加”按钮可以添加备份文件或设备。

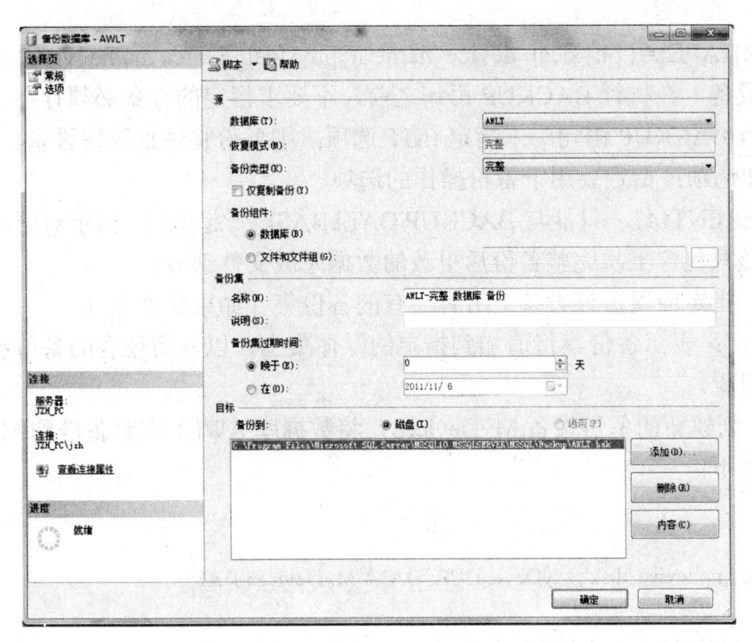

图 11-14　“备份数据库-AWLT”窗口

（3）在备份类型处可以选择“完整”、“差异”、“事务日志”三种备份类型，这里选择“完整”备份类型。

（4）在备份组件处可以选择“数据库”或“文件和文件组”，如果选择“文件和文件组”，则在打开的“选择文件和文件组”对话框中选择需要备份的文件和文件组，并单击“确定”按钮。这里选择“数据库”。

（5）在“备份集”选项栏内的“名称”文本框内可以设置备份集的名称，“说明”文本框内可以输入对备份集的说明内容，还可以设置备份集的过期时间。

（6）设置好所需选项后单击“确定”按钮，则备份立刻开始。备份结束后会出现备份是否成功的提示信息框。

2. *使用 T-SQL 语句备份数据库*

可以使用 T-SQL 提供的 BACKUP 语句完成备份操作。其语法格式如下：

```
BACKUP DATABASE {database_name|@database_name_var}
 TO<backup_device>[,...n]
  [WITH ［INIT|NOTINIT］[[,]DIFFERENTIAL]][;]
<backup_device>::={
    {logical_device_name|@logical_device_name_var}
     |{DISK|TAPE}={'physical_device_name'|@physical_device_name_var}
}
```

其中，各参数的说明如下：

- DATABASE：指定一个完整数据库备份。
- {database_name|@database_name_var}：指定备份事务日志、部分数据库或完整的数据库时所用的源数据库。
- backup_device：指定用于备份操作的逻辑备份设备或物理备份设备。
- {logical_device_name|@logical_device_name_var}：指定数据库要备份到的备份设备的逻辑名称。

- {DISK|TAPE}={'physical_device_name'|@physical_device_name_var}：指定磁盘文件或磁带设备。在执行 BACKUP 语句之前，不要求指定的设备必须存在。如果存在物理设备且 BACKUP 语句中未指定 INIT 选项，则备份将追加到该设备。
- WITH 选项：指定要用于备份操作的选项。
- DIFFERENTIAL：只能与 BACKUP DATABASE 一起使用，指定数据库备份或文件备份应该只包含上次完整备份后更改的数据库或文件部分。
- INIT：指定应覆盖该设备上所有现有的备份集（如果条件允许）。
- NOINIT：表示备份集将追加到指定的媒体集上，以保留现有的备份集。NOINIT 是默认设置。

例 11-18 创建新的备份设备 MyDevice3，将数据库 AWLT 完整备份到 MyDevice3 上。

程序清单如下：

```
USE AWLT
GO
EXEC sp_addumpdevice 'disk','MyDevice3','E:\DATA\MyDevice3.BAK'
GO
BACKUP DATABASE AWLT TO MyDevice3
GO
```

程序的执行结果如下：

```
已为数据库'AWLT'，文件'AWLT_Data' (位于文件 1 上)处理了 376 页。
已为数据库'AWLT'，文件'AWLT_Log' (位于文件 1 上)处理了 1 页。
BACKUP DATABASE 成功处理了 377 页，花费 0.220 秒(13.387 MB/秒)。
```

以上结果说明，完整备份将数据库文件中的所有数据文件和事务日志文件都进行了备份。

利用 T-SQL 语句进行事务日志备份以及文件和文件组备份的语法与此类似，详细信息请查看联机丛书，此处不再举例。

11.2.4 数据库的还原

数据库还原是指将数据库备份重新加载到系统中的过程。数据库备份后，一旦系统发生崩溃或者执行了错误的数据库操作，就可以从备份文件中还原数据库。

在还原数据库之前，为了限制其他用户对该数据库进行操作，首先要设置数据库访问属性。在要还原的数据库属性对话框中，单击“选项”选择页，将其中的“限制访问”属性值修改为“SINGLE_USER”即可。

接下来就可以进行数据库的还原操作了，SQL Server 还原数据库常用的操作方法有两种：使用 SSMS 和 T-SQL 语句。

1. 使用 SSMS 还原数据库

使用 SSMS 还原数据库的步骤如下：

（1）在 SSMS 中展开服务器组、指定的服务器和数据库。

（2）右击指定的数据库，在弹出的快捷菜单中依次选择“任务”→“还原”→“数据库”选项，会弹出“还原数据库”对话框。在“常规”选择页中，可以设置以下选项：在“目标数据库”下拉列表中选择要还原的数据库（如果想要还原产生一个新的数据库则在此处直接输入数据库名称）；在设置用于还原的设备集的源和位置处可以选择“源数据库”或“源设备”单选按钮。

（3）参数设置好后，单击“确定”按钮，系统就会开始还原数据库的操作。还原结束后，会显示还原是否成功的提示信息框。

2. 使用 T-SQL 语句还原数据库

可以 T-SQL 提供的 RESTORE 语句还原数据库，其语法格式如下：

```
RESTORE DATABASE {database_name|@database_name_var}
[FROM <backup_device>[,...n]]
[WITH
    [FILE={backup_set_file_number|@backup_set_file_number}]
    [[,]{RECOVERY|NORECOVERY|STANDBY=
            {standby_file_name|@standby_file_name_var}}]
    [[,]REPLACE]
    [[,]RESTART]
]
[;]
```

其中，各参数说明如下：

- FILE={backup_set_file_number|@backup_set_file_number}：标识要还原的备份集。例如，值为 1 时指示备份媒体中的第一个备份集，值为 2 指示第二个备份集。未指定时，默认值是 1。
- {RECOVERY|NORECOVERY|STANDBY}：RECOVERY 指示还原操作回滚任何未提交的事务。在恢复进程后即可随时使用数据库。默认为 RECOVERY。如果安排了后续 RESTORE 操作（RESTORE LOG 或从差异数据库备份 RESTORE DATABASE），则应改为指定 NORECOVERY 或 STANDBY。
- NORECOVERY：指示还原操作不回滚任何未提交的事务。如果稍后必须应用另一个事务日志，则应指定 NORECOVERY 或 STANDBY 选项。如果既没有指定 NORECOVERY 和 RECOVERY，也没有指定 STANDBY，则默认为 RECOVERY。使用 NORECOVERY 选项执行脱机还原操作时，数据库将无法使用。还原数据库备份和一个或多个事务日志时，或者需要多个 RESTORE 语句（例如还原一个完整数据库备份并随后还原一个差异数据库备份）时，RESTORE 需要对所有语句使用 WITH NORECOVERY 选项，但最后的 RESTORE 语句除外。最佳方法是按多步骤还原顺序对所有语句都使用 WITH NORECOVERY，直到达到所需的恢复点为止，然后仅使用单独的 RESTORE WITH RECOVERY 语句执行恢复。
- STANDBY=standby_file_name：指定一个允许撤消恢复效果的备用文件。STANDBY 选项可以用于脱机还原（包括部分还原），但不能用于联机还原。
- REPLACE：指定即使存在另一个具有相同名称的数据库，SQL Server 也应该创建指定的数据库及其相关文件。在这种情况下将删除现有的数据库。如果不指定 REPLACE 选项，则会执行安全检查。这样可以防止意外覆盖其他数据库。
- RESTART：指定 SQL Server 应重新启动被中断的还原操作。RESTART 从中断点重新启动还原操作。

其他各参数的说明同数据库备份的语法类似。

例 11-19　从 MyDevice3 备份设备进行还原完整数据库操作，还原以后的数据库名称为 AWLT。

程序清单如下：

```
USE MASTER
GO
RESTORE DATABASE AWLT
FROM MyDevice3
WITH REPLACE
GO
```

上述代码返回的结果如下：

已为数据库'AWLT'，文件'AWLT_Data' (位于文件 1 上)处理了 376 页。
已为数据库'AWLT'，文件'AWLT_Log' (位于文件 1 上)处理了 1 页。
RESTORE DATABASE 成功处理了 377 页，花费 0.205 秒(14.367 MB/秒)。

以上结果说明还原成功。

利用 T-SQL 语句还原事务日志备份以及文件和文件组备份的语法与此类似，详细信息请查看联机丛书，此处不再举例。

11.3 数据导入和导出

在实际工作中，我们的数据可能存储在 Excel、Access、Sybase、Oracle 等数据库系统中，用户有时需要在 SQL Server 中使用这些数据，这就需要一种工具能够将数据转换到 SQL Server 中。SQL Server 提供了强大的数据导入/导出功能，用户可以访问各种数据源，在不同数据源之间进行数据传输，并能在导入/导出的同时对数据进行灵活的处理。

11.3.1 导入数据

导入数据的操作常见于系统使用初期。导入数据是指将其他数据源中的数据插入到 SQL Server 表中的过程，而无需重新输入数据。

例 11-20 利用导入向导将一个 Excel 工作表中的内容导入到 SQL Server 2008 的 AWLT 数据库中，导入的数据表命名为“CompanyDes”。

完成此题的步骤如下：

（1）打开 Microsoft Excel，新建一个 Excel 工作簿，并在 Sheet1 工作表中输入需要导入 SQL Server 2008 中的数据，这里输入的数据如图 11-15 所示，并将文件保存在用户指定的文件夹中，文件名为 CompanyDes.xls。

	A	B
1	CompanyID	CompanyName
2	1	A Bike Store
3	2	Progressive Sports
4	3	Advanced Bike Components
5	4	Modular Cycle Systems
6	5	Metropolitam Sports Supply
7	6	Aerobic Exercise Company

图 11-15 Excel 中输入的数据图

（2）打开 SSMS，展开服务器，右击 AWLT 数据库，从弹出的快捷菜单中依次选择“任务”→“导入数据”选项，系统会启动 SQL Server 导入和导出向导工具，并会出现欢迎使用向导对话框，该对话框中列出了导入向导能够完成的操作。

（3）单击“下一步”按钮，会出现选择数据源对话框，如图 11-16 所示。在该对话框中，可以设置数据源类型、服务器名称、身份验证方式和需要使用的数据库。

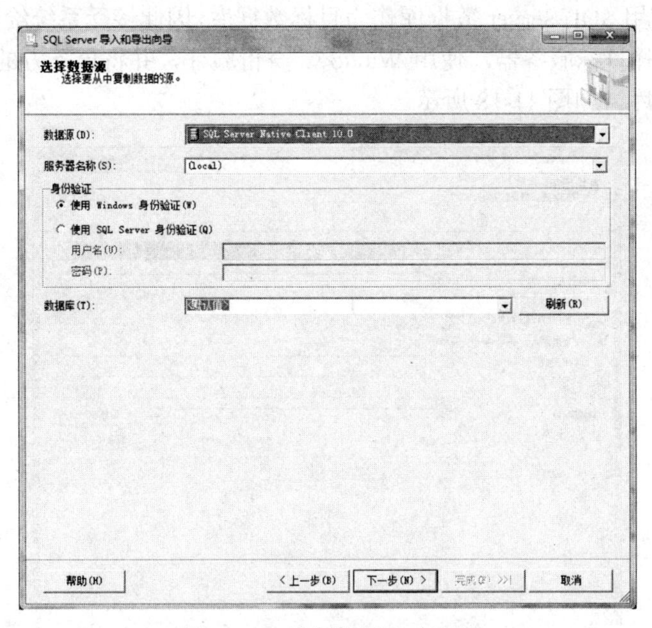

图 11-16　选择数据源对话框

（4）这里在数据源旁边的下拉列表框中找到 Microsoft Excel，并选中它。此时显示的对话框如图 11-17 所示。

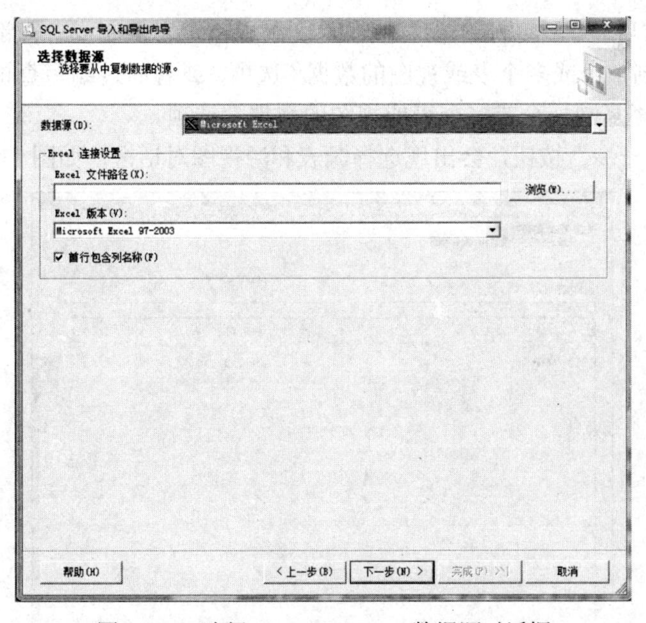

图 11-17　选择 Microsoft Excel 数据源对话框

（5）单击对话框下部 Excel 文件路径右侧的“浏览...”按钮，在弹出的选择文件对话框中找到前面创建的 CompanyDes.xls 文件所在的文件夹，选中该文件作为数据导入的源文件，并单击“打开”按钮。

（6）在图 11-17 中确保选中了“首行包含列名称”复选框。单击“下一步”按钮，会出现选择导入的目标数据库类型对话框。本例需要完成从 Microsoft Excel 文件中导入数据到 SQL Server 2008，应该使用 SQL Server 数据库作为目标数据库，因此接受系统给出的默认目标“SQL Native Client”。选择目标服务器，使用 Windows 身份验证，并将最下方的目标数据库的名称设置为 AWLT 数据库，如图 11-18 所示。

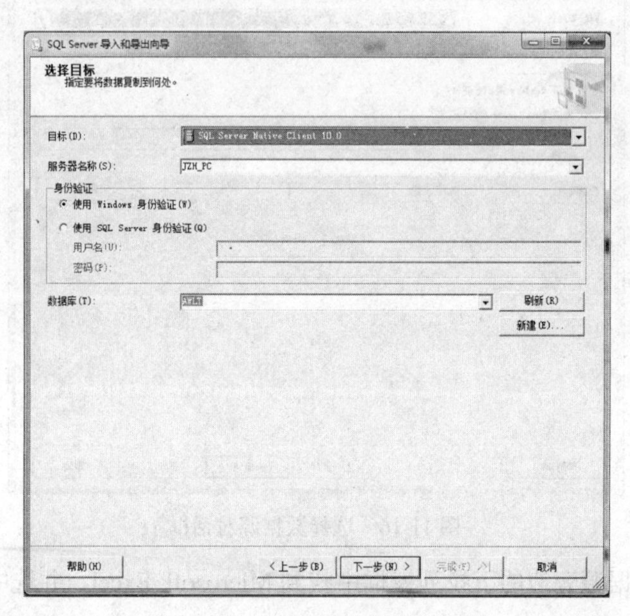

图 11-18　选择目的数据源对话框

（7）设定完成后，单击“下一步”按钮，会出现指定表复制或者查询对话框。在该对话框中可以选择“复制一个或多个表或视图的数据”选项，或者通过编写查询语句以指定要传输的数据，这里选择“复制一个或多个表或视图的数据”选项。

（8）单击“下一步”按钮，会出现选择源表和源视图对话框，如图 11-19 所示。

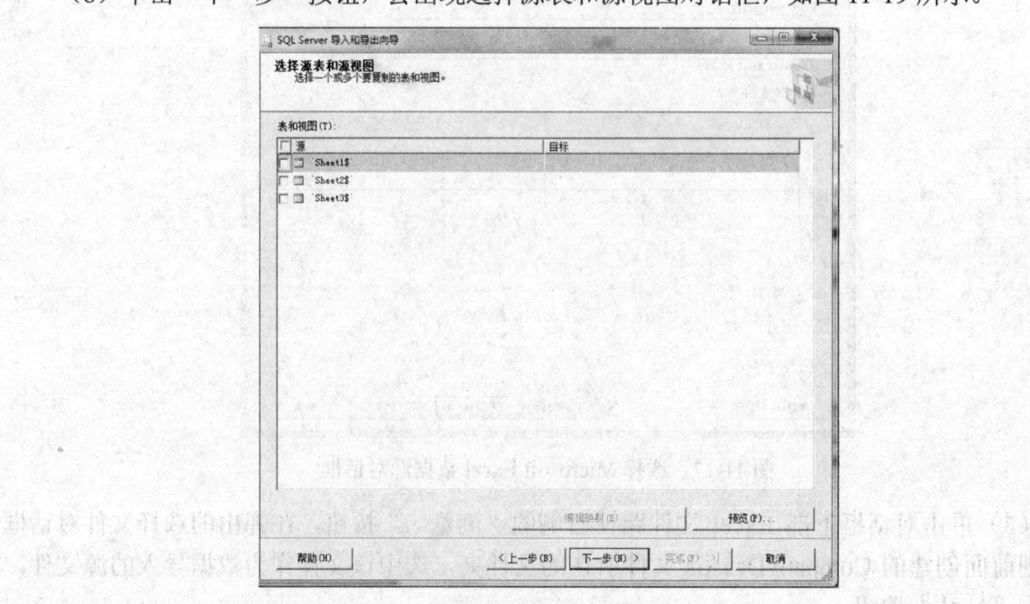

图 11-19　选择源表和源视图对话框

在该对话框中，可以设定需要将源数据库中的哪些 Sheet 表传送到目标数据库中去。单击表格名称左边的复选框，可以选定或者取消对该 Sheet 表的选择。这里选定 Sheet1 表，此时在“目标”列下会自动出现系统给出的将要创建的目的表的名称，这里将其修改为“[dbo].[CompanyDes]”。

（9）在图 11-19 中单击“预览”按钮，可以预览该表内的数据。设置好各个选项后，单击“下一步”按钮，会出现保存并执行包对话框，可以指定是否希望保存包，也可以立即执行导入数据操作。

（10）单击“下一步”按钮，会出现完成该向导对话框，单击“完成”按钮，会出现正在执行操作对话框。

（11）执行完成后，系统会显示导入操作是否成功的提示对话框，如图 11-20 所示。单击“报告”按钮，可进行查看报告或将报告保存到文件等操作。单击“关闭”按钮，就完成了此次数据导入的操作。

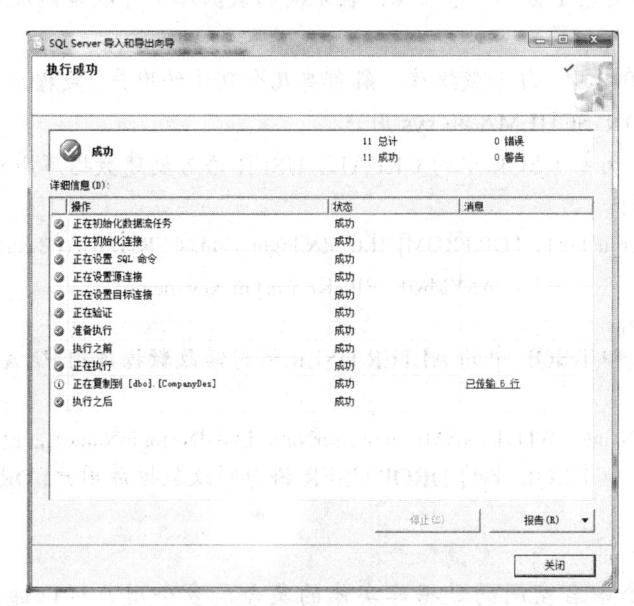

图 11-20　Excel 工作表导入成功的提示对话框

11.3.2　导出数据

导出数据是指将 SQL Server 中的数据转换为用户指定的格式的过程。使用向导完成导出数据工作的步骤和导入数据类似，注意数据源和目的的选择，具体步骤不再详细介绍。

SQL Server 2008 提供了两种确认用户的验证模式：即“Windows 身份验证模式”和“SQL Server 和 Windows 身份验证模式”。SQL Server 2008 安装成功后，默认的身份验证模式是“Windows 身份验证模式”，利用 SSMS 可以重新设置身份验证模式。

创建登录账户常用的操作方法有两种：使用 SSMS 和 T-SQL 中的 CREATE LOGIN 语句。CREATE LOGIN 语句的语法格式如下：

```
CREATE LOGIN loginName {WITH <option_list>|FROM <sources>}
```

可以在创建了新的登录账户后根据实际需要使用 SSMS 和 T-SQL 中的 ALTER LOGIN 语句修改其属性，如默认数据库、默认语言等。ALTER LOGIN 的语法格式如下：

```
ALTER LOGIN login_name{
    {ENABLE|DISABLE}|WITH <set_option>[,...]
    |{ADD CREDENTIAL credential_name|DROP CREDENTIAL credential_name}}
```

删除登录账户的常用操作方法有两种：使用 SSMS 和 T-SQL 中的 DROP LOGIN 语句。DROP LOGIN 语句的语法格式如下：

```
DROP LOGIN login_name
```

管理员必须在数据库中为用户建立一个数据库账户，并授予此账户访问数据库及数据库中对象的权限后，才能使该用户访问该数据库。每个数据库用户都和服务器登录账户之间存在着一种映射关系。系统管理员可以将一个服务器登录账户映射到用户需要访问的每一个数据库中的一个用户账户和角色上。一个登录账户在不同的数据库中可以映射成不同的用户，从而拥有不同的权限。

在 SQL Server 2008 中，每个数据库一般都有几个默认的用户：数据库所有者（dbo）、guest 用户、INFORMATION_SCHEMA 和 sys 用户。

可以使用 SSMS 或者 T-SQL 中的 CREATE USER 语句创建数据库用户。CREATE USER 语句的语法格式如下：

```
CREATE USER user_name [{{FOR|FROM} {LOGIN login_name|CERTIFICATE cert_name
                                    |ASYMMETRIC KEY asym_key_name}
|WITHOUT LOGIN]
```

可以使用 SSMS 和 T-SQL 中的 ALTER USER 语句修改数据库用户。ALTER USER 的语法格式如下：

```
ALTER USER userName    WITH {NAME=newUserName|LOGIN=loginName}[,...n]
```

可以使用 SSMS 和 T-SQL 中的 DROP USER 语句修改数据库用户。DROP USER 的语法格式如下：

```
DROP USER username
```

架构是形成单个命名空间的数据库实体的集合，多个用户可以通过角色成员身份或 Windows 组成员身份拥有一个架构。系统默认的架构为 dbo。可以使用 SSMS 创建、修改和删除自定义架构。

SQL Server 管理者可以将某一组用户设置为某一角色，大大减少了管理员的工作量。SQL Server 提供了通常管理工作的预定义服务器角色和数据库角色。当一组用户需要在 SQL Server 中执行一组指定的活动时，为了方便管理，可以创建用户自定义的数据库角色，以便表示某一类进行同样操作的用户。

权限用来指定授权用户可以使用的数据库对象以及对这些数据库对象可以执行的操作。在每个数据库中，用户的权限独立于用户账户和用户在数据库中的角色，每个数据库都有自己独立的权限系统。权限的管理主要是完成对权限的授权、拒绝和回收。管理权限可以从数据库的角度、用户或角色的角度或从数据库对象的角度来管理。

可以使用 T-SQL 中的 GRANT、DENY 和 REVOKE 语句来管理权限。

（1）GRANT 语句用于将安全对象的权限授予主体。其语法格式如下：

```
GRANT {ALL[PRIVILEGES]}|permission[(column[,...n])][,...n]
```

```
        [ON [class::]securable] TO principal[,...n]
        [WITH GRANT OPTION] [AS principal]
```

（2）DENY 语句用来拒绝授予主体权限，防止主体通过其组或角色成员身份继承权限。其语法格式如下：

```
DENY {ALL [PRIVILEGES]}|permission[(column[,...n])][,...n]
        [ON [class::]securable] TO principal[,...n] CASCADE][ AS principal]
```

（3）REVOKE 语句用来取消以前授予或拒绝了的权限。其语法格式如下：

```
REVOKE [GRANT OPTION FOR]
{[ALL [PRIVILEGES]]|permission[(column[,...n])][,...n]}
        [ON [class::]securable]
{TO|FROM} principal[,...n][CASCADE] [AS principal]
```

数据库的备份和还原是数据库管理员维护数据库安全性和完整性的重要操作。数据库的备份和还原可以在系统发生错误的时候，还原以前的数据。

备份是数据库系统管理的一项重要内容，也是系统管理员的日常工作。数据库备份记录了在进行备份这一操作时数据库中所有数据的状态，以便在数据库遭到破坏时能够及时地将其还原。

还原操作可以将数据库备份加载到服务器中，使数据库恢复到备份时的正确状态，这一状态是由备份决定的。但是为了维护数据库的一致性，在备份中未完成的事务不能进行还原。

在 SQL Server 中备份的类型主要有：完整数据库备份、差异数据库备份、事务日志备份以及文件和文件组备份。

（1）完整数据库备份是指对整个数据库的备份。

（2）差异数据库备份是指将最新完整数据库备份后发生更改的数据备份起来。

（3）事务日志备份是以事务日志文件作为备份对象，记录了上一次完整数据库备份、差异数据库备份或事务日志备份之后的所有已经完成的事务。

（4）数据库文件和文件组备份是指单独备份组成数据库的文件和文件组。

备份设备是用来存储数据库、事务日志或文件和文件组备份的存储介质，可以是磁盘、磁带或管道。

可以使用 SSMS 和系统存储过程管理备份设备。

系统存储过程 sp_addumpdevice 可以用来创建备份设备，其语法格式如下：

```
sp_addumpdevice {'device_type'}[,'logical_name'][,'physical_name']
```

系统存储过程 sp_dropdevice 用来删除备份设备，其语法格式如下：

```
sp_dropdevice [@logicalname=]'device'[,[@delfile=]'delfile']
```

可以使用 SSMS 和 T-SQL 中的 BACKUP 语句进行备份操作。BACKUP 语句的语法格式如下：

```
BACKUP DATABASE {database_name|@database_name_var} TO<backup_device>[,...n]
   [WITH ［INIT|NOTINIT］[[,]DIFFERENTIAL]][;]
```

在还原数据库之前，为了限制其他用户对该数据库进行操作，首先要设置数据库访问属性为“SINGLE_USER”。可以使用 SSMS 和 T-SQL 中的 RESTORE 语句还原数据库。RESTORE 语句的语法格式如下：

```
RESTORE DATABASE {database_name|@database_name_var}
[FROM <backup_device>[,...n]]
[WITH [FILE={backup_set_file_number|@backup_set_file_number}]]
```

```
[[,]{RECOVERY|NORECOVERY|STANDBY=
        {standby_file_name|@standby_file_name_var}}]
[[,]REPLACE] [[,]RESTART] ][;]
```

在实际工作中，我们的数据可能存储在Excel、Access、Sybase、Oracle等数据库系统中，用户有时需要在SQL Server中使用这些数据，这就需要一种工具能够将数据转换到SQL Server中。SQL Server提供了强大的数据导入/导出功能，用户可以访问各种数据源，在不同数据源之间进行数据传输，并能在导入/导出的同时对数据进行灵活的处理。

习题十一

一、填空题

1．SQL Server 2008提供了________和________两种确认用户的验证模式。

2．可以使用系统存储过程________来创建备份设备。

3．T-SQL语言中，________语句用于把指定的权限授予某一用户，________语句用于收回用户所拥有的某些权限。

4．SQL Server中主要支持两种备份方式，分别为完整备份和________。

5．可以使用系统存储过程________来删除备份设备。

二、选择题

1．下面（　）不是备份介质。

A．命名管道　　B．硬盘　　C．磁带　　D．光盘

2．使用下列（　）系统存储过程可以创建一个备份设备。

A．sp_addbackup　　B．sp_backup　　C．sp_addumpdevice　　D．sp_adddevice

3．SQL Server中，为便于管理用户及权限，可以将一组具有相同权限的用户组织在一起，这一组具有相同权限的用户就称为（　）。

A．账户　　B．角色　　C．登录　　D．SQL SERVER用户

4．下面（　）不是SQL Server中固定的数据库角色。

A．db_owner　　B．db_datawriter

C．db_ddladmin　　D．db_operater

5．“保护数据库，防止未经授权的或不合法的使用造成的数据泄露、更改破坏。”这是指数据的（　）。

A．安全性　　B．完整性　　C．并发控制　　D．恢复

6．对数据库XSCJ的事务日志内容进行还原的SQL语句是（　）。

A．RESTORE LOG XSCJ FROM backlog　　B．BACKUP LOG XSCJ FROM backlog

C．RESTORE XSCJ FROM backlog　　D．RESTORE LOG XSCJ

7．从Device1备份设备还原数据库XSCJ的SQL语句是（　）。

A．RESTORE LOG XSCJ FROM Device1

B．BACKUP DATABASE XSCJ FROM Device1

C．RESTORE DATABASE XSCJ FROM Device1

C．BacKup LOG XSCJ FROM Device1

8．SQL 语句 BACKUP DATABASE XSCJ TO disk='D:\xscj1.bak'的作用是（　　）。

A．备份数据表 XSCJ 到 D:\xscj1.bak　　　B．从 D:\xscj1.bak 还原数据库 XSCJ

C．备份数据库 XSCJ 到 D:\xscj1.bak　　　D．从 D:\xscj1.bak 还原数据表 XSCJ

三、简答题

1．SQL Server 2008 提供了哪两种确认用户的身份验证模式？各自的含义是什么？

2．SQL Server 包含哪几种类型的角色？它是如何管理这些角色的？

3．简述数据库用户的作用及其与服务器登录账户的关系。

4．数据备份的类型有哪些？这些备份类型适合什么样的数据库？为什么？

四、应用题

1．创建一个 SQL Server 登录账户 login1，密码为“PSD123”，并在 AWLT 数据库中创建一个与该登录账户相关联的数据库用户 login1。

2．为第 1 题创建的登录账户添加 dbcreater 的角色。

3．为第 1 题创建的数据库用户授予查询 Customer 表的权限。

4．创建一个备份设备“MyDeviceTest”，并将其映射成为磁盘文件“E:\DATA\MyDeviceTest.BAK”。

5．将 AWLT 数据库备份到第 4 题创建的备份设备上，备份结束后，对数据库进行简单的修改再还原，查看还原后的结果。

6．用 SQL Server 导出向导将 AWLT 数据库的 Product 表和 Address 表中的数据导出到一个 ACCESS 数据库中，数据表的名称保持不变。

第 12 章　图书馆管理系统

本章学习目标

随着网络技术的发展以及计算机应用的普及，利用计算机对图书馆的日常工作进行管理势在必行。与手工管理方式相比，利用计算机应用系统管理日常事务，工作效率高，管理员和读者能及时了解馆内图书的借阅情况。本章以开发图书馆管理系统为例，介绍数据库应用系统的开发过程，该系统利用 C#程序设计语言结合 SQL Server 2008 数据库管理系统实现的。通过学习本章，读者应该：

- 熟悉 C#访问 SQL Server 2008 数据库的方法
- 掌握数据库的设计与实现
- 熟悉应用程序的设计与实现

12.1　需求分析

使用传统人工方式管理图书馆的日常业务，其操作流程比较繁琐、效率低、易出错。在借书时，读者需要先将图书和借阅证交给图书馆工作人员，工作人员再将每本书的借阅条和读者的借阅证上填写借阅信息。还书时，工作人员需要手工找到相关的借阅信息和借阅证，再填写还书信息。传统的手工流程存在诸多不足，为提供快速的图书检索功能及快捷的图书借阅、归还流程，开发了一个图书馆管理系统。

12.1.1　系统功能要求

图书馆管理系统的需求来自两方面：分别是读者、图书馆管理人员。

1. 读者需求

读者需要查询图书馆所存的图书情况、个人借阅情况及个人信息的修改。读者可直接查看图书馆图书情况，如果读者根据本人借书证号和密码登录系统，还可以进行本人借书情况的查询和维护部分个人信息。一般情况下，读者只查询和维护本人的借书情况和个人信息，不能查询和维护其他借阅者的借书情况和个人信息。

2. 图书馆管理人员需求

图书馆管理人员具有修改读者借书和还书记录的权限，能够对读者的图书借阅及还书要求进行操作。还具有包括对工作人员、读者、图书进行管理和维护，及系统状态的查看、维护功能的权限。图书馆管理人员功能的信息量大，数据安全性和保密性要求高。图书馆管理人员可以浏览、查询、添加、删除、修改、统计图书的基本信息；浏览、查询、统计图书的借阅信息；浏览、查询、统计、添加、删除和修改读者的基本信息，在删除读者基本信息记录时，应实现对该图书借阅者借阅记录的级联删除。

注意：这里为了简化模型，把图书管理人员和系统管理人员统一为管理人员。

12.1.2　性能要求

由于此系统针对图书馆管理，使用频度较高，实用性要求比较高。为防止对信息资料和管理程序的破坏，要求有较为可靠的安全性能。总之，系统要求正确、可靠、稳定、安全、便捷，易于管理和操作。要达到的性能指标：

- 查询速度：不超过 15 秒；
- 其他所有交互功能反应速度：不超过 10 秒；
- 可靠性：平均故障间隔时间不低于 1000 小时。

12.2　系统分析

12.2.1　角色分析

通过对图书馆管理需求进行分析，系统的用户角色分为两类：读者和管理人员。各角色功能如下：

（1）读者：登录系统、修改密码、借阅图书、查看借阅情况、查询图书等。

（2）管理员：登录系统、图书管理、借阅管理、读者管理、基础信息管理、系统管理等。

12.2.2　系统流程图

1. 读者信息管理流程

读者给图书管理员提供个人信息，管理员把读者信息保存在数据库里，同时发放借阅证。读者信息管理流程图如图 12-1 所示。

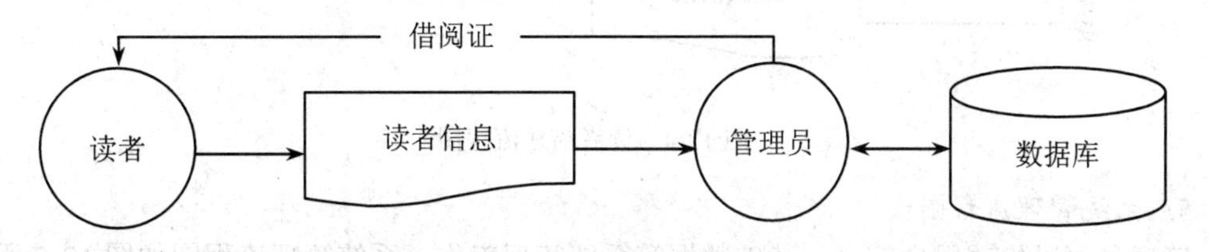

图 12-1　读者信息管理流程图

2. 图书信息查询流程图

读者根据图书名称或关键字等在数据库中查询图书信息，得到想要的图书信息。图书信息查询流程图如图 12-2 所示。

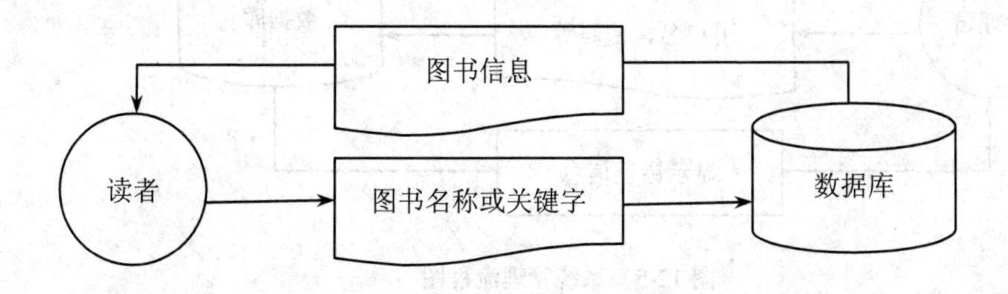

图 12-2　图书信息查询流程图

3．图书信息管理流程图

管理员可以在数据库里添加、修改、查询图书信息，图书信息管理流程图如图 12-3 所示。

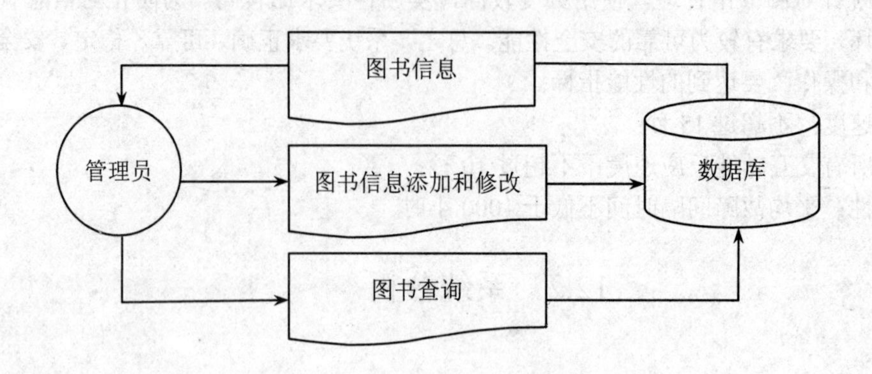

图 12-3　图书信息查询流程图

4．图书借还流程图

读者使用借阅证和图书等相关信息进行借还操作，图书借还流程图如图 12-4 所示。

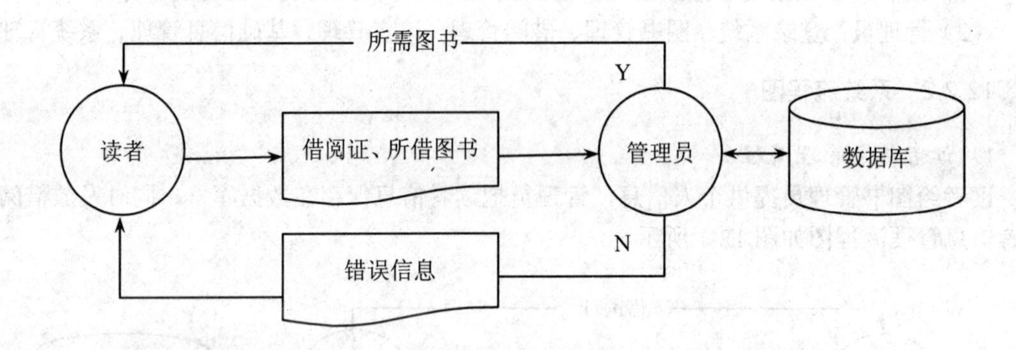

图 12-4　读者借还流程图

5．系统管理流程图

管理员可以修改用户信息、基础数据等系统管理工作，系统管理流程图如图 12-5 所示。

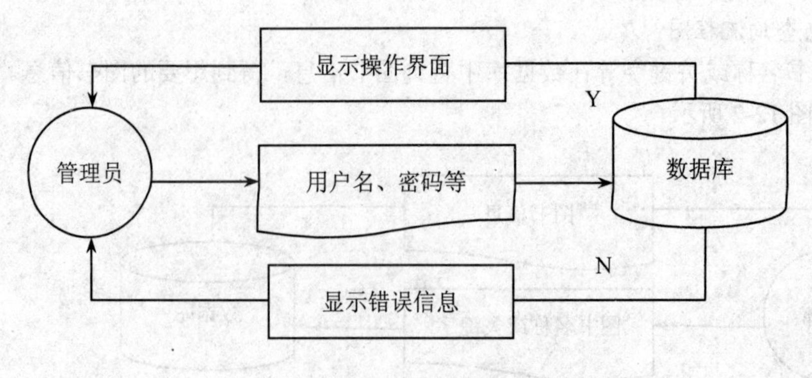

图 12-5　系统管理流程图

12.3　系统设计

12.3.1　系统功能与结构

通过以上对图书馆管理需求与分析，可以将系统分为图书管理、读者管理、借阅管理、基础信息管理、系统管理等功能模块，每个模块都由若干相关联的子功能模块组成。具体系统主要功能模块结构如图 12-6 所示。

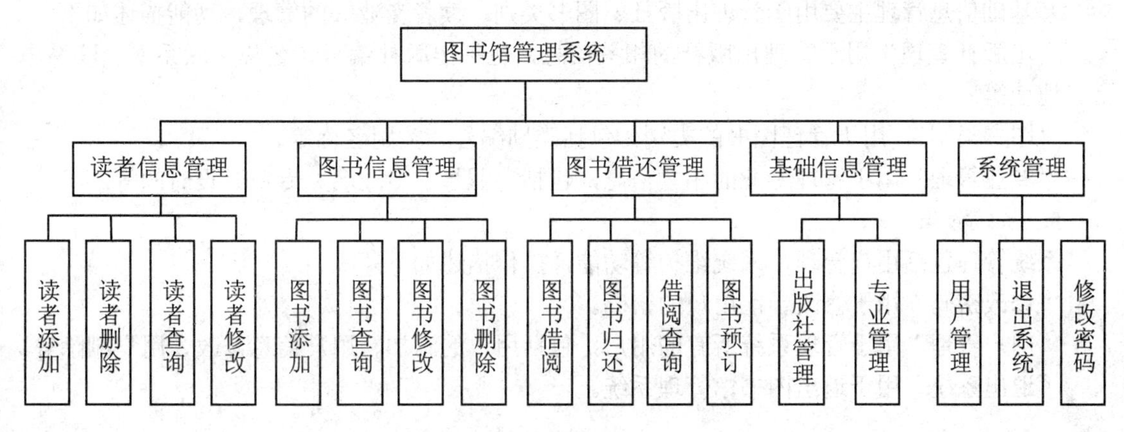

图 12-6　系统主要功能结构图

1. 读者管理

管理员可以对读者的信息进行管理，包括添加、修改、删除、查询等操作，各操作描述如下：

“读者添加”用于设置新增读者信息，包括读者编号、姓名、性别、年龄、民族、籍贯、专业号、读者类型等。

“读者查询”用于查询已有读者的相关信息，可以按照读者编号、姓名、性别、专业等查询。

“读者删除”用于删除已有读者，删除后的读者不能再借书。

“读者修改”用于更新已有读者信息，包括读者编号、姓名、性别、年龄、民族、籍贯、专业号、读者类型等。

2. 图书管理

管理员可以对图书基本信息进行管理，包括添加、修改、删除、查询等操作，各操作描述如下：

“图书添加”用于设置新增图书相关信息，包括书号、书名、主编、单价、参编、出版社、出版日期、状态等。

“图书查询”用于查询已有图书的相关信息，可以按照书号、书名、主编、出版社、出版日期、状态等查询。

“图书删除”用于删除已有图书信息，借出的图书不能删除。

“图书修改”用于更新已有图书信息，包括书号、书名、主编、单价、参编、出版社、出版日期、状态等。

3. 借阅管理

借阅管理模块是图书馆管理系统的主要功能模块，包括图书借阅、图书归还、借阅查询、图书预订等操作，各操作描述如下：

“图书借阅”用于登记读者借阅图书情况，包括借阅编号、书号、学号、借阅时间等。

“图书归还”用于登记读者归还图书记录，包括归还书号、读者编号、归还时间等。

“图书借阅查询”用于查询读者所借图书的信息。

“图书预订”用于对馆中图书进行预订。

4. 基础信息管理

基基础信息管理主要用于管理出版社、图书类别、读者专业等的管理，功能描述如下：

“出版社管理”用于管理出版社的相关信息，包括出版社编号、名称、联系人、联系电话、地址等。

“图书类别”，用于管理图书的类别，包括类别编号、类别名称等。

“专业管理”用于管理专业的相关信息，包括专业号、专业名、专业开设时间等。

5. 系统管理

系统管理包括用户管理、系统维护等功能，操作描述如下：

“修改密码”用于修改当前用户的密码。

“用户管理”用于管理系统所有的用户，包括用户的添加、用户信息修改、用户删除等。

“退出系统”用于退出图书馆管理系统。

12.3.2 系统构建环境

1. 系统开发环境

开发平台：Microsoft Visual Studio 2010 集成开发环境。

开发语言：C#。

后台数据库：SQL Server 2008。

开发环境运行平台：Windows XP/Windows Server 2003/Windows 7 等。

2. 服务器端

操作系统：Windows 2003 Server 等。

数据库服务器：SQL Server 2008。

服务器运行环境：Microsoft .NET Framework SDK 4.0。

3. 客户端

运行环境：Microsoft .NET Framework SDK 4.0。

分辨率：1024*768 及以上。

12.4 数据库设计

图书馆管理系统采用 SQL Server 2008 作为后台数据库，最后产生的数据库名称为“图书馆管理数据库”，其中包含 7 张表。下面给出数据库的设计过程，包括数据库概念设计、数据库逻辑结构设计及数据库实施。

12.4.1　数据库概念设计

根据以上对系统所做的需求分析、系统设计，规划出本系统中使用的实体主要有图书实体、出版社实体、读者实体、用户实体等。下面介绍几个主要的 E-R 图。

1. 图书实体的 E-R 图

图书馆管理系统中最重要的就是要有图书。图书实体的 E-R 图如图 12-7 所示。

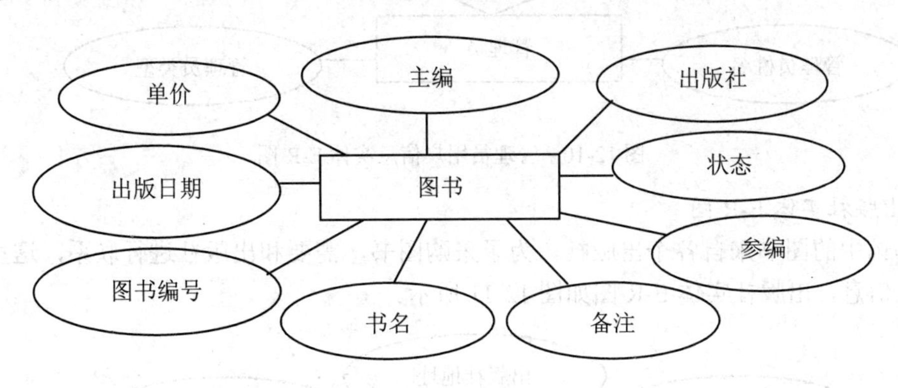

图 12-7　图书实体 E-R 图

2. 读者实体的 E-R 图

读者是图书馆管理系统的重要组成部分，如果没有读者，一个图书馆也没有存在的意义，读者实体的 E-R 图如图 12-8 所示。

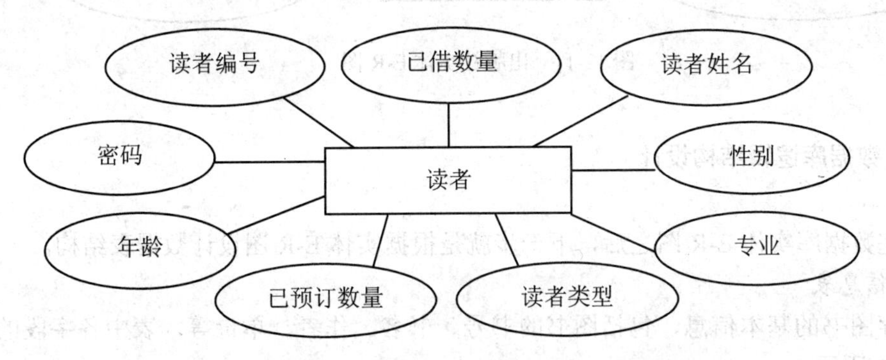

图 12-8　读者信息实体 E-R 图

3. 图书借还 E-R 图

图书借还是图书馆管理系统中一项重要的工作，图书馆管理系统的主要目的就是为了方便读者借阅和归还图书，读者借还图书 E-R 图如图 12-9 所示。

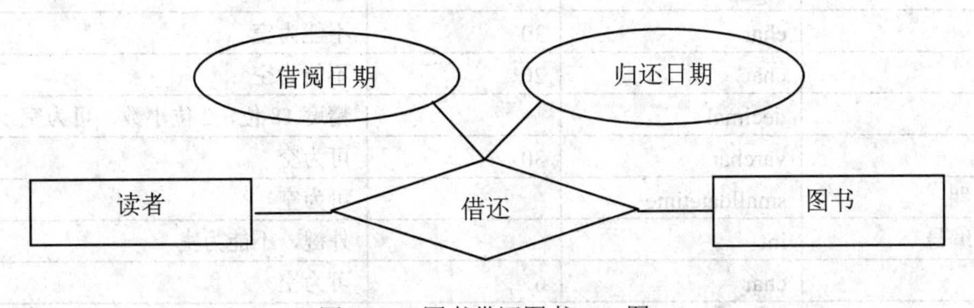

图 12-9　图书借还图书 E-R 图

4. 管理员实体 E-R 图

为了增加系统的安全性，每个管理员只有在系统登录模块验证成功后才能进入主界面，进行相应的操作。管理员实体的 E-R 图如图 12-10 所示。

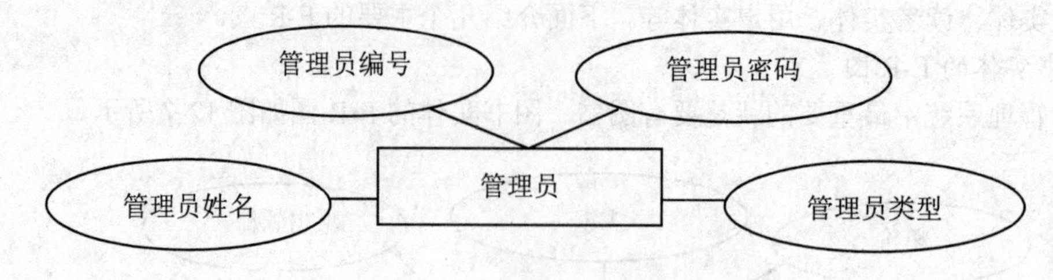

图 12-10 管理员用户信息实体 E-R 图

5. 出版社实体 E-R 图

图书馆中的图书来自各个出版社，为了采购图书，需要和出版社进行联系，这里需要保存出版社信息，出版社实体 E-R 图如图 12-11 所示。

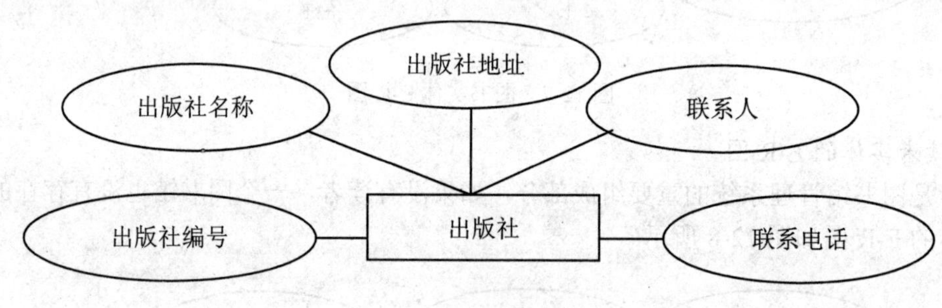

图 12-11 出版社实体 E-R 图

12.4.2 数据库逻辑结构设计

在设计完数据库实体 E-R 图之后，下一步就是根据实体 E-R 图设计数据表结构。

1. 图书信息表

用来保存图书的基本信息，包括图书的书号、书名、作者、单价等，表中各字段的详细描述如表 12-1 所示。

表 12-1 图书信息表

字段名称	数据类型	字段大小	备注
书号	bigint		主键
书名	char	30	不能为空
主编	char	20	不能为空
单价	decimal		精度 18 位，2 位小数，可为空
参编	varchar	30	可为空
出版日期	smalldatetime		可为空
出版社编号	int		外键，不能为空
状态	char	6	可为空
备注	text	20	可为空

2. 读者信息表

用来保存读者的详细信息，包括读者编号、读者姓名、性别、年龄、专业、密码等信息，表中各字段的详细描述如表 12-2 所示。

表 12-2　读者信息表

字段名称	数据类型	字段大小	备注
读者编号	bigint		主键
姓名	char	10	不能为空
性别	char	2	可为空
年龄	int		可为空
专业号	int		可为空
密码	char	18	不能为空
读者类型	int		不能为空
已借总数	int		可为空
已预订总数	int		可为空

3. 图书借还信息表

用来保存读者借阅和还书的详细信息，包括书号、读者编号、借阅时间、归还时间等表中各字段的详细描述如表 12-3 所示。

表 12-3　图书借还信息表

字段名称	数据类型	字段大小	备注
编号	int		主键
书号	bigint		外键，不能为空
读者编号	bigint		外键，不能为空
借阅时间	smalldatetime		不能为空
归还时间	smalldatetime		可为空

4. 管理员用户信息表

用来保存管理员的用户名、密码等信息，表中各字段的详细描述如表 12-4 所示。

表 12-4　管理员用户信息表

字段名称	数据类型	字段大小	备注
用户名	char	10	主键
密码	char	10	不能为空
权限	char	10	不能为空

5. 出版社信息表

用来保存出版社的相关信息，包括出版社编号、名称、地址、联系人、联系方式等。表中各字段的名称、类型、大小如表 12-5 所示。

6. 读者类型表

用来保存读者类型信息，包括类型编号、类型名称、可借数量。表中各字段的详细描述如表 12-6 所示。

表 12-5 出版社信息表

字段名称	数据类型	字段大小	备注
出版社编号	int		主键
名称	char	20	不能为空
地址	varchar	50	可为空
联系人	char	10	可为空
联系电话	varchar	30	可为空

表 12-6 读者类型表

字段名称	数据类型	字段大小	备注
类型编号	int		主键
类型名称	char	20	不能为空
可借数量	int		不能为空

12.4.3 数据库的实施

根据所设计的数据表的结构，在 SQL Server 中创建数据库及各个表，数据库及数据表的创建过程在前面章节中已经详细说明，这里不再赘述。读者可以参照前面章节，创建的系统数据库表清单如图 12-12 所示。

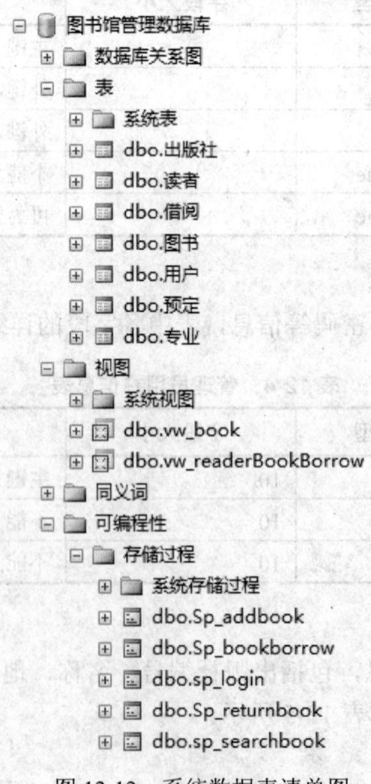

图 12-12 系统数据表清单图

12.5　系统实现

本系统前台采用 Visual Studio 2010 开发环境，用 C#语言编写，各模块具体实现如下。

12.5.1　登录模块的实现

为增加系统的安全性，只有登录的用户才能使用系统，登录时需要输入用户名和密码，验证成功后才能进入主窗体。在登录模块中编写存储过程 sp_login 来实现，用户名、密码、权限作为存储过程参数，在 C#应用程序中调用此存储过程，实现登录验证。

首先创建存储过程：

```
create PROCEDURE dbo.sp_login(
        @usr varchar(50),
        @pwd varchar(50),
        @authority varchar(50)
)
AS
begin
if exists(select 用户名 from 用户 where 用户名=@usr and 密码=@pwd and 权限=@authority)
        select 100,用户名,密码,权限 from 用户 where 用户名=@usr and 密码=@pwd and 权限=@authority
--登录成功，表示成功，并且返回用户名，密码及用户类型
else
        select 101        --登录失败，代表失败
end
```

输入存储过程 sp_login 的参数，执行此存储过程，测试执行结果如图 12-13 所示。

然后需要开发 C#应用程序，在登录窗体中调用该存储过程，登录窗体界面设计如图 12-14 所示。

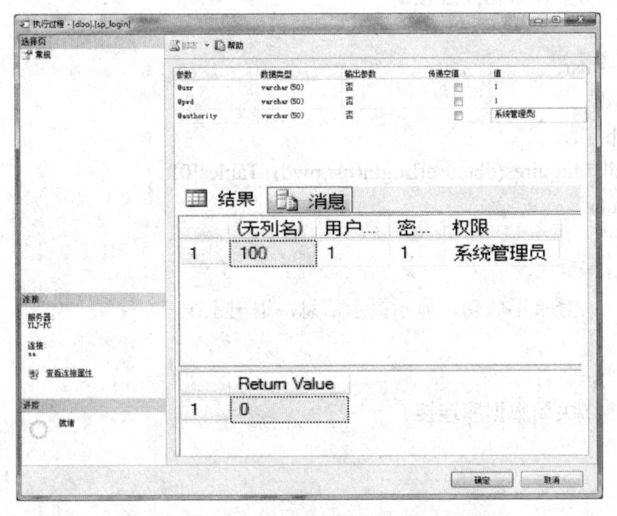

图 12-13　用户登录存储过程测试结果图

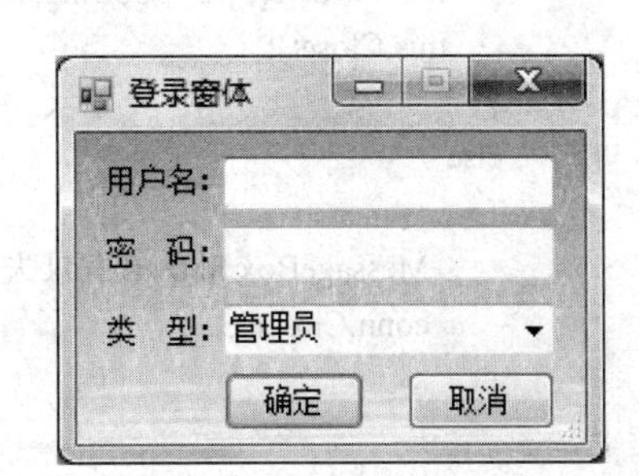

图 12-14　系统登录窗体

实现该部分核心代码如下：

```
string usr=txtUserID.Text.Trim().ToString();           //获取用户名
string pwd=txtPWD.Text.Trim().ToString();              //获取密码
string authority=txtType.Text.Trim();                  //获取用户身份类型
SqlConnection conn=new SqlConnection();                //创建 SqlConnection 对象，连接数据库
conn.ConnectionString=dataBClass.strCon;               //设置连接数据库字符串
SqlCommand cmd=new SqlCommand();                       //创建 SqlCommand 对象执行 SQL 命令
cmd.Connection=conn;                                   //设置 Command 对象使用的数据库连接对象
conn.Open();                                           //打开数据库
cmd.CommandType=System.Data.CommandType.StoredProcedure;   //设置 SqlCommand
                                                           //执行的命令类型为存储过程
cmd.CommandText="sp_login";                            //设置 SqlCommand 要执行的存储过程名
                                                       //为带参数的存储过程传递参数
SqlParameter pram1=new SqlParameter("@usr",
                                   System.Data.SqlDbType.VarChar,32);
pram1.Value=usr;
cmd.Parameters.Add(pram1);
SqlParameter pram2=new SqlParameter("@pwd",
                                   System.Data.SqlDbType.VarChar,32);
pram2.Value=pwd;
cmd.Parameters.Add(pram2);
SqlParameter pram3=new SqlParameter("@authority", System.Data.SqlDbType.VarChar,32);
pram3.Value=authority;
cmd.Parameters.Add(pram3);
SqlDataReader dr=cmd.ExecuteReader();          //使用 SqlCommand 对象的 ExecuteReader
                                               //方法执行存储过程，返回 DataReader 对象
 if (dr.Read())                                //判断 DataReader 对象是不是包含记录
 {
     if (dr[0].ToString()=="100")              //登录成功，显示系统主窗体
     {
          conn.Close();                        //关闭数据库连接
          variablesClass.bllogin=true;
          variablesClass.strLoginUserName=usr;
          variablesClass.strLoginPWD=pwd;
          variablesClass.strLoginType=authority;
          variablesClass.strLoginbOrder= dbc.Inquires(dbc.userLogin(usr,pwd)).Tables[0].
                 Rows[0][2].ToString().Trim();
          this.Close();
     }
     else                                      //登录不成功，显示提示信息，退出系统
     {
          MessageBox.Show("登录失败!");
          conn.Close();                        //关闭数据库连接
     }
}
```

12.5.2 图书添加模块的实现

图书添加模块是系统的一个重要模块，管理员输入图书基本信息，包括书名、书号、作

者、单价、出版社等，可以把该书的信息添加到数据库中。图书添加模块的实现关键是需要设计一存储过程，根据书名、作者、出版社、图书类型、价格等添加图书信息，存储过程名为 sp_addbook，具体代码如下：

```
CREATE PROCEDURE dbo.Sp_addbook(
        @booknumber varchar(40),
        @bookname varchar(60),
        @mainauthor varchar(40),
        @oneprice money,
        @otherauthor varchar(40),
        @pressdate smalldatetime,
        @pressnumber varchar(60),
        @price money,
        @supplydate smalldatetime,
        @state int,
        @description varchar(200)
)
AS
BEGIN
    if exists(select 书号 from 图书 where 书号=@booknumber)
        select 101                  --此书已存在
    else
        begin
            insert into 图书(书号,书名,主编,单价,参编,出版日期,出版社编号,价格,提供时间,状态,备注)
            values (@booknumber,@bookname,@mainauthor,@oneprice,@otherauthor,
                @pressdate,@pressnumber,@price,@supplydate,@state,@description)
            select 100              --添加图书成功
        end
END
```

输入存储过程参数，执行该存储过程，测试设计与执行结果如图 12-15 和图 12-16 所示。

参数	数据类型	输出参数	传递空值	值
@booknumber	varchar(40)	否	☐	28
@bookname	varchar(60)	否	☐	数据库原理与应用
@mainauthor	varchar(40)	否	☐	张三
@oneprice	money	否	☐	23
@otherauthor	varchar(40)	否	☐	李四
@pressdate	smalldatetime	否	☐	
@pressnumber	varchar(60)	否	☐	100001
@price	money	否	☐	23
@supplydate	smalldatetime	否	☐	
@state	int	否	☐	
@description	varchar(200)	否	☐	

图 12-15　图书添加存储过程测试设计

然后开发 C#应用程序，在图书添加窗体中调用该存储过程，图书添加窗体界面设计如图 12-17 所示。

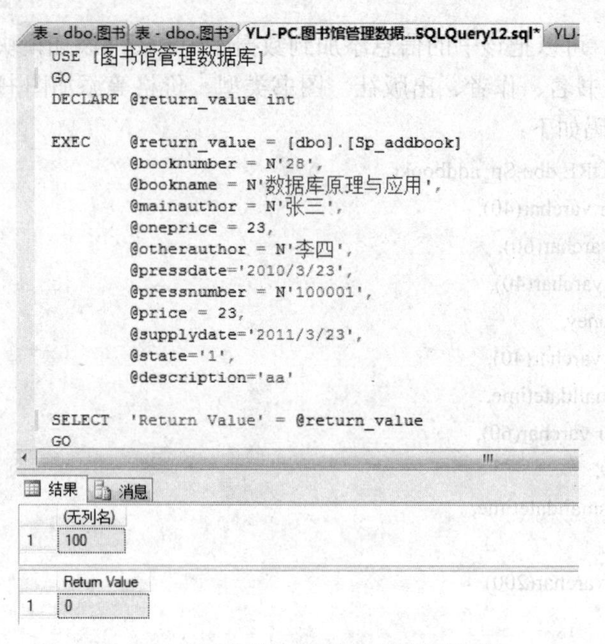

图 12-16　图书添加存储过程测试结果图

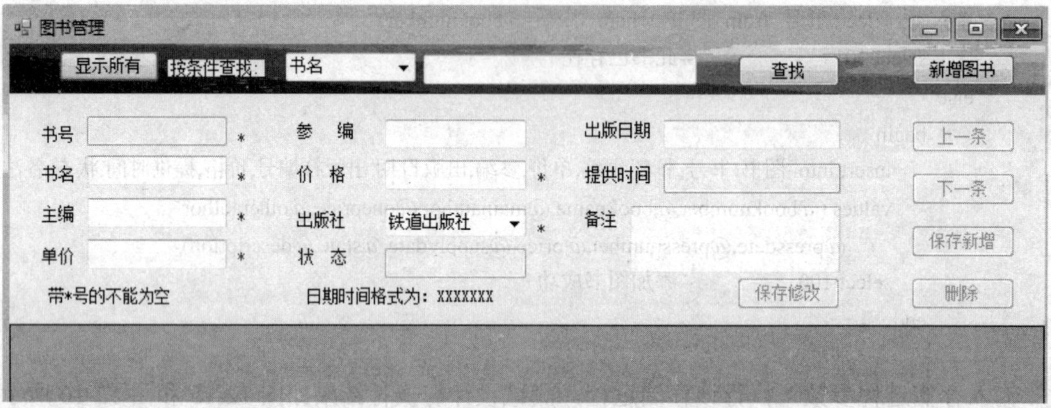

图 12-17　图书添加窗体

在图书添加界面中，输入书号、书名、主编、价格等信息，单击“保存新增”按钮，完成图书添加功能，该功能通过调用存储过程来实现，核心代码如下：

```
string booknumber=nnkg.Text.Trim().ToString();                    //读者编号
string bookname=nnqk.Text.Trim().ToString();                      //书号
string mainauthor=ygxy.Text.Trim();                               //主编
double oneprice=double.Parse(ujww.Text.Trim());                   //单价
string otherauthor=cdxy.Text.Trim();                              //参编
DateTime pressdate=Convert.ToDateTime(bmthjjad.Text.Trim());      //出版日期
string pressnumber=btpyxykg.Text;                                 //出版社
double price=double.Parse(wwst.Text);                             //价格
DateTime supplydate=Convert.ToDateTime(PTime.Text);               //提供日期
char state=char.Parse(uddy.Text);                                 //状态
string description=tliy.Text;                                     //描述
SqlConnection conn=new SqlConnection();             //创建 SqlConnection 对象，连接数据库
```

```
conn.ConnectionString=dataBClass.strCon;              //设置数据库连接字符串
SqlCommand cmd=new SqlCommand();                      //创建 SqlCommand 对象，用于执行 SQL 命令
cmd.Connection=conn;
conn.Open();                                          //打开数据库
cmd.CommandType=System.Data.CommandType.StoredProcedure;     //设置命令类型
cmd.CommandText="Sp_addbook";                         //设置命令参数
//以下为各存储过程参数赋值
SqlParameter pram1=new SqlParameter("@booknumber", System.Data.SqlDbType.VarChar,32);
pram1.Value=booknumber;
cmd.Parameters.Add(pram1);                            //添加书号参数
SqlParameter pram2=new SqlParameter("@bookname", System.Data.SqlDbType.VarChar,32);
pram2.Value=bookname;
cmd.Parameters.Add(pram2);                            //添加书名参数
SqlParameter pram3=new SqlParameter("@mainauthor", System.Data.SqlDbType.VarChar,32);
pram3.Value = mainauthor;
cmd.Parameters.Add(pram3);                            //添加主编参数
SqlParameter pram4=new SqlParameter("@oneprice", System.Data.SqlDbType.Decimal,18);
pram4.Value=oneprice;
cmd.Parameters.Add(pram4);                            //添加单价参数
SqlParameter pram5=new SqlParameter("@otherauthor", System.Data.SqlDbType.VarChar,32);
pram5.Value=otherauthor;
cmd.Parameters.Add(pram5);                            //添加参编参数
SqlParameter pram6=new SqlParameter("@pressdate",System.Data.SqlDbType.SmallDateTime,32);
pram6.Value=pressdate;
cmd.Parameters.Add(pram6);                            //添加出版日期参数
SqlParameter pram7=new SqlParameter("@pressnumber", System.Data.SqlDbType.VarChar,32);
pram7.Value=pressnumber;
cmd.Parameters.Add(pram7);                            //添加出版社参数
SqlParameter pram8 = new SqlParameter("@price", System.Data.SqlDbType.Decimal,18);
pram8.Value = price;
cmd.Parameters.Add(pram8);                            //添加价格参数
SqlParameter pram9=new SqlParameter("@supplydate",System.Data.SqlDbType.SmallDateTime,32);
pram9.Value=supplydate;
cmd.Parameters.Add(pram9);                            //添加上架日期参数
SqlParameter pram10=new SqlParameter("@state",System.Data.SqlDbType.Char,6);
pram10.Value=state;
cmd.Parameters.Add(pram10);                           //添加图书状态参数
SqlParameter pram11=new SqlParameter("@description", System.Data.SqlDbType.Text,500);
pram11.Value=description;
cmd.Parameters.Add(pram11);                           //添加图书描述参数
cmd.ExecuteNonQuery();//调用 SqlCommand 对象的 ExecuteNonQuery 方法执行存储过程
```

12.5.3 图书信息查询模块的实现

图书信息查询是系统中应用较多的一个功能，管理员和读者均可以输入查询条件，查询图书相关信息。图书信息查询模块的实现关键是需要设计一存储过程，各查询条件作为存储过程参数，根据这些参数查询相关图书的信息；图书信息查询中还涉及出版社名称等信息，因此

还需要先创建一视图 vw_book，该视图设计如图 12-18 所示。

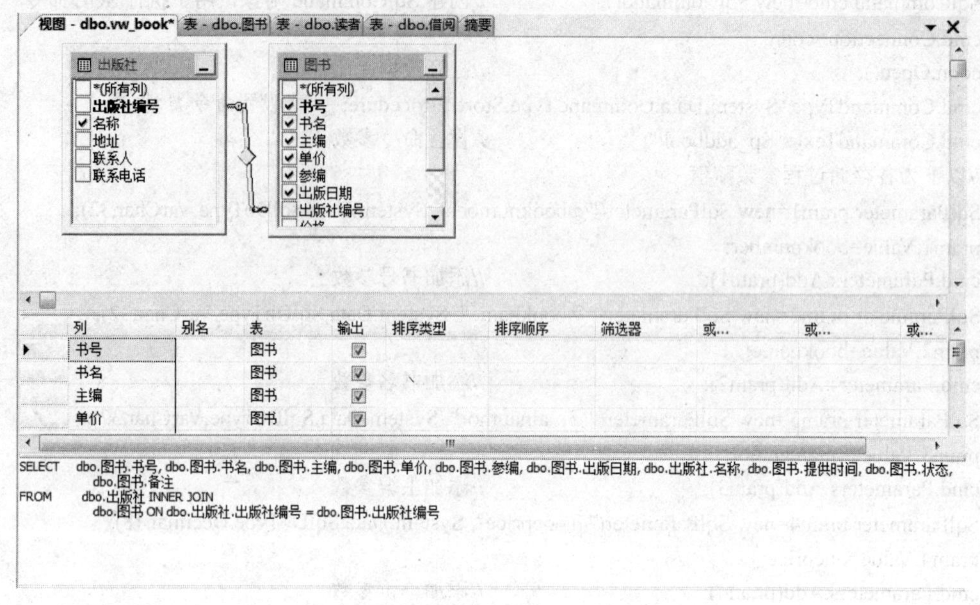

图 12-18 视图 VW_book 的创建

创建视图后，就可以在存储过程名中访问该视图，查询图书相关信息。图书查询存储过程名为 sp_searchbook，创建代码如下：

```
Create PROCEDURE dbo.sp_searchbook(
    @booknumber varchar(30) ='',
    @bookname varchar(30) ='',
    @mainauthor varchar(30)='',
    @otherauthor varchar(30)='',
    @pressdate smalldatetime='',
    @state varchar(6)='',
    @type int=1
)
AS
begin
    if @type=1                    --按书号搜索
        select * from vw_book where 书号 like '%'+@booknumber+'%'
    else if @type=2               --按书名搜索
        select * from vw_book where 书名=@bookname
    else if @type=3               --按主编搜索
        select * from vw_book where 主编 like '%'+@mainauthor+'%'
    else if @type=4               --按参编搜索
        select * from vw_book where 参编 like '%'+@otherauthor+'%'
    else if @type=5               --按出版日期搜索
        select * from vw_book where 出版日期= '%'+@pressdate+'%'
    else if @type=6               --按状态搜索
        select * from vw_book where 状态 = @state
end
```

输入存储过程各参数，执行该存储过程，测试参数设计与执行结果如图 12-19 所示。

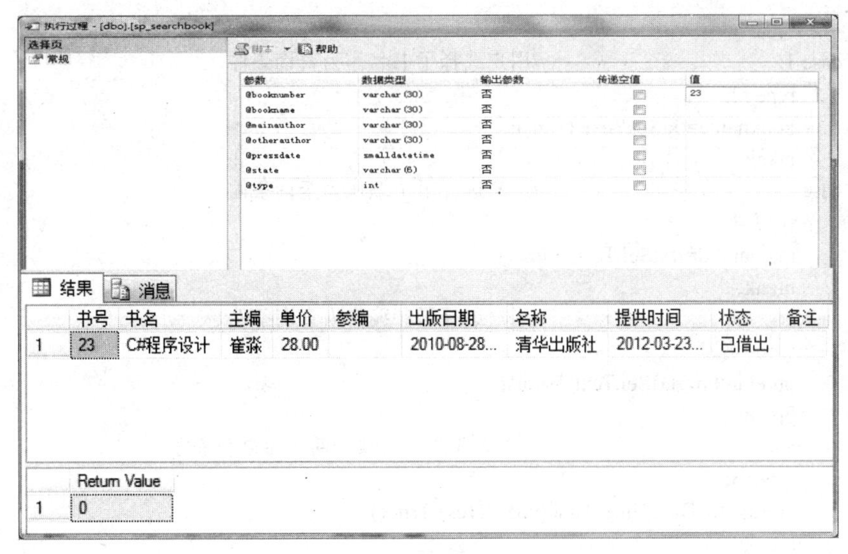

图 12-19　图书查询存储过程测试结果图

然后需要开发 C#应用程序，在图书管理窗体中调用该存储过程，图书管理窗体界面设计如图 12-20 所示。

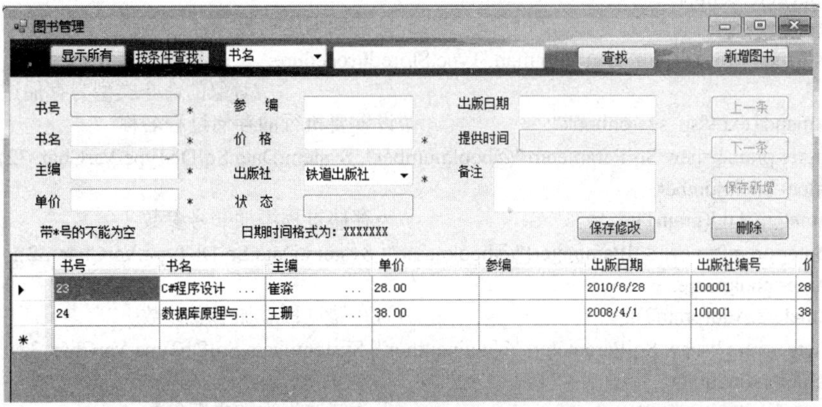

图 12-20　图书管理窗体

在图书管理界面中，选择查询条件，输入查询条件数值，单击“查找”按钮显示相关图书的信息，该功能通过访问视图及调用存储过程来实现，核心代码如下：

```
//设置各变量初始值
int type=0;
string booknumber="";
string bookname="";
string mainauthor="";
string otherauthor="";
DateTime pressdate=DateTime.Today;
switch(txtOptions.SelectedIndex)
{
    case 0:                                //用户选择了书号作为查询条件
        type=1;
        booknumber=txtSel.Text.Trim();
```

```
            break;
        case 1:                         //用户选择了书名作为查询条件
            type=2;
            bookname=txtSel.Text.Trim();
            break;
        case 2:                         //用户选择了主编作为查询条件
            type=3;
            mainauthor=txtSel.Text.Trim();
            break;
        case 3:                         //用户选择了参编作为查询条件
            type=4;
            otherauthor=txtSel.Text.Trim();
            break;
        case 4:                         //用户选择了出版日期作为查询条件
            type=5;
            pressdate=DateTime.Parse(txtSel.Text.Trim());
            break;
}
SqlConnection conn=new SqlConnection();          //创建 SqlConnection 对象，连接数据库
conn.ConnectionString=dataBClass.strCon;         //设置数据库连接字符串
SqlCommand cmd=new SqlCommand();                 //创建 SqlCommand 对象执行 SQL 命令
cmd.Connection=conn;
conn.Open();                                     //打开数据库连接
cmd.CommandType=System.Data.CommandType.StoredProcedure;    //设置 Command
                                                            //对象的命令类型为存储过程
cmd.CommandText="sp_searchbook";                 //设置要执行的存储过程名称
SqlParameter pram1=new SqlParameter("@booknumber", System.Data.SqlDbType.VarChar, 32);
pram1.Value=booknumber;
cmd.Parameters.Add(pram1);                       //为存储过程添加书号参数
SqlParameter pram2=new SqlParameter("@bookname", System.Data.SqlDbType.VarChar, 32);
pram2.Value=bookname;
cmd.Parameters.Add(pram2);                       //为存储过程添加书名参数
SqlParameter pram3=new SqlParameter("@mainauthor", System.Data.SqlDbType.VarChar, 32);
pram3.Value=mainauthor;
cmd.Parameters.Add(pram3);                       //为存储过程添加主编参数
    SqlParameter pram4=new SqlParameter("@otherauthor", System.Data.SqlDbType.VarChar, 32);
pram4.Value =otherauthor;
cmd.Parameters.Add(pram4);                       //为存储过程添加参编参数
SqlParameter pram5=new SqlParameter("@pressdate", System.Data.SqlDbType.VarChar, 32);
pram5.Value=pressdate;
cmd.Parameters.Add(pram5);                       //为存储过程添加出版日期参数
SqlDataAdapter da=new SqlDataAdapter(cmd);
DataSet ds=new DataSet();                        //创建数据库，用于保存查询结果
da.Fill(ds,"bookinfo");                          //填充数据集
dgvBooks.DataSource=ds.Tables["bookinfo"];       //绑定 DataGridView 对象和数据集
```

12.5.4 图书借阅模块的实现

图书借阅是图书馆管理系统中最为重要的一个功能，管理员通过访问此模块，来实现读者图书的借阅。图书借阅模块的实现关键是需要设计一存储过程，根据书号，读者编号向借阅表中插入数据，存储过程名为 sp_bookborrow，通过该存储过程，实现数据的插入操作，借阅

时间取系统当前日期时间，同时注意避免重复插入。存储过程 Sp_bookborrow 的具体代码如下：

```
Create PROCEDURE dbo.Sp_bookborrow(
    @readernumber varchar(40),
    @booknumber varchar(40)
)
AS
BEGIN
    declare @num int
    select @num=count(*) from 借阅 where 学号=@readernumber
    if exists(select 学号 from 读者 where 学号=@readernumber)
    BEGIN
        if exists(select 书号 from 图书 where 书号=@booknumber) and not exists(select 书号 from 借阅
where 书号=@booknumber)
        BEGIN
            insert into 借阅(书号,学号) select @booknumber,@readernumber
            update 读者 set 已借总数=已借总数+1 where 学号=@readernumber
            select 100                          --借阅成功
        END
        else
            select 102                          --图书不存在或已被经借阅未归还
    END
    else
        select 101                              --无此借书证
END
```

输入存储过程参数，执行该存储过程，参数设计与测试执行结果如图 12-21 和图 12-22 所示。

参数	数据类型	输出参数	传递空值	值
@readernumber	varchar(40)	否	☐	20090201015
@booknumber	varchar(40)	否	☐	23

图 12-21　图书借阅存储过程测试设计

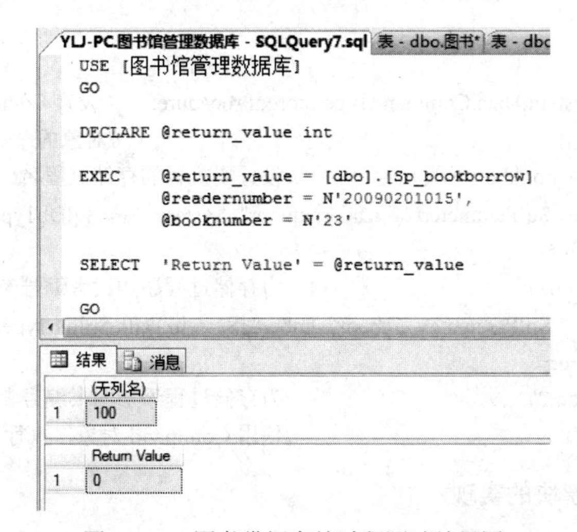

图 12-22　图书借阅存储过程测试结果图

然后开发 C#应用程序，在图书借阅窗体中调用该存储过程，图书借阅窗体界面设计如图 12-23 所示。

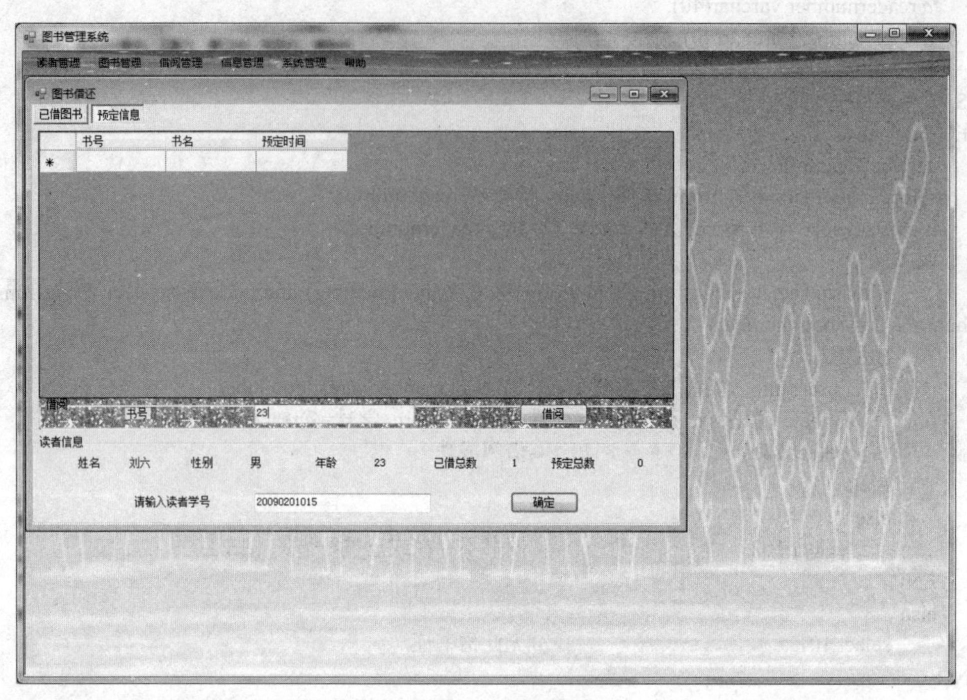

图 12-23　图书借阅窗体

在图书借阅界面中，输入读者编号，显示读者相关信息，输入书号，单击“借阅”按钮，完成该读者借书信息。该功能通过调用存储过程来实现，核心代码如下：

```
string booknumber=ipkg.Text.Trim().ToString();     //读者编号
string readernumber=wauu.Text.Trim().ToString();   //书号
SqlConnection conn=new SqlConnection();            //创建 SqlConnection 对象连接数据库
conn.ConnectionString=dataBClass.strCon;           //设置数据库连接字符串
SqlCommand cmd=new SqlCommand();                   //创建 SqlCommand 对象执行 SQL 命令
cmd.Connection=conn;
conn.Open();                                       //打开数据库
cmd.CommandType=System.Data.CommandType.StoredProcedure;    //设置 Command
                                                            //对象的命令类型为存储过程
cmd.CommandText="Sp_bookborrow";                   //设置要执行的存储过程名
SqlParameter pram1=new SqlParameter("@readernumber", System.Data.SqlDbType.VarChar, 32);
pram1.Value=readernumber;
cmd.Parameters.Add(pram1);                         //为存储过程添加读者编号参数
SqlParameter pram2=new SqlParameter("@booknumber", System.Data.SqlDbType.VarChar, 32);
pram2.Value=booknumber;
cmd.Parameters.Add(pram2);                         //为存储过程添加图书编号参数
cmd.ExecuteNonQuery();                             //使用 Command 对象，执行存储过程
```

12.5.5　图书归还模块的实现

管理员通过访问图书归还模块，完成图书归还操作。归还图书时，需要根据图书条形码

查询到该图书的借阅信息，归还图书，然后删除该条借阅信息，把该图书状态设置为未借出。因此，图书归还模块需要设计一存储过程，根据图书条形码，查询出该图书的借阅情况，然后将其归还，存储过程名为 sp_returnbook，具体代码如下：

```
Create PROCEDURE dbo.Sp_returnbook(
    @booknumber varchar(40),
    @readernumber varchar(40)
)
AS
BEGIN
    if exists(select 书号 from 借阅 where 书号=@booknumber and 学号=@readernumber)
    BEGIN
        delete from 借阅 where 书号=@booknumber and 学号=@readernumber
        select 100          --归还成功
    END
    else
        select 101          --无此图书被借阅
END
```

输入存储过程参数，执行该存储过程，参数设计与测试执行结果如图 12-24 和图 12-25 所示。

参数	数据类型	输出参数	传递空值	值
@booknumber	varchar(40)	否	☐	23
@readernumber	varchar(40)	否	☐	20090201015

图 12-24　图书归还存储过程测试设计

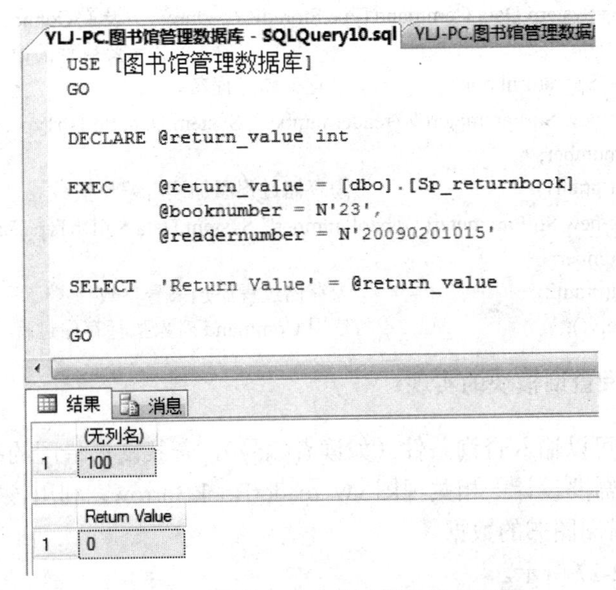

图 12-25　图书归还存储过程测试结果图

然后开发 C#应用程序，在图书归还窗体中调用该存储过程，图书归还窗体界面设计如图 12-26 所示。

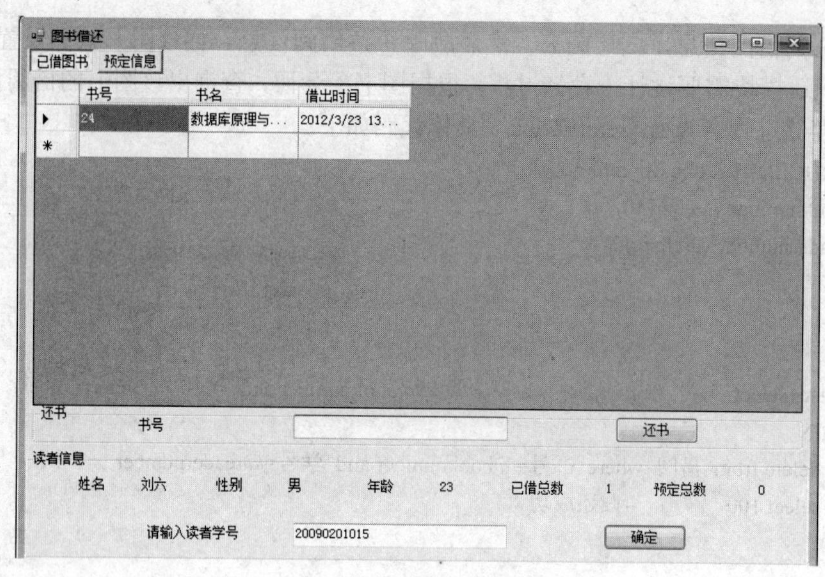

图 12-26　图书归还窗体

在图书归还界面中，输入读者编号，显示读者相关信息，输入书号，单击“还书”按钮，完成该读者还书操作。该功能通过调用存储过程来实现，核心代码如下：

```
string booknumber=ipkg.Text.Trim().ToString();      //读者编号
string readernumber=wauu.Text.Trim().ToString();   //书号
SqlConnection conn=new SqlConnection();            //创建 SqlConnection 对象连接数据库
conn.ConnectionString=dataBClass.strCon;           //设置数据库连接字符串
SqlCommand cmd=new SqlCommand();                   //创建 SqlCommand 对象执行 SQL 命令
cmd.Connection=conn;
conn.Open();//打开数据库
cmd.CommandType =System.Data.CommandType.StoredProcedure;   //设置 Command 对象的
                                                            //要执行的命令类型为存储过程
cmd.CommandText="Sp_returnbook";           //设置存储过程名
SqlParameter pram1=new SqlParameter("@readernumber", System.Data.SqlDbType.VarChar, 32);
pram1.Value=readernumber;
cmd.Parameters.Add(pram1);                 //为存储过程添加读者编号参数
SqlParameter pram2=new SqlParameter("@booknumber", System.Data.SqlDbType.VarChar, 32);
pram2.Value=booknumber;
cmd.Parameters.Add(pram2);                 //为存储过程添加书号参数
cmd.ExecuteNonQuery();                     //使用 Command 对象执行存储过程
```

12.5.6　图书借阅查询模块的实现

管理员和读者均可以输入查询条件（如读者编号），查找图书借阅的相关情况。图书借阅查询模块的实现首先需要设计一相关视图 vw_readerBookBorrow，利用该视图，通过读者编号（学号），查出用户借阅图书的数据。

视图设计如图 12-27 所示。

视图名为 vw_readerBookBorrow，具体代码如下：

```
CREATE VIEW [dbo].[vw_readerBookBorrow]
AS
```

```
SELECT  dbo.读者.学号, dbo.借阅.学号 AS Expr1, dbo.借阅.书号, dbo.图书.书号 AS Expr2, dbo.借阅.借阅
时间
FROM  dbo.读者
      INNER JOIN  dbo.借阅 ON dbo.读者.学号=dbo.借阅.学号
      INNER JOIN  dbo.图书 ON dbo.借阅.书号=dbo.图书.书号
```

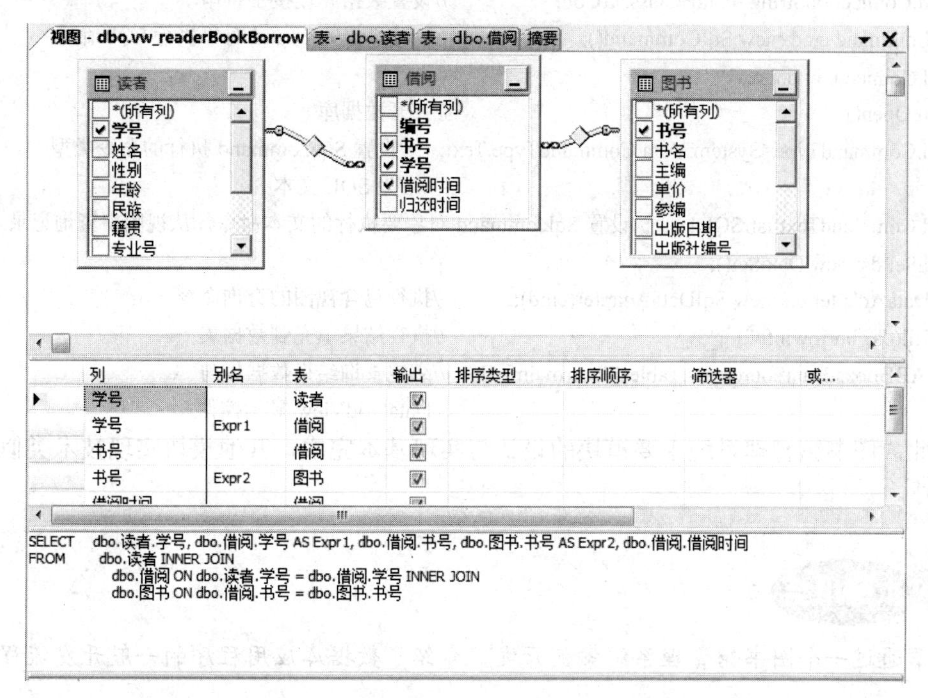

图 12-27 视图 VW_readerBookBorrow 的创建

然后开发 C#应用程序，在图书借阅窗体中访问该视图，为用户返回图书借阅信息。图书借还界面设计如图 12-28 所示。

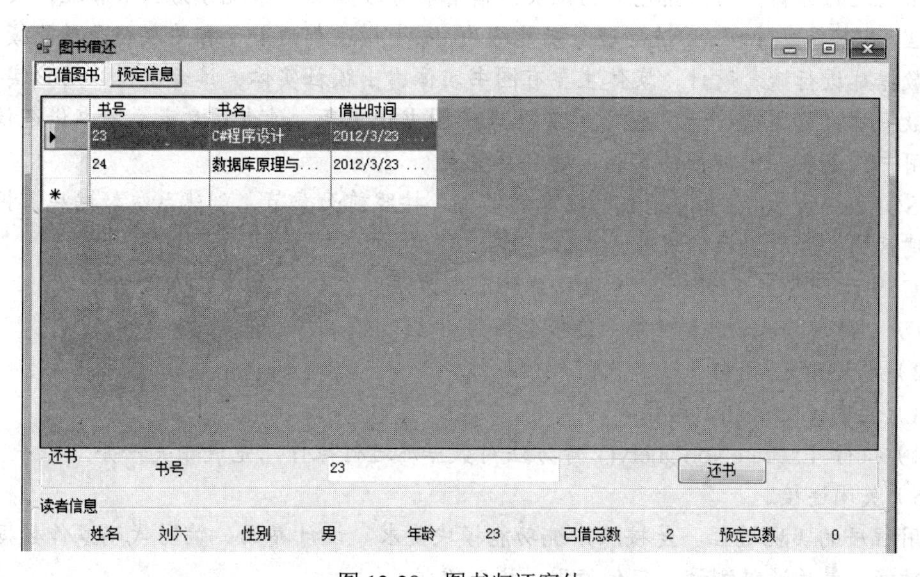

图 12-28 图书归还窗体

在图书借还界面中，输入读者编号，单击“确定”按钮显示该读者的借阅信息，该功能

通过访问视图来实现，核心代码如下：

```
string strSQL1=" select * from vw_readerBookBorrow where  学号='"+
    ipkg.Text.Trim()+ "'";                         //输入读者的学号，从视图中查询满足条件的记录
SqlConnection conn=new SqlConnection();             //创建 SqlConnection 对象连接数据库
conn.ConnectionString=dataBClass.strCon;            //设置数据库连接字符串
SqlCommand cmd=new SqlCommand();                    //创建 SqlCommand 对象执行 SQL 命令
cmd.Connection=conn;
conn.Open();                                        //打开数据库
cmd.CommandType=System.Data.CommandType.Text;   //设置 SqlCommand 执行的命令类型
                                                    //为 SQL 文本
cmd.CommandText=strSQL1    ;//设置 Sqlcommand 对象要执行的文本命令，从视图中查询记录
DataSet ds=new DataSet();
SqlDataAdapter da=new SqlDataAdapter(cmd);          //执行包含视图的查询命令
da.Fill(ds,"borrowinfo");                           //执行结果填充到数据集
dgvABBooks.DataSource=ds.Tables["borrowinfo"];      //绑定查询结果数据集与
                                                    //DataGridView 显示控件
```

至此，图书馆管理系统主要模块的设计与实现基本完成，其他模块实现技术类似，这里不再赘述。

本章通过一个图书馆管理系统案例开发，介绍了数据库应用程序的一般开发流程及创建方法。

图书馆管理系统的需求来自读者和图书馆管理人员。系统要求正确、可靠、稳定、安全、便捷，易于管理和操作。

对系统进行分析，用户角色分为两类：读者和管理人员。系统分为图书管理、读者管理、借阅管理、基础信息管理、系统管理等功能模块，每个模块都由若干相关联的子功能模块组成。

对数据库进行概念设计，实体主要有图书实体、出版社实体、读者实体、用户实体等；

对数据库进行逻辑设计，系统有 7 张表：图书信息表、读者信息表、图书借还信息表、管理员用户信息表、出版社信息表、读者类型表。

在 SQL Server 2008 中，完成数据库的实施，按照前面章节，创建系统数据库。根据系统需要创建视图、索引、存储过程等内容。

在 C#中访问 SQL Server 2008 数据库的基本方法：

（1）创建 Connection 对象，连接数据库。

（2）定义 SQL 语句。

（3）创建 Command 对象。

（4）执行 ExecuteNonQuery() 等方法对数据库进行操作，完成相关任务。

（5）关闭连接。

应用程序的实现过程，是按照系统功能模块要求，设计界面、编写代码操作数据库等完成相关功能，最后通过测试，交付使用，进入维护。

一、简答题

1. 图书馆管理系统中如果要添加数据的备份与恢复，该如何设计？
2. 图书馆管理系统中用户的权限划分，如何实现动态管理？
3. 简述 C#应用程序中调用存储过程的一般步骤？
4. C#应用程序中如何为存储过程各参数赋值？

二、应用题

1. 为系统添加数据备份与恢复功能。
2. 若用户角色分为：用户、图书管理员、系统管理员，重新实现图书馆管理系统。

附录　AWLT 数据库结构

1．客户基本信息表（Customer 表）

客户基本信息表（Customer 表）结构详细信息

字段名称	字段类型	大小	允许空	默认值	说明
CustomerID	int				客户编号，主键，标识列
Name	nvarchar	50			客户姓名
CompanyName	nvarchar	128			公司名称
SalesPerson	nvarchar	256			销售人员
EmailAddress	nvarchar	50	是		邮箱
Phone	nvarchar	25	是		联系电话
ModifedDate	datetime			更新时的日期和时间（getdate()）	更新日期和时间

2．地址基本信息表（Address 表）

地址基本信息表（Address 表）结构详细信息

字段名称	字段类型	大小	允许空	默认值	说明
AddressID	int				地址编号，主键，标识列
AddressLine1	nvarchar	60			第一地址
AddressLine2	nvarchar	60	是		第二地址
City	nvarchar	30			城市名称
StateProvince	nvarchar	50			省份名称
CountryRegion	nvarchar	50			国家名称
PostalCode	nvarchar	15			邮编
ModifiedDate	datetime			更新时的日期和时间（getdate()）	更新日期和时间

3．客户地址基本信息表（CustomerAddress 表）

客户地址基本信息表（CustomerAddress 表）结构详细信息

字段名称	字段类型	大小	允许空	默认值	说明
CustomerID	int				客户编号，主键，外键（参照 Customer 表）
AddressID	int				地址编号，主键，外键（参照 Address 表）

续表

字段名称	字段类型	大小	允许空	默认值	说明
AddressType	nvarchar	50			地址类型
ModifedDate	datetime			更新时的日期和时间（getdate()）	更新日期和时间

4．产品类别基本信息表（ProductCategory 表）

产品类别基本信息表（ProductCategory 表）结构详细信息

字段名称	字段类型	大小	允许空	默认值	说明
ProductCategoryID	int				产品类别编号，主键，标识列
Name	nvarchar	50			类别名称，不能重复
ModifedDate	datetime			更新时的日期和时间（getdate()）	更新日期和时间

5．产品基本信息表（Product 表）

产品基本信息表（Product 表）结构详细信息

字段名称	字段类型	大小	允许空	默认值	说明
ProductID	int				产品编号，主键，标识列
Name	nvarchar	50			产品名称
ProductNumber	nvarchar	25			产品序列号
Color	nvarchar	15	是		颜色
StandardCost	money				标准成本，大于等于 0
ListPrice	money				销售价格，大于等于 0
Size	nvarchar	5	是		规格
Weight	decimal	(8,2)	是		重量，大于等于 0
ProductCategoryID	int				产品型号，外键（参照 ProductCategory 表）
SellStartDate	datetime				开始销售日期，为空或者大于等于开始销售日期
SellEndDate	datetime		是		停止销售日期
DiscontinuedDate	datetime		是		停产日期
ModifiedDate	datetime			更新时的日期和时间（getdate()）	更新日期和时间

6．销售订单头信息表（SalesOrderHeader 表）

销售订单头信息表（SalesOrderHeader 表）结构详细信息

字段名称	字段类型	大小	允许空	默认值	说明
SalesOrderID	int				销售订单编号，主键，标识列
OrderDate	datetime			当前日期（getdate()）	创建订单日期

续表

字段名称	字段类型	大小	允许空	默认值	说明
DueDate	datetime				客户订单到期日期，大于等于创建订单日期
ShipDate	datetime		是		订单发送到客户日期，为空或大于等于创建订单日期
States	tinyint			1	订单状态，在 0-8 之间， 1 = 处理中 2 = 已批准 3 = 预定 4 = 已拒绝 5 = 已发货 6 = 已取消
OnLineOrderFalg	bit			1	是否在线订单， 0 = 销售人员下的订单 1 = 客户在线下的订单
SalesOrderNuber	nvarchar	25			唯一的订单标识号，计算列
CustomerID	int				客户编号，外键（参照 Customer 表）
ShipToAddressID	int		是		客户收货地址编号，外键（参照 Address 表）
BillToAddressID	int		是		客户开票地址编号，外键（参照 Address 表）
SubTotal	Money			0.00	销售小计，大于等于 0，计算列（计算方式为 SUM(SalesOrderDetail.LineTotal)）
TaxAmt	Money			0.00	税额，大于等于 0
Freight	Money			0.00	运费，大于等于 0
TotalDue	money				客户应付款总计，计算列（计算方式为 SubTotal + TaxAmt + Freight）
Comment	nvarchar	max	是		注释
ModifedDate	datetime			更新时的日期和时间（getdate()）	更新日期和时间

7．销售订单详细信息表（SalesOrderDetail 表）

销售订单详细信息表（SalesOrderDetail 表）结构详细信息

字段名称	字段类型	大小	允许空	默认值	说明
SalesOrderID	int				销售订单编号，主键， 外键（参照 SalesOrderHeader 表）
SalesOrderDetailID	int				销售订单详细信息编号，主键

续表

字段名称	字段类型	大小	允许空	默认值	说明
OrderQty	smallint				每个产品的订购数量
ProductID	int				产品编号，外键（参照 Product 表）
UnitPrice	money				单件产品的销售价格
UnitPriceDiscount	money				单件产品的折扣金额
LineTotal					每件产品的小计，计算列（计算方式为 OrderQty * UnitPrice）
ModifedDate	datetime			更新时的日期和时间（getdate()）	更新日期和时间

参考文献

[1] 李伟红等．SQL Server 2005 实用教程．北京：中国水利水电出版社，2008.

[2] （英）Robin Dewson．SQL Server 2008 基础教程．董明等译．北京：人民邮电出版社，2009.

[3] （美）Kalen Delaney 等．深入解析 SQL Server 2008（英文版）．北京：人民邮电出版社，2009.

[4] 王珊，萨师煊．数据库系统概论（第四版）．北京：高等教育出版社，2006.

[5] （美）Robert Vieira．SQL Server 2008 高级程序设计．杨华，腾灵灵译．北京：清华大学出版社，2010.

[6] （美）Ramez Elmasri．数据库系统基础（第 6 版）．李翔鹰等译．北京：清华大学出版社，2011.

[7] 郑阿齐等．SQL Server 教程（第 2 版）北京：清华大学出版社，2010.

[8] 蔡延光．数据库原理与应用．北京：机械工业出版社，2009.

[9] 姜继忱，张春华．数据库原理与应用．北京：中国铁道出版社，2011.

[10] 孟宪虎等．大型数据库系统管理、设计与实例分析．北京：电子工业出版社，2008.

[11] 廖瑞华．数据库原理与应用（SQL Server 2005）．北京：机械工业出版社，2010.

[12] 何玉洁．数据库原理与应用教程．北京：机械工业出版社，2005.

[13] （美）Karli Waston 等．C#入门经典（第 4 版）．齐立波译．北京：清华大学出版社，2008.

[14] （美）Tim Patrick．ADO.NET4 从入门到精通．贾洪峰译．北京：清华大学出版社，2012.